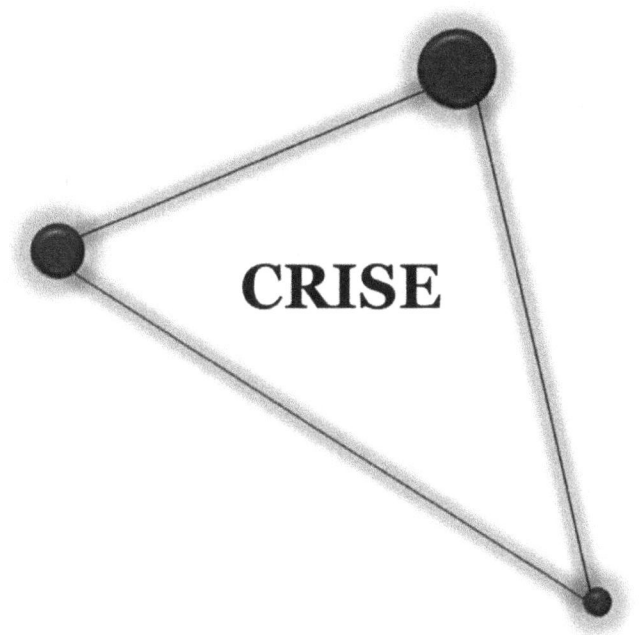

Consciência Situacional

Fatos

CRISE

Conclusões

MÁQUINA DE SUPERAR CRISES

Todos nós temos uma

**GERARDO PORTELA
DA PONTE JUNIOR**

Sempre é possível burlar.
Mesmo que coloquemos um vigia ao lado de cada pessoa,
o vigia também pode burlar.
Cultivando bons VALORES é que nós estaremos
verdadeiramente protegidos.

Gerardo Portela da Ponte Junior

www.risksafety.com.br

NOTA

Muito zelo e técnica foram empregados na edição desta obra. No entanto, podem ocorrer erros de digitação, impressão ou dúvida conceitual. Em qualquer das hipóteses, solicitamos a comunicação com ao site do autor www.gerardoportela.com.br para que possamos esclarecer ou encaminhar a questão. O autor não assume qualquer responsabilidade por eventuais danos ou perdas a pessoas ou bens, originados do uso desta publicação.

DEDICATÓRIA

Deus

Angelica

Alana

PAIS

Familiares

Amigos

Professores

Estudantes

E aos que priorizam o benefício das pessoas e da sociedade nos empreendimentos tecnológicos de todos os tipos

DECLARAÇÃO

Os relatos apresentados em cada capítulo sob o subtítulo de "Lições Aprendidas", embora sejam baseados em fatos reais, foram escritos com objetivo didático.   Caso o leitor identifique alguma inconformidade na correspondência entre as narrativas deste livro com descrições provenientes de outras fontes, o autor enfatiza que o objetivo do subtítulo "Lições Aprendidas" é ilustrar os conceitos técnicos apresentados em cada capítulo.   Não é escopo desta obra realizar um levantamento histórico ou jornalístico.

AGRADECIMENTOS

Obrigado pelo privilégio de poder compartilhar os conhecimentos adquiridos através desse livro. Obrigado pela saúde, pela família que nos apoia, pelos professores e colegas que tanto nos ensinaram. Obrigado pelo sustento através do trabalho, por Tua proteção em meio aos perigos que nos cercam. Que o conteúdo desse trabalho seja abençoado. Que esse livro possa servir para iluminar os profissionais que atuam em atividades de riscos, protegendo vidas e evitando acidentes. Ajude-nos a sermos humildes diante dos perigos. Ajude-nos a ter coragem para que jamais sejamos covardes na luta pela vida. Abençoe-nos para que possamos suportar as dificuldades de nosso trabalho, que possamos nunca nos desanimar diante da falta de conhecimento, nunca nos desanimar por falta de reconhecimento, nunca nos desanimar diante das pressões políticas, nunca nos desanimar diante das pressões econômicas e diante dos interesses pessoais que tentam nos desviar do nosso verdadeiro objetivo profissional que é proteger a vida, o meio ambiente, a sociedade e o patrimônio. Obrigado porque acima de todas as coisas nossa maior segurança está depositada em Ti que governa com sabedoria e com amor de uma forma que excede nosso entendimento. Aceite o nosso agradecimento, com o pedido de perdão pelas falhas que infelizmente cometemos, em nome de nosso Senhor e Salvador Jesus Cristo, Amém.

O Autor

Gerardo Portela da Ponte Junior é doutor pelo Departamento de Engenharia Oceânica da COPPE – Universidade Federal do Rio de Janeiro com tese em Gerenciamento de Riscos e Segurança Offshore. Tem especialização em Engenharia de Segurança pelo Charles W. Davidson College of Engineering, The California State University, em San Jose CA – USA ("Vale do Silício") onde também atuou como pesquisador na área de Fatores Humanos.

Como parte experimental de seu doutorado, Portela desenvolveu pesquisas sobre simulações computacionais de escape e abandono em plataformas offshore, no Kelvin Hydrodynamics Laboratory, University of Strathclyde, em Glasgow, Escócia - UK .

Portela é também Mestre em Gestão Tecnológica e Engenheiro Mecânico e Industrial pelo Centro Federal de Educação Tecnológica RJ. Tem mais de 30 anos de experiência profissional no mercado de engenharia, tendo atuado nas áreas de projetos, construção & montagem e operação de sistemas de segurança. Trabalhou nos segmentos de construção naval, siderurgia, construção & montagem, infraestrutura aeroportuária, petróleo, geração elétrica e indústria nuclear, em grandes empresas estatais, privadas e multinacionais. É Professor na área de Gerenciamento de Riscos e Segurança, Fatores Humanos e Cultura de Segurança nas mais conceituadas Universidades e Instituições de Pesquisa no Brasil e no exterior. Gerardo Portela é reconhecido como referência sobre o tema Gerenciamento de Riscos, atuando também como comentarista convidado de diversos órgãos de imprensa do Brasil e do exterior. Mais informações no sites: www.gerardoportela.com.br e www.risksafety.com.br e www.youtube.com/gerardoponte

Mesmo sob pressão a mente humana é capaz de tomar decisões complexas em frações de segundo, envolvendo localização tridimensional, cálculos matemáticos, atributos de memória, habilidades físicas, habilidades comportamentais, capacidade de iniciativa, velocidade de raciocínio, inteligência e outros muitos atributos. Quando dirigimos um automóvel numa estrada nos deparamos com o perigo de acidente imediato, podemos reagir e rapidamente realizar uma manobra precisa de escape. Após uma situação desse tipo podemos até nos fazer a pergunta: "Como eu consegui fazer isso?" Mas se observarmos outras pessoas que são treinadas profissionalmente para realizar esse tipo de manobra (pilotos de corrida, por exemplo), então veremos que o potencial que nós temos para superar as adversidades é muito maior do que supomos ter.

Se elevarmos o nosso conhecimento técnico sobre um determinado tipo de emergência ou crise e treinarmos nossas habilidades comportamentais em função deste conhecimento, nós iremos aumentar e muito nossa capacidade de gerenciar e superar crises. Nós nos admiramos com as maravilhas tecnológicas de nossos tempos e com as máquinas extraordinárias da engenharia. Mas as máquinas e computadores conseguem grande eficiência na execução de um trabalho se previamente as tarefas que fazem parte deste trabalho forem bem compreendidas e organizadas pelos projetistas e criadores destas maravilhas tecnológicas.

Nem sempre as coisas acontecem assim, com toda a previsibilidade. Em situações adversas e surpreendentes como são as situações de crise, nenhum computador supera a capacidade humana de analisar o cenário e prover a saída de uma crise. Situações críticas incluem muitas variáveis. Algumas são bem objetivas e quantificáveis, enquanto que outras são completamente subjetivas e permeadas por componentes emocionais. Por isso é difícil resumir toda essa complexidade e criar uma fórmula matemática ou um modelo de planejamento preciso que consiga antecipar todos os cenários de crise que podemos ter que enfrentar no futuro.

As máquinas e os computadores precisam de fórmulas e algoritmos precisos para realizar um bom trabalho. O ser humano é quem os cria. Aí está a diferença. As máquinas e os computadores só fazem com eficiência as tarefas para as quais foram projetadas. O homem, por sua vez, tem a capacidade de identificar novos cenários e considerar novas variáveis, criando soluções inéditas quando confrontado com uma ameaça ou uma crise impossível de ser prevista.

A mente humana é uma verdadeira máquina de gerenciar e superar crises. Nós fazemos isso desde que nascemos e precisaremos continuar fazendo durante toda a vida. O tamanho e a complexidade de alguns cenários adversos que poderemos ter que enfrentar poderão nos parecer intransponíveis. Mas na maioria dos casos pensar assim é um grande engano. Assustados dessa forma, nós estaremos apenas subestimando a capacidade da nossa mente que é a melhor máquina de superação de crises que existe na face da terra e foi dada a nós como presente desde que nascemos. Se nós temos a nossa própria máquina pessoal de gerenciar crises, porque não elevarmos o nosso conhecimento sobre as atividades com as quais estamos envolvidos e treinarmos nossas habilidades para explorar ao máximo o potencial desse poderoso recurso?

Não existe uma receita para ter sucesso diante de um cenário de crise, mas existem fundamentos e conceitos que podem contribuir para que tomemos decisões acertadas e encontremos o caminho da superação e da sobrevivência em cada uma das crises que poderemos ter que enfrentar. Regras e procedimentos oficiais podem nos servir como referências, mas cada crise é única e nenhuma regra ou procedimento cobre todas as infinitas possibilidades e sutilizas presentes nos cenários de crise que temos que enfrentar ao longo da vida pessoal e profissional. Bons valores, bons conceitos e sólidos fundamentos técnicos, funcionam como luzes a mostrar alternativas e os melhores caminhos durante a difícil tarefa de gerenciar uma crise.

Crises não têm soluções padronizadas. Algumas crises podem se diferenciar entre si apenas por um pequeno detalhe, mas mesmo assim podem requerer respostas completamente diferentes uma da outra. Isso vale até quando a comparação também considera cenários que já enfrentamos no passado (experiência). O que foi solução no passado para um dado cenário pode não mais ser uma solução para presente. Outras crises podem aparentar grandes diferenças, mas ainda assim podem caminhos de superação semelhantes. Mas seja em que área for, toda crise representa o nosso confronto direto e inevitável com a possibilidade de perda, com a adversidade, com a surpresa e com as nossas próprias limitações.

Nas crises as informações as quais precisamos sempre estão incompletas e mesmo assim é preciso tomar decisões e agir. Para superar crises é preciso aperfeiçoar a capacidade de diagnosticar o cenário adverso e de tomar decisões baseadas numa consciência situacional (capacidade de entender o que de fato está acontecendo) consistente. É possível agir diante de uma crise provendo a atenção certa no tempo certo em resposta a cada dificuldade. A história está repleta de exemplos que comprovam que é totalmente possível superar um cenário adverso, mesmo em casos extremos onde a própria sobrevivência esteja sob ameaça.

Crises econômicas, crises no mercado financeiro, crises políticas e sociais, crises empresariais, crises durante emergências em instalações industriais, crises no comando de grandes aeronaves de passageiros, crises em plataformas de petróleo, crises em grandes cidades e países, crises pessoais e familiares, crises morais, enfim todos os tipos de crise demandam dos seus gestores habilidades para conviver com a adversidade. A proposta de gerenciamento de crise e de tomada de decisão apresentada aqui resulta da experiência prática do autor com atividades técnicas de alto risco como o trabalho em salas de controle de usinas nucleares, trabalho com sistemas de segurança de aeroportos, trabalho de elaboração de estratégias de resposta às emergências em plataformas offshore de exploração de petróleo e gás, entre outros. Ao longo da vida profissional foram muitos os cenários de risco estudados e salvaguardados. Com o passar dos anos de experiência, a essência do que é necessário para superar e sobreviver a uma crise acabou se tornando algo mais claro e natural, muito mais simples do que podia parecer antes de efetivamente vivenciar as atividades perigosas e de alto risco. As crises se repetem durante a trajetória de cada um de nós e vamos aprendendo que elas se confundem com a própria vida. Se soubermos obter boas lições a cada crise superada, isso nos dará vantagem na próxima que surgir. Apesar da significativa parcela de subjetividade presente na decisão de um gestor adotar uma ou outra opção estratégica para enfrentar uma crise, há um aprendizado prévio que pode ser apresentado de maneira objetiva e fazer a diferença nos momentos em que a crise se estabelecer e não houver mais tempo para preparações.

A crise impõe ao gestor agir dedicando a atenção certa no tempo certo a cada aspecto relacionado com a segurança. Não é possível interromper a crise para estuda-la e depois retornar para superá-la sem que ocorram perdas.   Algumas perdas são irrecuperáveis. É preciso estar o mais preparado possível antes que a crise nos alcance. Podemos estar preparados para superar crises através do cultivo de bons valores e a assimilação de conceitos e técnicas que na prática já deram resultados favoráveis. Isso não nos fará invencíveis, mas nos permitirá responder aos cenários de crise reduzindo suas consequências e principalmente perdas.

O Autor

FONTES COMPLEMENTARES

Acesse informações complementares sobre o autor além de vídeos e entrevistas concedidas a veículos da mídia através dos endereços eletrônicos

www.gerardoportela.com.br
www.youtube.com/gerardoponte
www.risksafety.com.br

O sucesso de um empreendimento tecnológico está associado ao respeito aos fatores humanos, ambientais, econômicos e sociais que estão sob sua influência. Bons valores estabelecem a boa cultura de segurança.

SUMÁRIO

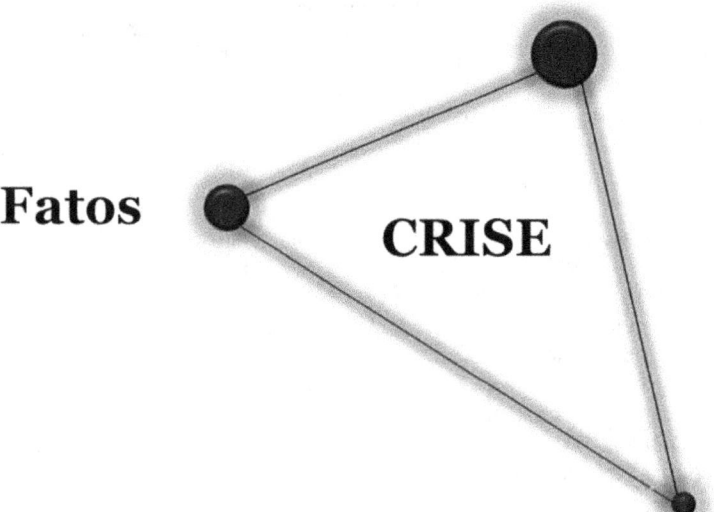

1 Introdução e Roteiro de Leitura

1.1 Orientações sobre a leitura

Não existe nenhum computador ou sistema de automação com intertravamentos lógicos que seja mais capacitado para superar uma crise do que o próprio ser humano. Computadores e sistemas de automação são melhores que o homem para resolver problemas modelados matematicamente e com métodos de solução conhecidos. Máquinas e "cérebros eletrônicos" são melhores para a execução de sequências extensas e cansativas demais para humanos ou para a execução de tarefas repetitivas e simultâneas que requeiram velocidade. Crises são situações muito mais complexas do que estes tipos de problemas. Elas incluem dúvidas, surpresas, emoções e subjetividade como elementos que fazem parte do próprio cenário ameaçador. Cada um de nós já nasce com a melhor "máquina" de superar crises do planeta: a mente humana. Com o passar dos anos, ao invés de aperfeiçoarmos o uso desta poderosa máquina, alguns de nós a emperramos com a cristalização de preconceitos e com uma interpretação do mundo muito particular e que muitas vezes só é válida de um ponto de vista único: o nosso. Todas as crianças nascem com a poderosa máquina de superar crises e começa a usá-la desde o ventre materno. Ali mesmo, durante a formação intrauterina, ruídos, movimentos, nutrientes inadequados podem estabelecer uma crise neste pequeno mundo   E esta crise pode tornar-se tão severa que ponha em risco a sobrevivência da criança antes mesmo do nascimento. Aliás, para nascer, a maioria de nós supera muitas crises sem ter ciência disso. A força da natureza faz dos seres vivos criaturas superadoras de crises. Se não fosse assim, não sobreviveriam. Então, se aprendermos a usar com sabedoria a força natural da qual somos dotados, nós a deixaremos fluir ajudando a superar cada crise sem criarmos entraves indevidos. Podemos assim manter por toda a vida um "equipamento eficiente" para a superação de crises, indispensável à sobrevivência nos momentos de extrema adversidade.

As crises e os problemas não são realidades presentes apenas nas vidas dos humanos. A natureza também inclui cenários onde os animais precisam lidar com adversidades e lutar pela sobrevivência. Quando um predador ataca um determinado grupo de animais selvagens, eles precisam avaliar o cenário e agir em resposta à adversidade com o objetivo de sobreviver. As crises e os problemas estão presentes na natureza independentemente do homem. Crises e problemas, ao contrário do que muitos podem pensar, fazem parte da natureza e não são exceção. Para manter a vida é necessário vencer as adversidades e solucionar os problemas e isso é parte da rotina de cada dia, tanto entre animais e como para os humanos. Quando entendemos isso, torna-se possível perceber que crises e problemas não deveriam ser apenas motivos de tristeza, mas de alegria. Resumidamente, estar vivo, é manter-se superando crises e solucionando problemas. Não é assim apenas para o homem mas para toda a natureza. Podem existir alguns momentos onde as adversidades pareçam menos ameaçadoras, mas não devemos nos iludir com isso. Será uma questão

de tempo para que tenhamos que novamente enfrenta-las com intensidade. Se entendermos as crises e os problemas como uma realidade natural da vida, então, ao invés de somente lamentarmos estes momentos adversos nós iremos buscar nos capacitar cada vez mais para superá-los em nossa rotina diária. Compreendendo isso claramente podemos até nos surpreender com certa felicidade relativa diante das crises, quando ao superá-las nos sentirmos fortalecidos e principalmente vivos, vencendo a luta de cada dia. A crise é desconfortável, mas superá-la é fortalecedor.

Problemas não são o mesmo que crises. Os computadores e sistemas de automação são ótimos para resolver problemas, mas são muito limitados em relação à capacidade humana para superar as crises. É necessário organizar as ideias, eliminando as influências e as distorções perturbadoras e impróprias que atrapalham as decisões e as atitudes de resposta durante as atividades de gerenciamento de crise. A "máquina natural" (mente humana) está disponível para cada pessoa usar na superação de crises, mas infelizmente nem sempre sabemos explorar toda a sua capacidade. Frequentemente nós impregnamos a nossa "máquina" com dúvidas, ideias contraditórias, emoções e outras muitas influências que embora sejam compreensíveis, quando em excesso desorganizam o processo decisório e a nossa capacidade de percepção.

Assim como os computadores criados pelo homem muitas vezes são sobrecarregados com excesso de dados e rotinas de processamento, a nossa "máquina" de superar crise também sofre por receber informações de forma confusa e acima de sua capacidade de processamento. Equipamentos eletrônicos e computadores que "travam" por excesso de dados e dificuldades de processamento precisam ser reiniciados, desligados e ligados novamente para zerar suas rotinas (ação conhecida como "boot" ou "dar contr alt del"). Em linguagem figurada podemos dizer que em alguns momentos precisamos fazer a inicialização, ou seja, dar um "contr alt del na máquina humana" que todos nós possuímos para gerenciar as crises. Todos nós temos condições potenciais para superar nossas crises por nós mesmos mas precisamos saber usar bem nossa "máquina", organizando-a em meio ao desafio que é a desorganização que se estabelece nos momentos de crise.

Um bom começo é "deletar" (apagar) as muitas "janelas abertas" e esquecidas, reduzindo a interferência das rotinas paralelas de menor importância, liberando a nossa capacidade de processamento para o que realmente interessa, estabelecendo um foco preciso no que mais interessa. Não espere ver aqui as respostas, mas sim as perguntas que o gestor deve fazer durante o gerenciamento de crise com a finalidade de organizar a seu raciocínio. Durante cenários críticos de emergências é muito mais importante fazer a pergunta certa do que dar uma resposta pronta sem a consciência da situação, sem saber se realmente aquela resposta se aplica ao desafio que precisa ser vencido. Fazer a si mesmo todas as perguntas necessárias, significa formar a consciência situacional do que realmente está acontecendo. Ter apenas "a resposta" pode não significar nada se o gestor não tiver a consciência situacional do cenário em que esta necessita ser contextualizada. Nada é mais importante do que a consciência situacional para superar uma crise. O mais inteligente gestor de crise não conseguirá tomar a decisão certa e nem agir corretamente em resposta

à ameaça se ele não entender, ainda que parcialmente, o que está acontecendo. Não conseguirá ter sucesso se ele não souber qual é o cenário que está em andamento e precisa ser enfrentado. Terá muito mais chance de superar a crise o gestor que fizer as melhores perguntas até alcançar a consciência situacional mais aproximada do cenário real. Entendendo o máximo possível o que está acontecendo, será muito mais fácil descobrir a saída da crise. Isso não requer inteligência acima do normal, todos nós estamos capacitados para fazer.

Os fundamentos e conceitos de gerenciamento de crise podem ser aplicados em vários ramos de atividades profissionais e também na vida pessoal. Ao final de cada um dos dez capítulos sempre haverá um item chamado "lições aprendidas" onde serão apresentados casos reais de crises ocorridas em voos comerciais, incluindo as atitudes de resposta dos pilotos, comissários, passageiros, controladores de voo e demais envolvidos. Em alguns dos casos apresentados o gerenciamento da crise exemplificada chega a um desfecho bem-sucedido. Em outros casos, infelizmente, isso não foi possível. Nomes de companhias aéreas e de pessoas foram omitidos propositalmente embora todos os casos sejam reais. O objetivo de cada exemplo não é fazer um relato histórico ou jornalístico de acidentes aéreos famosos, mas sim oferecer aos leitores as condições de reforçar, com os exemplos de casos reais, a assimilação dos conceitos e fundamentos que permitam refinar a habilidade de gerenciamento de crises. Nos itens "lições aprendidas" de cada capítulo alguns termos estão em negrito. Isto foi feito para chamar a atenção do leitor para determinados termos dentro do contexto dos relatos dos casos reais. Apesar de todo o esforço que fizemos para deixar bem claro o significado de cada termo técnico, os casos reais de gerenciamento de crises são normalmente mais eficientes para consolidar o entendimento.

No livro também aparecem quadros com frases e até pequenos parágrafos em negrito e itálico. Em alguns casos trata-se de uma simples frase, praticamente em continuidade ao texto precedente. Em outros casos o conteúdo destacado pode não parecer alinhado à sequência natural do capítulo. Todos os textos destacados nos quadros (em negrito e itálico) representam um conceito ou um fundamento pertinente ao capítulo no qual está sendo apresentado.

Também foram incluídos no livro cinco fluxogramas para o gerenciamento de crises. Os fluxogramas não são oferecidos como uma fórmula universal para solucionar as crises, mas facilitam a organização das ideias e reações dos gestores. A sequência de fluxogramas, quando bem compreendida, previne o risco de paralização diante de um dilema que possa dominar a mente do gestor e prejudicar a tomada de decisão. Se o dilema surgir em meio a uma crise, os fluxogramas podem ajudar a evitar a paralização do gestor.

Quase todos os exemplos citados nos itens "lições aprendidas" referem-se a crises em cockpit de aeronaves ou em salas de controladores de tráfego aéreo. Todas as narrativas de crises e acidentes aéreos dentro dos itens de "lições aprendidas" são sinalizadas com um ícone representativo de um avião. Para alguns leitores estes textos podem aparentar ser demasiadamente técnicos ou especializados em aviação. Para outros leitores, mais familiarizados com a área de aviação, o texto pode parecer tecnicamente incompleto. Não há necessidade

do entendimento técnico do funcionamento de aeronaves para compreender os conceitos de gerenciamento de crise apresentados através dos exemplos. Apesar de serem narrativas de crises em voos comerciais, os conceitos e fundamentos que estes exemplos reais nos apresentam têm aplicação para qualquer tipo de crise, seja profissional, institucional ou pessoal. Os acidentes aéreos geram repercussão mundial. As atitudes das pessoas dentro dos cenários de crise dessa natureza são quase sempre registradas nas "caixas pretas" e depois exaustivamente investigadas, o que facilita o uso didático destes exemplos e os torna extremamente interessantes. A cada acidente aéreo temos muito a lamentar sobre as significativas perdas que em geral estes provocam. Mas uma forma de reagirmos a esses acidentes é obtermos o maior número possível de lições e aplicá-las em nossas rotinas para que catástrofes em todas as áreas sejam evitadas.

Ainda dentro dos itens de "lições aprendidas" e logo após os exemplos de gerenciamento de crises em voos de aeronaves comerciais, um ícone com o desenho de uma "pipa" indica o início uma segunda parte. Após esse ícone o texto mostra exemplos de situações infantis onde o comportamento de crianças revela conceitos primitivos de gerenciamento de crises. Fazendo um contraponto com a complexidade do comportamento de pilotos no comando de uma aeronave, os relatos mostram as crianças reagindo diante de seus pequenos desafios com muito mais simplicidade. Muitas crises complexas seriam mais facilmente superadas se por alguns instantes nos permitíssemos avaliar o cenário adverso com a mesma simplicidade que as crianças o fazem.

Obviamente que isso não é possível sempre. Mas a essência que permite enxergar as coisas com simplicidade muitas vezes se apaga em nós na medida em que envelhecemos e isso é mais característico de um dano do que de um verdadeiro amadurecimento. Se nossa mente fosse um computador e pudéssemos reiniciá-lo, então, quando estivéssemos perdidos em meio a um cenário adverso e complexo, sobrecarregados com inúmeras dúvidas e questionamentos, poderíamos dar um "ctrl alt del" nos permitindo por alguns instantes a voltar a ter a mente de uma criança. Provavelmente analisaríamos mais os fenômenos do que as conclusões que nós tiramos sobre eles, priorizaríamos aquilo que realmente seria mais importante e não hesitaríamos demasiadamente antes de agir no tempo certo, quando o acidente pode ser evitado. Parece óbvio e fácil, mas os mecanismos de controle e censura que nós (os adultos) estabelecemos para nós mesmos, tendem a formatar nossa reação frente a uma crise criando uma espécie de "pacote de resposta preestabelecida" como solução. Se este pacote for realmente uma solução e não apenas um belo embrulho de presente, ele terá no seu interior muito da essência e da simplicidade com as quais as crianças enfrentam suas primeiras dificuldades.

Com o objetivo de facilitar esta leitura, apresentamos neste capítulo 1 um resumo que serve como roteiro para a leitura integral ou parcial deste livro, conforme o objetivo do leitor.

O capítulo 2 destaca as características de uma crise indicando as diferenças entre crise e problema e a importância dos conceitos de evidências objetivas e

de validações subjetivas. O capítulo também inclui um diagrama que mostra a "visão geral da crise" sob o ponto de vista do livro.

O capítulo 3 promove a percepção do leitor para diferenciar os fatos (evidências objetivas) das conclusões (validações subjetivas). Ambos contribuem para a formação do diagnóstico do cenário de crise e isto é reforçado pelo texto. Também é mostrada a importância da tomada de decisão no tempo certo para que a superação e a sobrevivência sejam alcançadas.

O capítulo 4 é dedicado ao conceito de consciência situacional e a habilidade para lidar com as influências que são exercidas sobre ela. O texto chama a atenção para as influências externas sobre o gerenciamento de uma crise e a necessidade de redução das distorções que possam ser geradas por essas influências sobre a consciência situacional.

O capítulo 5 refere-se à preparação da atitude de resposta à crise. O texto mostra como a escassez de tempo, severa em determinados cenários de crise, torna o processo decisório delicado e crítico exigindo diversos tipos de avaliações imediatas, mesmo quando faltam informações e recursos para suporte à decisão.

O capítulo 6 mostra como as pessoas podem ser afetadas pelo cenário de crise. As principais reações (tanto positivas como negativas) são apresentadas mostrando a necessidade da atenção do gestor para elas. É necessário reduzir ao máximo as consequências indesejáveis provenientes de uma reação ou comportamento indevido durante o gerenciamento de uma crise.

O capítulo 7 mostra as principais características de uma estação de controle e do trabalho de gerenciamento de crise neste tipo de ambiente. Várias funções a serem exercidas em estações de controle durante uma crise são apresentadas de forma objetiva para que o leitor compreenda como uma crise é percebida nesse tipo de ambiente.

O capítulo 8 segue a mesma sequência de descrição de características apresentadas no capítulo 7, porém associadas aos ambientes "fora" das estações de controle. O conteúdo deste capítulo tem como objetivo principal facilitar ao leitor a identificar a diferença de uma crise dentro e "fora" de uma estação de controle.

O capítulo 9 apresenta recomendações voltadas principalmente para as questões relacionadas à comunicação durante uma crise, seja dentro ou fora das estações de controle. Aspectos como linguagem, códigos, registros de ocorrências são abordados para levar a uma reflexão sobre a importância do cuidado com a comunicação durante o gerenciamento de crise.

Finalmente o capítulo 10 mostra uma síntese geral do livro baseada principalmente nos cinco fluxogramas apresentados ao longo dos capítulos anteriores. Os fluxogramas são apresentados no capítulo 10 formando uma sequência de orientação para o gestor de crise. Esta sequência pode ser usada para aplicar os conceitos do livro, em exemplos práticos de crises anteriores. A

sequência de fluxogramas pode ser utilizada ainda como um meio de orientação para o gerenciamento de crises reais.

1.2 Lições Aprendidas: Uma pequena peça destruiu totalmente um avião

Em que cenário você imagina que seja mais provável um avião ser completamente destruído: em uma tempestade a 11 mil metros de altitude, ou com as turbinas totalmente desligadas na rampa de desembarque de um dos maiores aeroportos do mundo ? Ao gerenciar uma crise é preciso manter a atenção voltada ao "todo" que compõe o cenário sem deixar passar desapercebidos os detalhes que podem fazer a diferença entre um simples acidente ou uma catástrofe. Em 20 de agosto de 2007 um Boeing 737 de uma companhia aérea chinesa com 157 pessoas a bordo pousou normalmente, às 10h26m52s, no Aeroporto de Naha, em Okinawa no Japão. O avião estava encerrando o voo e tudo que os pilotos precisavam fazer era taxiar a aeronave até o portão de desembarque internacional para que os passageiros saíssem do avião para o aeroporto. Às 10h27m37s o Boeing 747 já estava fora da pista de pouso e prosseguia o taxiamento quando o piloto iniciou o procedimento de recolhimento dos flaps. Às 10h27m49s a tripulação também iniciou o recolhimento dos slats. Os flaps e slats fazem parte das asas e são utilizados durante a operação normal de pouso. Quando o avião está apenas taxiando, estes equipamentos devem ser recolhidos para sua posição normal e foi exatamente isso que a tripulação estava fazendo. Às 10:28:09s o slat número 5 estava completamente recolhido para sua posição normal. Os pilotos prosseguiram o taxiamento da aeronave passando pelo terminal doméstico até chegar ao portão 41. Esta era a última tarefa antes de parar totalmente a aeronave, desligar as turbinas e iniciar o desembarque dos passageiros. Quando finalmente os pilotos posicionaram a aeronave no portão de desembarque e desligam as turbinas, chamas foram vistas sob a turbina da asa direita da aeronave e um grande incêndio se iniciou colocando em risco a vida de todos a bordo.

Uma operação de escape e abandono foi deflagrada e os escorregadores infláveis foram acionados enquanto os passageiros iniciavam os preparativos para o abandono, sob a orientação dos comissários. Tudo aconteceu muito rápido e as chamas tomaram conta da aeronave. Felizmente todas as pessoas conseguiram sair antes que duas grandes explosões destruíssem completamente a aeronave deixassem um cenário desolador em pleno portão de desembarque de um grande aeroporto do Japão. A resposta da brigada de incêndio do aeroporto foi muito tardia e durante longos minutos a tripulação e os passageiros tiveram que lutar sozinhos para sobreviver em meio a uma grande crise. Mesmo estando a aeronave em solo e em um aeroporto dotado de todos os recursos de resposta à emergência, o combate às chamas só ocorreu depois das explosões que destruíram a aeronave. A demora para a chegada da brigada

de incêndio constituiu-se numa das maiores falhas deste acidente. Mas qual teria sido a causa raiz que gerou o incêndio?

Os investigadores analisaram todas as peças do avião e descobriram que uma cadeia de eventos inesperados provocou o acidente de grandes proporções. Os slats fazem parte do conjunto da asa e são estendidos para fora durante o pouso a fim de aumentar a área das asas e consequentemente aumentar a sustentação da aeronave em baixa velocidade. Eles são posicionados para fora durante o pouso e posteriormente são recolhidos por uma alavanca que faz parte de um mecanismo interno da asa. O sistema de recolhimento possui um conjunto formado por parafuso, porca e duas arruelas. Este conjunto atua limitando o movimento dos slats (estabelecendo o fim de curso). Durante a manutenção anterior uma das arruelas do conjunto do slat número 5 não havia sido devidamente posicionada e acabou se desprendendo das demais peças e caindo no compartimento interno da asa, no espaço onde o slat permanece quando está recolhido. Esse espaço tem uma parede de interface com o tanque de combustível do avião e justamente quando o slat número 5 estava sendo recolhido, após o pouso, devido à ausência da arruela o parafuso também se desprendeu e acabou sendo empurrado pela alavanca de recolhimento contra a parede de interface com o tanque de combustível, perfurando-a. Um vazamento significativo de combustível inundou os espaços internos da asa, mas nada foi notado porque enquanto a turbina estava em funcionamento as gotas e vapores de combustível simplesmente foram misturadas com os gases aquecidos na descarga da turbina sem que houvesse uma ignição. Mas assim que as turbinas foram desligadas, as gotas de combustível e os vapores escorreram até tocarem as superfícies superaquecidas da turbina que acabara de ser desligada. Sem o imenso fluxo de gases de exaustão da turbina, o combustível que vazou permaneceu líquido até tocar nas partes quentes da turbina e ignitar, iniciando o incêndio.

Um Boeing 737 após um longo voo tranquilo já estava desligado e pronto para iniciar o desembarque de seus passageiros, mas se incendiou e foi completamente destruído por uma sequência de duas explosões catastróficas. Felizmente uma operação de escape e abandono perfeita salvou todas as pessoas. Mas a conclusão das investigações foi que tudo começou numa das mais simples peças presentes em quase todas as máquinas: uma pequena arruela, que fora mal montada. Se uma peça simples, pequena e passiva pode provocar uma catástrofe e a destruição completa de um Boeing 737, mesmo depois das turbinas já estarem desligadas, quantas outras possibilidades de falhas mecânicas podem existir de forma oculta em inúmeros equipamentos e instrumentos presentes em máquinas e instalações industriais existentes em áreas de risco? Se componentes eletrônicos projetados em conformidade com um sistema de automação e peças elementares de aço como uma arruela podem gerar acidentes e crises complexas, o que dizer sobre a influência do elemento humano, com sua carga de subjetividade e vulnerabilidade capazes de levá-lo a cometer falhas? Em outras palavras, se uma arruela inanimada pode causar um acidente gravíssimo, imagine o que os erros humanos podem causar?

Para enfrentar crises é necessário reconhecer as limitações humanas diante da complexidade dos surpreendentes cenários de crise que podem se estabelecer. É necessário desenvolver técnicas para que as pessoas possam, no momento

certo, ser capazes de identificar os fatos (evidências objetivas) que caracterizam a gravidade do cenário ameaçador. Assim, os operadores e gestores poderão entender rapidamente o que está acontecendo formando a consciência situacional e o diagnóstico adequados sobre a crise. Um bom trabalho de gerenciamento de crise precisa ser executado não apenas com base em bom senso, mas requer conhecimento técnico. Desejar estar seguro ou superar uma crise pode ser uma questão de bom senso, mas alcançar a segurança e o sucesso no gerenciamento de uma crise exige mais que isto: é uma questão de capacitação técnica.

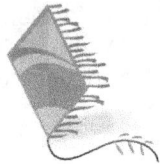

Um adulto estava com uma criança em uma grande sala cujo o piso era totalmente branco. O adulto explicava para a criança que ela deveria cuidar para que nenhum pedaço de alimento caísse no chão. A criança perguntou por que o piso tinha que ser mantido assim tão limpo e o adulto respondeu que era preciso manter o chão bem branco e bem limpo para evitar que insetos infestassem a casa. A criança ouviu e passou a comer com o pratinho bem próximo a boca e depois que terminou levou cuidadosamente o pratinho até o local da cozinha para ser lavado. No dia seguinte o mesmo adulto estava com a mesma criança na mesma sala com o piso totalmente branco. Desta vez, quem estava se alimentando era o adulto e justamente na hora em que uma pequena migalha de pão cai no chão, a criança chama a atenção do adulto e diz: "- olha, caiu um pedacinho de pão ali! ". O adulto então responde: "- tudo bem, depois eu limpo". A criança começou a ficar profundamente triste e chateada. Sentindo medo e quase chorando ela disse para o adulto: "- tira esse pão daí agora senão as baratas e as formigas vão encher a nossa casa! ". Impaciente o adulto não percebe o ponto de vista da criança e o que havia dito para ela no dia anterior. O adulto repreende a criança pelo modo ríspido com que ela se dirigiu para ele. Ao final, o adulto estava decepcionado com a falta de educação da criança e a criança estava decepcionada com falta de responsabilidade do adulto em relação a uma possível invasão de formigas e baratas. Qual dos dois agiu com mais coerência, o adulto ou a criança? Detalhes de nosso comportamento diante de uma adversidade podem ser capazes de gerar um cenário grave e perturbador para outros envolvidos. Estas ações, resultantes de sutis diferenças de percepção, frequentemente são subestimadas por nós em nosso dia a dia porque perdemos parte da capacidade de analisar as situações com a mesma simplicidade e coerência lógica dos tempos de criança. Nós mesmos podemos gerar cenários de crises para outros com o nosso comportamento inadequado mesmo em situações que aparentemente estão sob nosso exclusivo controle. Uma forma de prevenção de crises é considerar de forma mais cuidadosa o ponto de vista dos outros envolvidos com o cenário e não apenas confiar cegamente no nosso próprio ponto de vista sobre os fatos.

2 Gerenciamento de Crise

2.1 Identificação da Crise

A crise é uma condição adversa composta do que objetivamente é (o que acontece) mais o que subjetivamente imaginamos ser (o que pensamos que acontece). O que realmente acontece chamaremos de conjunto de "evidências objetivas" e o que pensamos que acontece chamaremos de conjunto de "validações subjetivas". As evidências objetivas são os fatos e as validações subjetivas são as conclusões (relações de causa efeito que percebemos como válidas dentro de cada cenário que observamos).

Podemos então dizer que crise é uma condição adversa, caracterizada por evidências objetivas e validações subjetivas, que requer a atenção certa no tempo certo para evitar ou reduzir quaisquer perdas, por exemplo: perdas humanas, ambientais e patrimoniais.

> *Países, organizações e indivíduos passam por crises.*
> *Quando bem gerenciadas as crises geram países*
> *mais fortes, organizações mais eficientes*
> *e pessoas mais experientes e preparadas para a vida.*
> *Quando mal gerenciadas as crises podem gerar*
> *pelo menos algum aprendizado. Se não conseguirmos*
> *sequer aprender com as crises, então elas infelizmente*
> *se sucederão até nos levarem ao fim.*

Um fato pode ser suficiente para gerar, de forma objetiva, uma crise. Por exemplo:

- O colapso de um componente de um equipamento em plena operação;
- Fim do combustível disponível para uma máquina durante o funcionamento;
- Fim dos recursos financeiros de um empreendimento em andamento;
- Detecção de chamas e da fumaça em um princípio de incêndio;
- O rompimento inesperado e indesejável de um acordo ou relação;
- Um ato de hostilidade de origem externa
- O fracasso econômico financeiro

Uma conclusão, mesmo sem fatos que a justifiquem, pode ser suficiente para caracterizar, de forma subjetiva, uma crise. Por exemplo:

- A expectativa do colapso de uma peça de um equipamento em plena operação;
- A suposição de que o combustível não será suficiente para uma máquina executar o seu trabalho até o fim;
- A expectativa de não recebimento de recursos financeiros para um empreendimento;
- O receio de um incêndio acontecer;
- A suposição de perda de clientes;

- A desconfiança de que será assaltado;
- O receio de que um negócio ou empresa vai fracassar

Uma combinação de fatos objetivos e conclusões subjetivas também podem caracterizar uma crise. Por exemplo:

- A interpretação (conclusão) de que um determinado ruído (fato) seja consequência do colapso de uma peça de um equipamento em operação;
- Um "engasgo" de motor (fato) e a expectativa de que o combustível não seja suficiente (conclusão) para uma máquina cumprir sua campanha;
- O atraso da data de pagamento (fato) por parte de fornecedores e a expectativa de não recebimento de recursos (conclusão) financeiros para um empreendimento;
- O diagnóstico de um incêndio (conclusão) baseado no som (fato) de um falso alarme;
- Os muitos dias sem pedidos dos clientes (fato) e a expectativa do rompimento de contratos (conclusão) com os mesmos;
- Uma manobra agressiva de motociclista (fato) junto a janela do carro e a interpretação (conclusão) de que está sendo assaltado;
- A entrada de um novo concorrente no ramo de negócio (fato) e a interpretação (conclusão) de que ele eliminará as demais empresas do mercado.

Crises reconhecidas com base apenas em fatos (evidências objetivas) são indiscutíveis e precisam de contramedidas e atenção imediatas.

Crises reconhecidas com base apenas em conclusões (validações subjetivas) podem ser fictícias, frutos de diagnósticos errados, porém também podem levar a consequências catastróficas se não receberem atenção imediata.

Crises reconhecidas pela combinação de fatos (evidências objetivas) e conclusões / interpretações / diagnósticos (validações subjetivas) exigem um gerenciamento de crise complexo. Enquanto os fatos representam uma evidência objetiva de crise, as conclusões podem conter distorções e nos enganar. Ter que lidar com os fatos e as conclusões gera dúvidas que dificultam o diagnóstico preciso do evento. Mesmo sem eliminar suas dúvidas o gestor precisará tomar decisões dentro de limites de tempo. Isto torna este processo difícil mesmo quando há certa disponibilidade de dados e informações de suporte ao gestor. Tomar decisões no momento certo de uma crise é ter a capacidade de prover a atenção certa no tempo certo para dar a resposta eficaz ao cenário. A maioria das crises apresenta-se para o gestor como uma combinação de fatos (evidências objetivas) e conclusões (validações subjetivas). Crises que se apresentam exclusivamente através de fatos, ou exclusivamente através de conclusões são, em geral, menos frequentes.

Os fatos precisam adquirir um significado e por isso nossas mentes geram conclusões sobre eles. O resultado é que formamos uma consciência situacional somando fatos e conclusões. O esquema a seguir mostra o "**Triângulo da Crise**" e indica três elementos fundamentais para gerenciar uma crise. O elemento de maior peso é a consciência situacional, seguido pelos fatos

(evidências objetivas) e pelas conclusões (validações subjetivas). Os três elementos são interdependentes e representam um triângulo de relações cujo formato será alterado na medida em que, valorizarmos mais um ou outro elemento. Cada um dos três elementos oferece um ponto de vista de observação da crise, representada ao centro. É possível olhar para crise sob o ponto de vista dos fatos, sob o ponto de vistas das conclusões e sob o ponto de vista da consciência situacional. Durante o gerenciamento da crise os gestores alternam sua percepção a partir destes três pontos de vista. Esta alternância é inevitável pois um gestor tenta entender o cenário para poder reagir a ele. Mas cada um destes pontos de vista mostra uma crise um pouco diferente das que são percebidas a partir dos demais pontos de vista, o que gera ansiedade, dúvida e atitudes inadequadas. A tendência de um gestor é considerar em maior peso o ponto de vista a partir da sua consciência situacional, formada a partir dos fatos e das conclusões que o gestor chega sobre eles.

Em uma comparação elementar, podemos dizer que uma disputa esportiva transmitida pela televisão sem uma narração (apenas transmissão de imagens) representa o mesmo que fatos (evidências objetivas) analisados sem conclusões (validações subjetivas). Mas quando a transmissão da disputa esportiva é realizada com a imagem acompanhada por uma narração, então teremos as evidências objetivas, ou seja os fatos (imagens da disputa esportiva), as conclusões (narração das imagens) e a consciência situacional (como entendemos a disputa esportiva) a partir de ambos. A tendência do telespectador é considerar em maior peso a soma das imagens mais a narração. Se ele considerar somente as imagens mantendo o som desligado, ou se não ver as imagens e apenas ouvir a narração, provavelmente não conseguirá diagnosticar o cenário com toda a precisão que é possível.

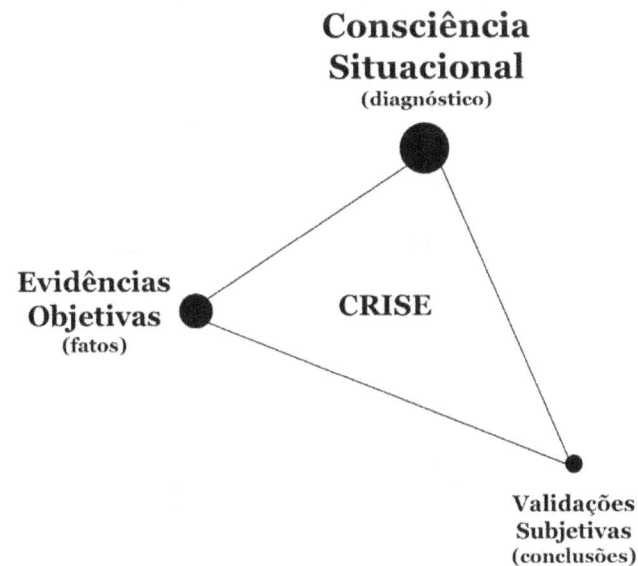

2.1.1 Diferença entre Crises e Demais Problemas

Toda crise está relacionada com problemas mas nem todos os problemas podem ser considerados crises. Os problemas são dificuldades plenamente superáveis através de ações baseadas no conhecimento técnico disponível para lidar com o cenário em andamento. A crise inclui a suspeita de que o conhecimento disponível não seja suficiente para a superação do cenário. Em uma crise há dificuldade em saber como começar a agir porque falta conhecimento técnico. Em um problema sabe-se o que deve ser feito mas não há garantia de que tudo que é necessário será efetivamente feito.

O problema é como uma questão de prova de física onde as fórmulas matemáticas e suas variáveis são todas conhecidas e fornecidas junto com a prova. A crise é como uma questão de prova de física onde as fórmulas matemáticas e/ou suas variáveis não estão completas ou não são conhecidas. Durante a crise não há tempo para deduzir fórmulas: ou estuda-se toda a teoria que constrói as fórmulas antes da crise ou, por falta de conhecimento técnico, riscos maiores e mais ameaçadores precisarão ser assumidos durante o gerenciamento da crise.

A principal diferença entre problema e crise é que diante de um problema temos a percepção de que todo o conhecimento técnico para o resolver está disponível e ao nosso alcance mesmo que isso demande muito trabalho. Ao contrário, diante de uma crise temos a percepção de que as fontes de conhecimento para superar a situação são imprecisas, incertas ou insuficientes para lidar com o cenário em evolução. Os problemas sugerem muito trabalho pela frente. As crises geram muitas dúvidas, incertezas e também muito trabalho pela frente, mas sem se saber exatamente o que e/ou como fazer. Com conhecimento técnico específico e desenvolvendo a capacidade de tomar decisões é possível reduzir situações de crise a problemas, plenamente solucionáveis. Isso é possível dedicando atenção certa no tempo certo às questões relevantes para a segurança.

Diante dos problemas elaboramos uma estratégia e agimos. Diante de crises temos dificuldade para elaborar uma estratégia mínima para começar a agir. Quanto maior o conhecimento técnico e operacional sobre o cenário de ameaça maior a facilidade para elaborar uma estratégia mínima para enfrentar a crise. Quanto menor o conhecimento técnico e operacional, mais frequentemente as crises se aprofundarão. Muitas crises em sequência são um indício de carência de conhecimento.

> **Quando sabemos exatamente quais os recursos necessários e o que precisamos fazer, então temos um problema a resolver. Mas se quando estivermos resolvendo o problema um recurso faltar, então o problema pode tornar-se uma crise.**

A estratégia de gerenciamento de crise está relacionada à definição de uma sequência de decisões conforme o cenário adverso evolui. Estas decisões em sequência devem buscar reduzir crises à problemas de soluções alcançáveis.

Não basta criar uma boa estratégia e elaborar as decisões mentalmente. É preciso fazer o que está mentalmente decidido acontecer no mundo real.

Crise ou problema? Nos primeiros instantes que nos deparamos com um cenário de crise não sabemos por onde começar a agir porque falta conhecimento técnico para elaborar uma estratégia imediata. Quando estamos diante de um problema sabemos o que precisa ser feito mas não há a garantia de que vamos conseguir executar o plano.

Exemplo de problema: alguém acorda no meio da madrugada em um edifício e percebe que está acontecendo um grande incêndio em um andar superior. O que precisa ser feito é alcançar a escada de emergência em meio à fumaça e descer todos os andares compartilhando as escadas com as demais pessoas. Algumas pessoas podem estar mais nervosas e com muito medo. Não há garantia que todos conseguirão chegar até o térreo em segurança, mas a estratégia do que deve ser feito está definida.

Exemplo de crise: alguém acorda no meio da madrugada em um edifício e percebe que está acontecendo um grande incêndio mas não consegue diagnosticar se este incêndio ocorre num andar acima ou abaixo. É necessário sair para um local mais seguro, mas não está claro se o melhor a ser feito é subir ou descer as escadarias. Diante da crise não há garantia sobre o que deve ser feito de imediato, mas é preciso fazer algo mesmo assim. O medo é uma reação natural frente ao desconhecimento. Quanto menos conhecimento técnico e operacional que possa sustentar um plano a ser seguido, maior será a dificuldade imposta pela crise e maior será a reação de medo. Esperar ter toda informação necessária para decidir, sem medo de errar, pode significar "não decidir" considerando-se que o tempo disponível para decidir e agir é limitado. Antes de toda a informação necessária ser obtida o cenário pode escalonar e se transformar em outro mais crítico, agravando-se tanto que não haja mais o que possa ser feito.

O desconhecimento gera medo e isso faz parte do cenário de crise. É preciso aprender a decidir mesmo com informações incompletas já que em muitos casos não há tempo suficiente para esperar que todas as informações sejam colhidas. Uma falha de gerenciamento de crise pode levar ao retardo em decisões que só terão efeito dentro de um intervalo de tempo restrito. Esperar as condições ideais com todas as informações disponíveis e confirmadas para então decidir pode significar "não decidir". A catástrofe pode acontecer antes que o gestor usufrua de sua oportunidade de decidir e exercer influência sobre a evolução do evento. Quando o gestor de crise retarda em demasia as suas decisões na esperança de conseguir mais informações, pressionado pela evolução da crise, ele pode ser tentado a "se convencer" de que uma informação está disponível quando na realidade ela continua indisponível. É melhor reconhecer a falta de informação e decidir consciente das limitações e riscos impostos pela falta de informações.

> *O objetivo do gerenciamento de uma crise é*
> *reduzi-la a um problema. Em um problema sabemos o*
> *que precisa ser feito. Temos que reunir os recursos e agir.*
> *Em uma crise não sabemos exatamente o que devemos fazer.*

Uma palavra muito associada aos termos crise e problema é "emergência". Esta palavra será empregada neste livro para se referir a uma situação indesejável associada a riscos e perigos (ameaças). A palavra emergência será empregada tanto para problemas como para crises. Usaremos emergência tanto para situações indesejáveis em que se tenha acesso ao conhecimento necessário para superá-las (problemas) como para situações indesejáveis em que haja a suspeita de que o conhecimento acessível seja insuficiente para superá-las (crise).

> *Durante quase todo o tempo estamos diante de*
> *um problema ou uma crise. Se você não está em crise*
> *e não está resolvendo um problema, então você*
> *provavelmente não sabe o que de mais importante está*
> *acontecendo ao seu redor. Você pode estar perdendo tempo.*
> *Mas se você sabe que está em crise ou que está resolvendo*
> *um problema, então você já ganhou algum tempo.*

2.1.2 Classes de Crises

Para facilitar a raciocínio durante o gerenciamento de uma crise, será útil ao gestor ter em mente uma referência de classificação que permita priorizar as ações de resposta. Dividimos as crises em 4 grandes classes. Obviamente não se trata de uma divisão absolutamente precisa, pois, determinados cenários podem se tornar ambíguos e esse tipo de imprecisão é algo com o que os gestores de crise necessitam aprender a conviver. É necessário controlar a ansiedade natural por informações precisas, que talvez nunca sejam obtidas durante a crise. Para esboçar uma estratégia de abordagem, os gestores podem tentar enquadrar o cenário de crise em uma destas quatro classes. Quanto mais baseada a crise se basear em fatos para ser diagnosticada, mais elevada deverá ser a prioridade a ser dada pelos gestores a ela. Quanto mais o cenário de crise for diagnosticado com base em conclusões subjetivas, mais baixa deverá ser a prioridade que os gestores deverão atribuir a ela. No caso de crises ocorrendo simultaneamente, essa estratégia de priorização será bastante útil, já que os cenários de múltiplas crises requerem algum tipo de priorização que oriente as primeiras ações de resposta. Dentro deste conceito, classificamos assim as crises em ordem de prioridade de atenção:

Crise Classe 1: OBJETIVA – Os <u>fatos ocorrem,</u> mas as pessoas <u>não possuem a consciência situacional</u> sobre eles. Exemplo A: Todo o fornecimento de energia elétrica a um hospital é interrompido durante o dia, mas os cirurgiões ocupam um determinado recinto com iluminação natural e não percebem a falta de energia enquanto preparam um paciente em estado grave para entrar no centro cirúrgico que depende de energia elétrica para funcionar. Exemplo B:

Uma aeronave perde altitude progressivamente mas permanece nivelado. A tripulação não percebe que a aeronave está caindo (desorientação espacial) e considera que continuam em voo de cruzeiro.

Crise Classe 2: COMPLEXA – Os fatos ocorrem, mas a consciência situacional não se limita a eles incluindo percepções e diagnósticos subjetivos que podem superestimar ou subestimar o cenário em andamento. Exemplo A: A luminária de um recinto deixa de funcionar, mas por razões subjetivas os ocupantes do recinto concluem que há uma interrupção em todo o fornecimento de energia elétrica (blackout), o que não é verdade. Exemplo B: Uma aeronave perde altitude progressivamente, mas por alguma razão subjetiva a tripulação conclui que a aeronave perdeu a sustentação e por isso a tripulação pensa que o avião está caindo (condição muito mais crítica) quando na realidade o voo passa apenas por uma condição de instabilidade momentânea sem perda da sustentação.

Crise Classe 3: SUBJETIVA – Não ocorrem fatos que estabeleçam uma determinada crise, mas as pessoas desenvolvem a consciência situacional de que ela está acontecendo (existe somente na mente das pessoas). Exemplo A: Sem nenhum fato que justifique, os ocupantes de um recinto são convencidos de que há uma interrupção no fornecimento de energia elétrica porque uma pessoa persuasiva, dentre os ocupantes do recinto, os convence. Exemplo B: Uma aeronave está em voo de cruzeiro, mas por alguma razão subjetiva os tripulantes concluem que o avião está perdendo altitude, quando na realidade nada de novo aconteceu.

Crise Classe 4: MÚLTIPLA – Eventos independentes geram crises diferentes que se relacionam no tempo e na influência mútua de suas consequências. Exemplo: Por causa de uma falha todo o fornecimento de energia elétrica é interrompido em uma sala de controle aéreo (blackout) e exatamente nesse momento uma aeronave perde altitude sem conseguir fazer contato com a sala de controle cujas comunicações estão impedidas devido ao blackout. No caso de crise múltipla, o gestor deve tentar classificar as várias crises e respondê-las, na medida de seus recursos, priorizando a ordem hierárquica de classes 1, 2 e 3.

> *Quando estamos diante de crises múltiplas é melhor nos concentrarmos na que estiver mais crítica. Devemos tentar transforma-la em um problema mais simples sem em nenhum momento nos esquecermos das demais crises.*

O gerenciamento de crise exige conhecimento técnico e experiência. Para gerenciar uma crise é preciso equilibrar objetividade para identificar de modo isento os fatos (evidências objetivas) e também é preciso subjetividade para, a partir das evidências objetivas, chegar a conclusões (validações subjetivas) que permitam dar sentido aos fatos e assim entender o cenário em andamento (consciência situacional). Portanto não existem fórmulas ou receitas a serem seguidas para gerenciar uma crise. Não há como fugir da dificuldade de equilibrar objetividade e subjetividade, muitas vezes sob a pressão exercida pela

pouca ou pouquíssima disponibilidade de tempo para tomar decisões fundamentais.

2.1.3 Declaração de Crise

A simples declaração de crise já é uma crise. Declarar a crise estabelece a crise. Quando a crise é percebida o declarante da crise deve agir sem hesitação, deflagrando todo o processo de gerenciamento e resposta à crise. Lembre-se que tempo é ouro durante uma crise. Para aproveitá-lo o declarante da crise deve estar preparado tecnicamente, psicologicamente e fisicamente. Mesmo que existam dúvidas sobre a consistência do estado de crise (crise subjetiva), uma vez declarada, esta ação requer que a sequência de resposta e de gerenciamento de crise seja cumprida. Não importa se a crise é apenas subjetiva. A expectativa gerada após a declaração de crise exige que todo o tratamento de resposta e gerenciamento de crise seja prestado.

> *Os modelos econômico e financeiro geram crises. Os Modelos políticos geram crises. O relacionamento humano gera crises. As crises são como reações naturais que clamam pela contínua reconstrução e aperfeiçoamento dos modelos que, inevitavelmente, com o tempo se desgastam.*

Iremos apresentar um conjunto de fluxogramas que resume uma sequência facilitadora do gerenciamento de riscos. É importante entender que os fluxogramas servem apenas para ajudar o gestor a perceber e declarar a crise, organizar suas ideias e priorizar suas ações formando a melhor consciência situacional possível sobre o cenário em andamento. Não se trata de algo como uma "receita de bolo" a ser rigorosamente seguida durante a crise como um "check list" ou procedimento operacional. Na realidade a sequência de fluxogramas serve para exercitar a mente de gestores de crise, treinando a organização das ideias e a priorização dos temas durante o gerenciamento de crise. Se um gestor tiver fluxogramas disponíveis durante uma crise poderá utilizá-los. Durante os treinamentos e o estudo prévio da atividade que irá exercer, o gestor deve assimilar, entender e dominar a sequência apresentada pelos fluxogramas. Com a prática durante treinamentos o raciocínio frente à crise passará a se tornar algo natural, melhorando a capacidade de formação de sua consciência situacional. O gestor bem treinado irá organizar suas ideias com maior facilidade alcançando uma consciência situacional mais precisa para orientar a sua tomada de decisões. A seguir iniciaremos a sequência de fluxogramas com o Fluxo 1 - Declaração e Classificação de Crise, cujo objetivo é facilitar que o gestor da crise a compreender se está diante de um cenário de um problema ou realmente diante de um cenário de crise objetiva, subjetiva ou complexa.

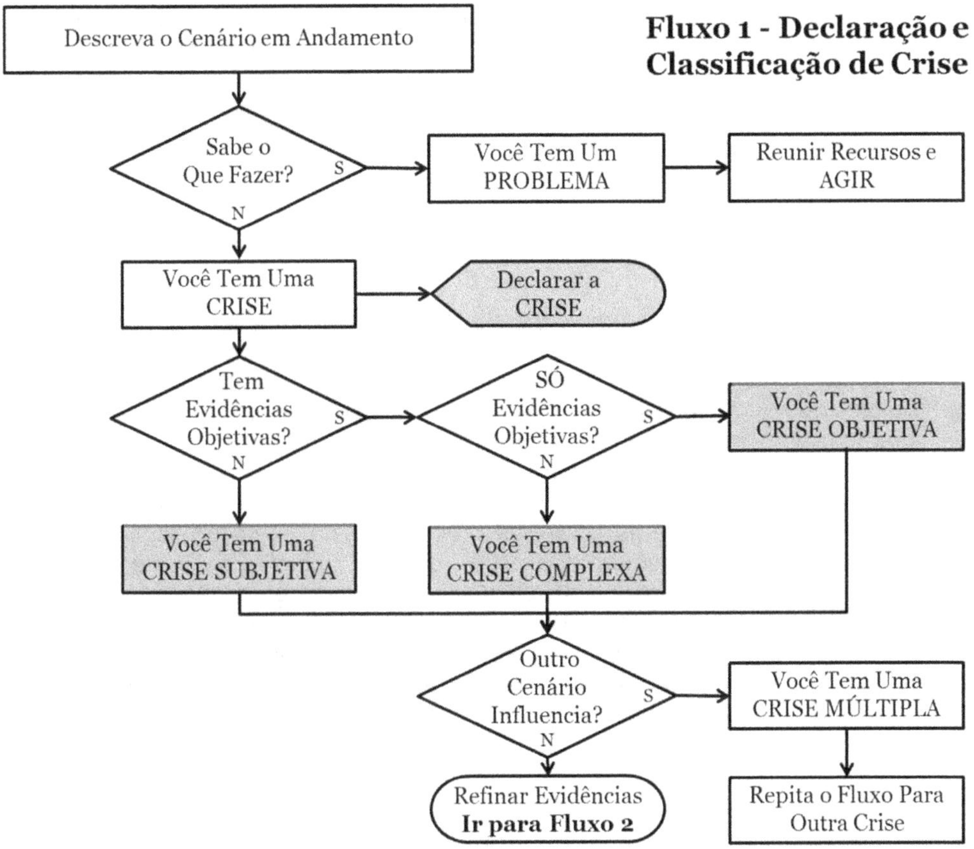

Fluxo 1 - Declaração e Classificação de Crise

Descreva o Cenário em Andamento

Sabe o Que Fazer? — S → Você Tem Um PROBLEMA → Reunir Recursos e AGIR

N

Você Tem Uma CRISE → Declarar a CRISE

Tem Evidências Objetivas? — S → SÓ Evidências Objetivas? — S → Você Tem Uma CRISE OBJETIVA

N

Você Tem Uma CRISE SUBJETIVA

N

Você Tem Uma CRISE COMPLEXA

Outro Cenário Influencia? — S → Você Tem Uma CRISE MÚLTIPLA

N

Refinar Evidências **Ir para Fluxo 2**

Repita o Fluxo Para Outra Crise

2.2 Evidências Objetivas da Crise

São evidências baseadas em fatos gerados por pessoas, ou por um ambiente natural ou por um ambiente projetado. As evidências objetivas sempre acarretam algum tipo de mudança no ambiente. Parafraseando as leis da mecânica newtoniana, a toda "evidência objetiva" de crise corresponde uma reação dentro do ambiente. Isso significa que evidências objetivas não podem ser caracterizadas apenas por uma ideia ou temor, mas precisam estar fundamentadas em algum fato que gere reação (mesmo que mínima) no ambiente natural ou projetado, ou em qualquer ambiente em que se insira.

2.2.1 Ambiente Natural

É o ambiente alheio ao controle e à intervenção humana (condições naturais). Como exemplos de evidências objetivas geradas em ambientes naturais, podemos citar as tempestades, terremotos, tsunames, desmoronamentos, comportamento natural de animais, fenômenos físicos, químicos, termodinâmicos, entre outros. Em um ambiente natural as evidências objetivas de crise ocorrem a partir de pouca ou nenhuma influência humana. No ambiente natural as evidências objetivas resultam da relação de causa e efeito que ocorrem em decorrência das leis naturais que não estão ao alcance direto do controle humano.

2.2.2 Ambiente Projetado

É o ambiente criado pela intervenção humana no ambiente natural. O ambiente projetado interage com o homem e também com o ambiente natural. Essa interação pode ser tratada desde a origem do empreendimento ou pode ser simplesmente ignorada. Quanto melhor e mais cuidadoso for o tratamento da interação homem x ambiente menor será a indução ao erro humano. Tratada ou não, a interação homem x ambiente sempre está presente em qualquer ambiente com presença humana. Quando a interação é tratada desde a origem do empreendimento, maiores serão as chances desta interação alcançar uma relação harmoniosa e equilibrada entre pessoas, ambiente natural e ambiente projetado. Como exemplos de evidências objetivas geradas em ambientes projetados podemos citar a quebra de peças de máquinas, falhas de controle em processos termodinâmicos industriais, efeitos ocasionados por obras e construções, efeitos gerados por processos de transformação industrial, falhas de automação em equipamentos e máquinas, falhas em elementos estruturais de equipamentos e máquinas, etc.

2.2.3 Pessoas

Pessoas erram.

Mesmo as pessoas que recebam o melhor treinamento e tenham as melhores habilidades físicas e mentais, em algum momento irão cometer erros. Paralelamente, a natureza não está sob o controle do homem e por isso o ambiente natural pode gerar condições adversas, independentemente do controle humano. Para reduzir a indução ao erro humano, a engenharia deve atuar no ambiente projetado tratando os fatores humanos (fatores capazes de influenciar na intensidade da indução ao erro) relacionados a esse ambiente. O ambiente projetado resulta da intervenção da engenharia no ambiente natural e da criação humana que interfere com o ambiente natural. O ambiente projetado pode ser construído de forma planejada, com as devidas correções e melhorias na interação homem X ambiente. Estas correções devem ser realizadas através das técnicas de engenharia e de fatores humanos.

Se o objetivo for reduzir o erro humano, podemos tentar mudar tudo menos o ser humano. Mudar o ser humano não é uma tarefa de engenharia. É ingênuo tentar tornar o homem infalível por meio de treinamentos (essa transformação não está ao alcance das técnicas de engenharia de fatores humanos). O homem erra. Por outro lado, existem inúmeras mudanças ao alcance da engenharia em relação ao ambiente projetado e a seus fatores de indução ao erro (fatores humanos). Além disso, está ao alcance da engenharia preparar pessoas e melhorar ambientes projetados a fim de reduzir parte da influência negativa que o ambiente natural adverso possa gerar em termos de indução ao erro.

> *É uma ingenuidade pensar que as pessoas não cometerão erros, mas é um trabalho técnico tentar impedir que as consequências dos erros humanos se transformem em desastres.*

2.3 Validações Subjetivas da Crise

Independentemente da existência de fatos (evidências objetivas) que caracterizem uma crise, conclusões (elementos psicológicos e cognitivos) podem conduzir uma ou mais pessoas a diagnosticarem um cenário como crise. Mesmo que este diagnóstico não tenha nenhuma correspondência com fatos reais, se uma ou mais pessoas estabelecerem a consciência situacional de que existe uma crise, esta crise subjetiva poderá gerar efeitos e consequências tão indesejáveis quanto os efeitos e consequências de uma crise baseada em evidências objetivas. Ainda que nenhum fato objetivo demonstre a existência de uma crise, se as pessoas por alguma razão subjetiva se convencerem de que uma crise existe, esta acabará de fato se estabelecendo.

2.3.1 Influência Cultural

A cultura geral que prevalece no ambiente, no país, na cidade, no bairro, na família entre outras fontes culturais, exerce grande influência na formação da consciência situacional de crise. Traumas corporativos e pessoais, acidentes recentes e pressões econômicas são exemplos de influências que podem fazer parte da cultura e induzir a uma consciência situacional de crise objetiva, complexa, subjetiva ou múltipla. O conhecimento e a experiência técnica acumulada podem, com o tempo, ser incorporadas na cultura operacional e influenciarem os gestores na formação de sua consciência situacional e, consequentemente, na elaboração de diagnósticos e na tomada de decisões durante o gerenciamento de crise.

2.3.2 Fatores Humanos

Fatores humanos são aqueles que influenciam a interação entre as pessoas, sistemas e máquinas. Estes fatores resultam do ambiente projetado e

influenciam na interação entre as pessoas, os sistemas e máquinas induzindo-as mais ou menos ao erro humano. Os fatores humanos são estabelecidos pelo homem ao projetar, operar e manter empreendimentos tecnológicos. Todo empreendimento tecnológico interage com pessoas e essa interação é influenciada por fatores humanos relacionados com o trabalho físico e cognitivo. Cada ponto de interação homem x sistema requer tratamento quanto a maior ou menor indução ao erro que esse ponto de interação proporciona. Um projeto de fatores humanos, é um projeto que inclui o tratamento de cada ponto de interação homem x sistema, de modo a reduzir ao máximo a indução ao erro humano.

Um console de sala de controle, com seus monitores, botões e anunciadores de alarmes pode, conforme o arranjo destes componentes, induzir o operador a errar mais ou menos. Telas confusas, botões de acionamento mal posicionados, e a falta de clareza na comunicação e na anunciação de alarmes são alguns exemplos de fatores humanos que podem induzir significativamente as pessoas ao erro.

2.3.3 Consciência Situacional

Existe o cenário real e o percebido. A consciência situacional é o cenário de crise mentalizado e assumido como referência para as atitudes de resposta e para as tomadas de decisão. A consciência situacional é formada a partir de fatos e elementos do cenário real (evidências objetivas) e a partir de conclusões sobre o cenário percebido (validações subjetivas). O diagrama abaixo representa a "Visão Geral da Crise" considerando os conceitos de consciência situacional, evidências objetivas e validações subjetivas. O diagrama mostra uma representação didática do cenário real de uma crise que se estabelece durante um voo, onde as evidências objetivas são um céu ensolarado e a proximidade de uma formação de densas e ameaçadoras nuvens. Dentro do cockpit da aeronave, os pilotos fazem validações subjetivas (conclusões a respeito do que conseguem perceber sobre o cenário à frente). Na tentativa de diagnosticar o cenário os pilotos formam a consciência situacional que pode ser diferente para cada piloto. Dependendo da capacitação para o gerenciamento de riscos e dos fatores circunstanciais de cada emergência, os pilotos poderão formar uma consciência situacional mais próxima ou mais distante do que de fato ocorre no cenário real. Quando a percepção do cenário for malformada os pilotos podem se perder completamente em decorrência do distanciamento desta consciência situacional em relação ao cenário real da crise em andamento.

CENÁRIO REAL (Difícil de Ser Percebido)

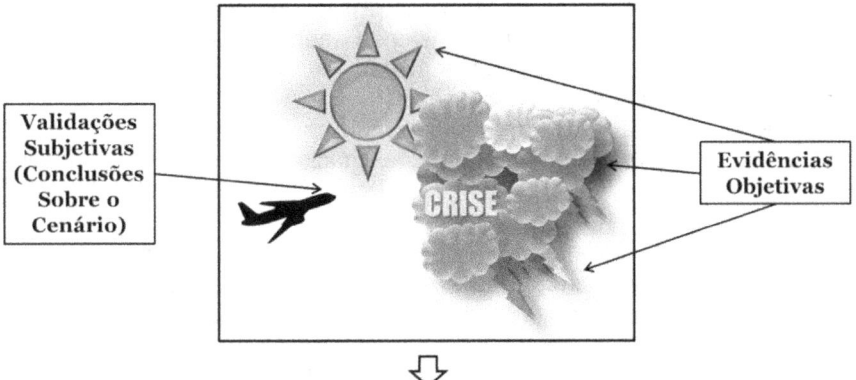

Validações Subjetivas (Conclusões Sobre o Cenário)

Evidências Objetivas

Consciência Situacional (Como Percebemos o Cenário Real)

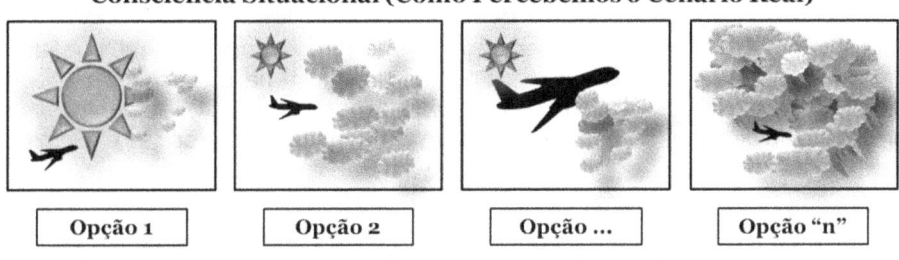

| Opção 1 | Opção 2 | Opção ... | Opção "n" |

O diagrama mostra (opção 1) uma consciência situacional onde os pilotos valorizam o dia ensolarado e minimizam as nuvens a frente. Outra consciência situacional pode ser formada (opção 2) em que os pilotos percebem o mesmo cenário de forma diferente, como se aeronave fosse atravessar uma formação de nuvens, menos ameaçadoras do que indicam as evidências objetivas do cenário real. Inúmeras outras opções de consciência situacional poderão se formar, dependendo da capacitação de cada gestor da crise, neste caso de cada piloto. Os dois outros exemplos de consciência situacional que aparecem no diagrama representam as variadas percepções que se pode ter de um cenário real. A penúltima consciência situacional (opção ...) representa a consciência situacional de uma tripulação que vê a robustez de sua aeronave muito maior do que as ameaças que as evidências objetivas do cenário real indicam. Este tipo de consciência situacional forma-se como consequência do excesso de confiança no equipamento que operam. O último exemplo de consciência situacional (opção "n") representa didaticamente a infinidade de opções de formação de consciência situacional e mostra a percepção enganosa de que a aeronave está em uma tempestade muito maior do que a que realmente está acontecendo. Até mesmo o sol desaparece da consciência situacional em meio à supervalorização dos elementos ameaçadores.

A consciência situacional deveria ter, mas em geral não tem correspondência plena com a realidade. A maior ou menor correspondência depende da capacidade de percepção e diagnóstico, sendo tão próxima da realidade quanto mais apurada for a capacidade de diagnóstico do cenário por parte daqueles que

gerenciam a crise. O fator mais importante para tornar a consciência situacional a mais próxima possível da realidade é o nível de conhecimento técnico e operacional sobre o cenário no qual o gestor se insere. No exemplo da tripulação da aeronave, quanto mais os pilotos tiverem conhecimento técnico sobre a aeronave, sobre a localidade onde voam, sobre a cultura de segurança da companhia aérea onde trabalha, e quanto mais conhecimento geral tiver, mais chances terá para formar uma consciência situacional de alta correspondência com a realidade.

> *Eventualmente uma crise no mercado financeiro acontece sem que exista nenhuma evidência objetiva, no mundo real, que a justifique. Mesmo assim essa crise pode quebrar bancos, empresas e até países. Por isso uma crise subjetiva (que exista apenas na consciência situacional das pessoas) é tão perigosa quanto uma crise objetiva baseada em fatos.*

É como se existissem sempre 2 emergências acontecendo: uma real, baseada em fatos (evidências objetivas) e outra que prevalece na mente das pessoas envolvidas, com base em conclusões (validações subjetivas). Quanto mais próxima estiver a consciência situacional do cenário real mais precisas e eficazes tenderão ser as decisões tomadas durante o gerenciamento da crise.

Fatos independentes e não relacionados em um encadeamento lógico não são suficientes para a formação de uma consciência situacional. As conexões entre tais fatos dependem das conclusões que são obtidas a partir deles (validações subjetivas). Durante uma crise as informações disponíveis sempre se apresentam incompletas. Esta é uma característica dos cenários de crise. Em uma crise as evidências objetivas sempre apresentam lacunas que oferecem resistência o diagnóstico imediato da emergência. Por isso, as conclusões (validações subjetivas) tornam-se necessárias para completar estas lacunas e formar a consciência situacional "possível" sobre a crise (ainda que imprecisa), possibilitando a criação de uma estratégia mínima de resposta e tomada de decisão. Quanto maior a experiência e o conhecimento técnico e operacional do gerenciador de crise, menor imprecisão haverá em decorrência da inevitável inserção de validações subjetivas durante o processo de formação da consciência situacional.

> *Quanto mais precisa for a consciência situacional, mais eficiente será a resposta à crise. Para melhor entendermos o que acontece durante uma crise, ela precisa nascer em nossa cabeça antes que nos surpreenda na vida real.*

2.4 Lições Aprendidas: Falhas de Gerenciamento de Crise em Voo

FORMAÇÃO DA CONSCIÊNCIA SITUACIONAL

No dia 8 de janeiro de 1989 um Boeing 737-400 de última geração fabricado há apenas 2 meses decolou de Londres com destino a Belfast levando 118 passageiros. O **ambiente natural** apresentava condições meteorológicas perfeitas para o voo, mas depois de apenas 13 minutos a tripulação precisou **gerenciar uma grande crise**: um forte ruído pôde ser percebido pelos passageiros e pela tripulação e o avião começou a balançar violentamente. Estes fatos (**evidências objetivas**) transformam o que seria um voo tranquilo, de apenas uma hora, em uma **crise complexa** para os tripulantes e o pior dos pesadelos para os passageiros da aeronave. O piloto e o comandante eram bastante experientes, entretanto a aeronave era uma versão atualizada do modelo do Boeing 737. Os pilotos não estavam completamente familiarizados com algumas das mudanças recentemente incorporadas ao modelo. O novo avião passara a incluir modernizações nos painéis de instrumentos e nos demais equipamentos, inclusive nas turbinas. A tripulação estava trabalhando em um novo cockpit, o que significa um novo **ambiente projetado**, teoricamente aperfeiçoado para promover a interação perfeita entre máquina e pilotos. Eles tiveram pouco treinamento sobre as diferenças que existem nessa nova versão da aeronave e haviam voado poucas horas no novo modelo. Um clima perturbador em relação a ameaça de terrorismo estava presente em decorrência a um atentado recente causado por uma bomba em um avião que caiu na região da Escócia, sem deixar sobreviventes. Este ataque foi atribuído a uma organização árabe, mas movimentos separatistas no Reino Unido também eram fontes de preocupação para a segurança da infraestrutura aeroportuária assim como para pilotos e passageiros.

Neste ambiente de tensão, após o forte ruído e a desestabilização da aeronave o trabalho de **gerenciamento de crise** foi confrontado com outra importante **evidência objetiva** que exerceu enorme influência sobre o **diagnóstico** da **crise**: o piloto e o comandante sentiram o cheiro de fumaça no interior da cabine. Com base nos fatos (**evidências objetivas**) como o forte ruído, o intenso balanço da aeronave e a presença de fumaça na cabine, a **consciência situacional** sobre a emergência se consolidou. O piloto e o comandante buscaram **diagnosticar** o cenário de emergência e a percepção imediata deles foi que um dos motores estava sofrendo uma pane, possivelmente envolvendo uma explosão e um incêndio. Um dos pontos mais importantes do **diagnóstico** daquela crise era a identificação de qual dos dois motores da aeronave estava com **problemas**. Inicialmente o piloto tentou identificar o motor danificado através das indicações do painel de controle da aeronave, mas os novos

instrumentos haviam se tornado muito mais modernos, alguns com indicações sinalizadas em displays LCD e outros com sinais em LEDs enquanto que na versão anterior da aeronave os instrumentos eram analógicos.

DIFICULDADES DE INTERAÇÃO ENTRE OS PILOTOS E O AVIÃO

A interação homem máquina nesse momento crítico estava sendo dificultada por questões de **fatores humanos** que impediam que o piloto pudesse **diagnosticar**, imediatamente, qual dos motores estava defeituoso e precisando ser desligado. As gravações da caixa preta registraram que o piloto chegou a dizer para o comandante que ele deveria desligar o motor esquerdo, mas depois o comandante mudou seu diagnóstico sugerindo o desligamento do motor direito com base no que conseguia ler no novo painel, ainda pouco conhecido. A posição física das janelas do cockpit não permita que os pilotos conseguissem olhar diretamente para os motores a partir da cabine e por isso o **diagnóstico** dependia de conclusões (**validações subjetivas**) que complementassem as lacunas que poderiam relacionar os fatos (**evidências objetivas**) tais como as indicações de painel, os ruídos, a performance de voo e a presença de fumaça. Mesmo diante da clara situação de hesitação, o comandante e o piloto precisavam **tomar uma decisão** e buscavam amparo na **experiência** prévia acumulada por eles. O comandante, bastante experiente, sabia que a fumaça só chegaria até a cabine se o sistema de ar condicionado fosse de alguma forma danificado, e ele sabia também que em um jato 737 o sistema de ar condicionado era alimentado através do motor do lado direito. Estas características registradas ao longo dos anos de pilotagem passaram a fazer parte da sua **cultura** operacional e por isso pareceram corretas, naquele momento. Estas **conclusões** foram decisivas para a tripulação encontrar uma saída para a crise. As conclusões sobre que turbina alimentava o sistema de ar condicionado em um Boeing 737 serviram como base das **validações subjetivas** que faltavam para a formação do **diagnóstico** do cenário acidental. Eles assim sentiram-se prontos para a **tomada de decisão** sobre qual o motor que deveria ser desligado.

EXCESSO DE CONFIANÇA NA PRÓPRIA EXPERIÊNCIA

Confiantes na experiência acumulada com a versão anterior do Boeing 737 o comandante e o piloto consolidaram a **consciência situacional** de que o motor direito estava danificado, mas o que eles não sabiam é que no novo modelo do Boeing 737-400 o sistema de ar condicionado era alimentado não somente pelo motor direito, mas também pelo motor esquerdo. Surpreendentemente, na área de passageiros uma outra **consciência situacional** estava sendo formada. A maior oportunidade para entender a emergência estava disponível somente fora da **estação de controle principal** (cockpit) onde estavam o piloto e o comandante. Um homem que viaja num assento de passageiro tinha uma visão privilegiada do motor esquerdo e percebeu claramente que a turbina esquerda estava danificada e gerava chamas e centelhas. Mas enquanto isso, no cockpit, o comandante e o piloto acreditavam que o problema ocorria na outra turbina (direita) e decidiram desligar o motor direito. Para piorar ainda mais, assim que a operação equivocada foi realizada tudo pareceu voltar ao normal. O ruído e a intensa vibração cessaram. Aliviado o comandante comunicou aos passageiros

que o motor direito estava danificado e que por isso ele teve que desliga-lo. Dessa forma o comandante fez a **declaração da crise**, identificando a emergência e explicando a estratégia de resposta adotada pela tripulação. Embora o passageiro sentado próximo à turbina esquerda tivesse percebido o fato (**evidência objetiva**) das chamas e centelhas existentes no motor esquerdo, ele escutou a mensagem do comandante citando um problema no motor direito e não teve nenhuma atitude de contestação (não **tomou a decisão** de agir no **tempo certo**). O passageiro agiu dessa forma porque considerou que deveria confiar plenamente nas informações do comandante por ser ele um profissional presumidamente capacitado e isso parecia bastante razoável principalmente porque já o comandante já havia conseguido estabilizar a aeronave. Mas o **diagnóstico** do comandante e o do piloto estava completamente equivocado e a **consciência situacional** que prevaleceu no cockpit de comando da aeronave não considerou as **evidências objetivas** de visualização de chamas e centelhas na turbina esquerda, possíveis de serem observadas somente pela janela acessível ao passageiro.

Um único passageiro pode ter sido o único a perceber o erro de **diagnóstico**, mas além do fato (**evidência objetiva)** de visualizar chamas e centelhas no motor esquerdo, este passageiro formou sua **consciência situacional** agregando a **validação subjetiva** de que o comandante, por sua experiência, estava correto em seu diagnóstico, a despeito das chamas que ele mesmo, o passageiro, acabara de visualizar no motor esquerdo. A **declaração de crise** pareceu ser tão convincente que o passageiro não se sentiu com a necessidade de contestar a informação do comandante sobre as chamas na turbina direita. Para o passageiro o comandante teria no máximo feito alguma confusão com as palavras e isso seria apenas uma possível falha de comunicação de menor importância.

CONCLUSÕES ERRADAS

O novo **ambiente projetado** (nova versão do Boeing 737-400) alterou a forma de interação homem x máquina aumentando os fatores de indução ao erro (**fatores humanos)** e ampliando significativamente as chances de falhas humanas. A tripulação confusa desligou o motor bom (direito) e deixou em funcionamento apenas o motor defeituoso (esquerdo). Para reforçar o **diagnóstico** errado, logo após o desligamento do motor direito as condições de voo se normalizam, um efeito enganoso que aumentou ainda mais a indução ao erro. O fato do avião retomar a estabilidade de voo (**evidência objetiva)** permitiu a tripulação concluir (**validação subjetiva**) que o **gerenciamento da crise** estava no caminho certo, o que não era verdade. Mas porque as condições de voo foram restauradas se o motor que estava em bom estado foi indevidamente desligado?

A aeronave estava em um voo estável mas mesmo assim, devido à **emergência,** o comandante precisava pousar o avião novamente em Londres já que os recursos de propulsão da aeronave estavam perigosamente degradados e apenas uma turbina (esquerda) estava mantendo as condições de voo. Eles não sabiam que esta turbina estava seriamente danificada e a qualquer momento poderia voltar a falhar. Quando os tripulantes executaram as ações de

aproximação final para pouso de **emergência**, outro estrondo ainda mais forte sacodiu o avião e os passageiros perceberam que o ruído vinha do único motor ainda em operação. Neste segundo evento as vibrações foram muito piores e a **crise** tornou-se muito mais severa fazendo com que os pilotos percebessem que precisavam pousar imediatamente antes que a última turbina parasse de funcionar. Mas a situação somente piorava até que finalmente tudo se silenciou e o segundo motor também parou de funcionar quando ainda restava significativa distância até que o jato alcançasse a pista de pouso. Este novo cenário de crise era uma **evidência objetiva**, tanto para passageiros como para os tripulantes, de que aquele voo estava em uma **crise complexa** extremamente severa com improváveis chances de sobrevivência. A tripulação na cabine tentou partir o motor direito (**diagnosticado** equivocadamente como defeituoso) numa tentativa desesperada de tentar restaurar as condições de voo. Mas esta tentativa ocorreu quando já era tarde demais. A aeronave caiu com 118 pessoas e 47 vítimas não sobreviveram.

INVESTIGAÇÃO DO ACIDENTE

Uma longa investigação do acidente confirmou que uma das palhetas da turbina esquerda se rompeu em pleno voo. Foi uma falha extremamente grave que questionou a segurança de todos os novos Boeing 737-400. Os estilhaços dessa palheta se alojaram em partes internas do motor gerando resistência ao seu funcionamento e demandando mais potência e combustível para manter a turbina funcionando. Esse aumento de potência e o envio de mais combustível foi provocado por ações automáticas geradas pelos computadores da aeronave que tentavam manter o motor funcionando, mesmo danificado. Essa situação desestabilizou completamente a aeronave e o excesso de combustível enviado para a turbina danificada acabou gerando chamas, incêndio e fumaça no motor esquerdo. O comandante e o piloto fizeram um diagnóstico errado com base em uma **consciência situacional** que supunha que a fumaça no interior do cockpit era proveniente de um dano relacionado com o sistema de ar condicionado. Na versão anterior do Boeing 737 o sistema de ar condicionado ficava próximo ao motor direito. Devido à proximidade o motor direito fornecia energia a motriz para o sistema de ar condicionado. Na nova versão que estavam pilotando (Boeing 737-400), o sistema de ar condicionado era acionado não apenas pelo motor direito mas também pelo motor esquerdo, justamente o que havia sido danificado. Quando a tripulação desligou o motor direito, também atuou reduzindo a potência da aeronave. Com isso eles também retiraram de operação o automatismo do controle da turbina esquerda (turbina que estava danificada). Com uma condição operacional mais branda decorrente da redução de potência, a turbina esquerda foi mantida em funcionamento, apesar de estar severamente danificada. Além disso a turbina esquerda não apresentava mais as instabilidades que haviam sido percebidas quando a aeronave estava sendo operada automaticamente, sob o controle dos computadores. O desligamento do automatismo fez com que menos combustível e potência fossem demandadas pelo motor esquerdo e essa situação mais branda normalizou e estabilizou a aeronave, contribuindo para confirmar o **diagnóstico** equivocado.

A tripulação de cabine ainda teve mais uma chance para corrigir a falha de **diagnóstico**. Toda vez que uma grande emergência ocorre em um voo, depois

da estabilização da aeronave o piloto e o comandante devem rever todas as etapas da emergência pela qual passaram e assim confirmar se o **diagnóstico** e a **resposta à emergência** foram mesmo adequados. Assim que a tripulação iniciou a verificação houve uma interrupção para atender a uma comunicação com a torre de controle. As atividades subsequentes se avolumaram sem que a verificação fosse completamente concluída. Durante a verificação talvez o piloto ou o comandante poderiam ter percebido que haviam desligado o motor íntegro e mantido ligado o motor danificado. Mas isso não aconteceu. Durante a descida para o pouso de emergência a aeronave precisou de mais velocidade e mais potência exigindo novamente a maior performance do motor esquerdo que estava danificado e isso causou o dano fatal da turbina e a desintegração definitiva do motor que estava sendo usado por engano, mesmo estando danificado.

ATITUDE INCORRETA FRENTE À CRISE

Um passageiro observou fogo na turbina esquerda devido a sua localização estratégica no momento da emergência. Mesmo sendo apenas um passageiro, ele percebeu com precisão um fato (**evidência objetiva**) que, se relatado aos tripulantes no tempo certo poderia ter evitado o desfecho catastrófico. A certeza sobre qual turbina estava em chamas era uma **evidência objetiva** da crise e por isso o passageiro tinha a oportunidade de formar a **consciência situacional** de que o **problema** estava no motor esquerdo. Mas sua **consciência situacional** sofreu a interferência da **validação subjetiva** gerada pela **declaração de crise** do comandante. Suas palavras mencionaram o motor direito como defeituoso. O passageiro sobreviveu ao acidente e durante as investigações ele explicou que, para ele, o comandante sabia exatamente o que estava fazendo. A bagagem cultural e a experiência pessoal do passageiro fizeram com que a frase errada do comandante fosse considerada certa fazendo-o desconsiderar fatos que estavam acontecendo bem à frente de seus olhos (chamas na turbina). O passageiro não contestou a **declaração de crise** mesmo diante de **evidências objetivas** inquestionáveis. Influenciado por uma conclusão errada (**validação subjetiva**), é impressionante como o passageiro permitiu formar sua própria **consciência situacional** minimizando fatos vistos com seus próprios olhos: o motor esquerdo em chamas (**evidência objetiva**).

Este acidente mostra que uma **crise** é uma condição adversa e a **consciência situacional** sobre essa condição é sustentada por **evidências objetivas** e **validações subjetivas**. Somente a **atenção certa no tempo certo** pode evitar ou pelo menos reduzir perdas humanas, ambientais e patrimoniais. Para a tripulação no cockpit da aeronave a **crise** no voo 092 foi composta do que objetivamente aconteceu (grande ruído e incêndio no motor esquerdo) acrescido do que subjetivamente a tripulação imaginou ter acontecido (incêndio no motor direito da aeronave). O rompimento de uma palheta da turbina do motor esquerdo foi a **evidência objetiva** apurada pela investigação. Durante a **crise** o diagnóstico equivocado de incêndio do motor direito resultou da formação de uma **consciência situacional** equivocada e comum ao piloto e ao comandante. Eles acrescentaram aos fatos (**evidências objetivas**), conclusões (**validações subjetivas**) baseadas em **experiências anteriores** que na realidade não eram

perfeitamente aplicáveis à nova aeronave que estavam pilotando. Isso causou o insucesso do **gerenciamento da crise**.

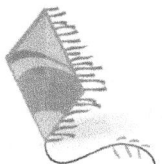

Um casal dirigia seu carro, o homem ao volante e a mulher brincava com uma criança, filha do casal. Em meio às brincadeiras os pais tentavam educar a filha sobre os temas que estavam sendo tratados na escola. Essa era uma prática do casal que já havia se tornado uma rotina em suas viagens de automóvel. Um dos temas que mais estava interessando a menina era aprender sobre os países, suas tradições e símbolos. Então a mãe propôs à filha um jogo sobre as cores e formas das bandeiras de diversos países. A cada país citado a menina tentava descrever a bandeira incluindo suas cores e símbolos. A mãe perguntou a menina qual a bandeira com estrelas e listras, e ela respondeu Estados Unidos. Perguntou também qual era a bandeira que tinha um sol, e ela respondeu Uruguai. Perguntou ainda quais as cores da bandeira da França e ela respondeu azul, branco e vermelho, até que a mãe resolveu perguntar qual era a cor do "X" da bandeira da Escócia. A filha, com toda a convicção respondeu: "- é branca". O pai logo a corrigiu e disse que a bandeira da Escócia tinha um "X" azul o que foi prontamente confirmado pela mãe.

Entre si os pais continuavam a conversar enquanto a menina os observava. Eles estavam lembrando que a bandeira do Reino Unido parecia a sobreposição das bandeiras da Inglaterra e da Escócia com o "X" azul. A essa altura, se sentindo ignorada, a menina começou a ficar nervosa e a gritar com os seus pais. Aborrecidos com o comportamento da filha os pais a corrigiram e explicaram que eles haviam morado na Escócia quando ela era ainda tinha 1 ano e, portanto, ambos estavam certos de que a bandeira tinha um "X" em azul. Mas os pais disseram também para a menina que compreendiam que ela não soubesse ainda as cores da bandeira da Escócia. Isso somente piorou a situação porque a menina além gritar começou a chorar de infelicidade pela pouca credibilidade com a qual suas palavras estavam sendo consideradas. Mesmo depois da mãe pegar o tablet para mostrar a foto da bandeira da Escócia, a menina continuava a afirmar categoricamente que a bandeira da Escócia tinha um "X" branco e não azul como os pais estavam tentando mostrar através da imagem no tablet. A criança não se conformava mesmo diante das palavras conclusivas dos pais e da exibição da imagem da bandeira da Escócia mostrada no tablet. A menina começou a esbravejar o que fez com que os pais começassem novamente a conversar entre si e a dizer que a filha estava cansada e por isso fazia aquela pirraça agindo de maneira inconveniente.

Você, a essa altura do texto, saberia dizer qual a cor do "X" da bandeira da Escócia? Por algum instante você chegou a ter dúvidas sobre esse tema? Qualquer que tenha sido a sua resposta saiba que a menina estava correta. Durante o gerenciamento de uma crise muitas vezes temos uma **evidência objetiva** bem à nossa frente, mas nos deixamos levar pelas **validações subjetivas** ao nosso redor. A menina tinha estudado a bandeira da Escócia na escola e sabia que ela era azul com o "X" branco. Como a cor predominante da bandeira escocesa é azul, os pais se confundiram e imaginaram que o "X" fosse

azul. Mesmo com a imagem da bandeira no tablet, por questões típicas de fatores humanos (inversão na percepção das cores) os pais não perceberam o erro e insistiram com a menina dizendo que o "X" era azul mesmo exibindo a foto da bandeira com o "X" branco. Em alguns cenários de crise a simplicidade de abordagem de uma criança pode ser melhor para enxergar erros óbvios do que um grupo de especialistas mergulhado em uma interpretação demasiadamente complexa dos fatos. Defendendo suas posições, os especialistas podem ser traídos cometendo falhas de percepção e confirmando a cada minuto a mesma interpretação sobre um cenário que se modifica e se agrava. Nestes casos deveríamos agir como aquela criança, não se conformando com as conclusões erradas, mas baseando-se nos fatos. Agindo assim é possível manter viva a única chance de conduzir o grupo ao acerto, mesmo que todos ao redor estejam exercendo pressão para forjar um falso consenso.

3 Consciência Situacional e Diagnóstico

Para fazer um bom diagnóstico da crise o fator mais importante é o nível de conhecimento técnico e operacional sobre o ambiente onde ela está inserida (ambiente natural e o ambiente projetado). Depois de entender se estamos diante de uma crise objetiva, subjetiva ou complexa, precisamos refinar a nossa percepção das evidências que nos levaram a reconhecer a crise. Conhecer profundamente os fenômenos físicos, químicos e biológicos e por outro lado os fenômenos comportamentais, mercadológicos, econômicos e financeiros associados ao cenário é um dos principais requisitos para a formação de uma boa estratégia de gerenciamento de crise.

Para diagnosticar é preciso agrupar e organizar os fatos de modo a identificar claramente as evidências objetivas e selecionar as validações subjetivas pertinentes, formando assim a consciência situacional e o próprio diagnóstico da crise. Quando o cenário é severo a complexidade do trabalho de gerenciamento de crise se eleva. Nestas condições é preciso ver o cenário através de diferentes pontos de vista. Formar uma equipe de gestores com especialidades diversificadas possibilita a observação do cenário sob diferentes pontos de vista o que aumenta as chances de sucesso. A elaboração de um diagnóstico preciso permite ações eficazes de resposta à crise. Se a equipe de gestores não estiver suficientemente integrada e preparada para trabalhar em equipe, muitos conflitos poderão surgir reduzindo as chances de superação da emergência. Para reagir adequadamente a uma crise severa e complexa é necessária uma equipe de gerenciamento de riscos diversificada. Mas esta equipe somente será bem-sucedida se tiver habilidades coletivas de comunicação e de gestão de conflitos.

> *Todo cenário de crise inclui uma parcela de desconhecimento sobre o que está acontecendo. Quanto mais diversificada for a equipe de gestores da crise, melhor ela será percebida e maiores serão as chances de um bom diagnóstico do cenário ser alcançado. Tolerar opiniões diferentes, ser hábil e sucinto ao se comunicar são alguns requisitos indispensáveis aos componentes de uma equipe multidisciplinar de gerenciamento de crises.*

3.1 Percepção dos Fatos (Evidências Objetivas) no Cenário da Crise

Para a identificação de fatos (evidências objetivas) é necessário eliminar as inferências, e considerações subjetivas. Estas devem ser guardadas para o momento de elaboração de conclusões (percepção de validações subjetivas). É muito importante para o gerenciador de crise separar estes dois momentos:

- Primeiro: o momento de analisar o cenário de forma objetiva identificando fatos que possam ser considerados evidências objetivas. Esta análise deve ser tão isenta quanto possível de quaisquer inferências que possam distorcer a formação da consciência situacional;
- Segundo: o momento de analisar o cenário de forma subjetiva de modo a tentar completar as lacunas estabelecidas pela insuficiência de fatos

(evidências objetivas). Trata-se de um esforço mental com base no conhecimento técnico e operacional em busca de hipóteses consistentes e coerentes que complementem as evidências objetivas já identificadas. Os fatos (evidências objetivas), por si só não explicam a cadeia de eventos e as relações de causa e efeito que eles geram. O gestor precisa considerar várias possibilidades durante o gerenciamento da crise e selecionar aquelas supostamente válidas para formar a sua consciência situacional. Esse processo não é exato e produz resultados com limitações e imprecisões, sempre passíveis de incluírem erros de diagnóstico e avaliação. Mesmo assim, trata-se de um processo imprescindível e o gestor da crise precisa estar preparado para reduzir ao máximo as influências e distorções provocadas pelas conclusões (validações subjetivas) sobre a consciência situacional em formação. Quanto mais fundamentada em fatos (evidências objetivas), melhor será o nível de consciência situacional. Quanto mais fundamentada em conclusões (validações subjetivas), menos robusta será a consciência situacional.

Os itens a seguir apresentam alguns tipos de evidências objetivas que normalmente estão presentes na formação da consciência situacional dos gestores de crise.

3.1.1 Fenômenos Naturais

São fenômenos que provocam reações no ambiente natural cujas consequências podem escalonar até alcançar e interferir com o ambiente projetado. Exemplos:

- Chuvas
- Terremotos
- Fogo
- Tsunamis
- Enchentes
- Raios
- Meteoros
- Congelamento
- Superaquecimento
- Desmoronamentos
- Calor
- Sons
- Frio
- Nevasca
- Erupções Vulcânicas
- Etc.

3.1.2 Fenômenos de Processo (Física, Química e Termodinâmica)

São reações, evoluções e variações de volume, de massa e energia que ocorrem de acordo com as regras da natureza podendo ser iniciadas, provocadas e controladas como parte de um processo produtivo. Sempre provocam reações no ambiente natural e no ambiente projetado necessitando de instrumentos para sua detecção e mensuração. Como exemplo citamos:

- Alterações de pressão
- Alterações de temperatura
- Alterações de velocidade
- Evoluções termodinâmicas
- Ruídos
- Reações químicas
- Variações de massa
- Variações de energia
- Esforços mecânicos
- Transientes em processos industriais
- Etc.

3.1.3 Ações Humanas

Além dos fenômenos naturais, físicos, químicos e termodinâmicos, as ações humanas podem compor as evidências objetivas formadoras da consciência situacional de crise. Como exemplo citamos:

- Cumprimento ou descumprimento de procedimentos e normas
- Hábitos da cultura geral e de grupos
- Omissões e atos humanos
- Atitudes reativas produzidas pela influência do relacionamento humano
- Comportamento de grupos e indivíduos
- Manifestações públicas ou particulares, ostensivas ou ocultadas
- Declarações e atos de comunicação de todos os tipos
- Etc.

3.1.4 Perda da Integridade Material (Em Equipamentos e Elementos

Funcionais)

A perda da integridade material resulta de falhas de um ou mais componentes de um sistema impactando a sua performance operacional. Estas falhas podem ser menores e quase imperceptíveis ou podem ser até falhas catastróficas com consequências severas perceptíveis instantaneamente. Como exemplo de fatos (evidencias objetivas) dessa natureza temos:

- Ruptura de eixo
- Falha de sistema de automação e instrumentação
- Ruptura de pilar ou viga
- Queima de lâmpada
- Despalhetamento de turbina
- Danos de rolamentos
- Quebra de impressora
- Falha de sistema hidráulico
- Falha de comunicação
- Perda de conexão com redes corporativas e internet
- Etc.

3.1.5 Perda da Integridade Conceitual (Em Processos, Sistemas e Métodos)

A perda de integridade conceitual resulta de falhas que ultrapassam a resiliência de processos impedindo que estes possam manter o conceito original de operação para o qual foram projetados. Resiliência é a capacidade de um sistema suportar uma crise, acomodando seus efeitos até que o sistema recupere as condições normais de operação. A origem do uso deste termo vem da propriedade mecânica dos materiais denominada resiliência: "capacidade que os materiais têm de absorver energia dentro de sua faixa elástica (sem se deformar permanentemente) ". Como exemplos de evidências objetivas de perda da integridade conceitual temos:

- Falha de TODOS os motores de uma aeronave (a partir do projeto original supõe-se a falha de uma, não de todas simultaneamente)
- Falha de TODAS as embarcações de salvamento e abandono de um navio durante emergência (a partir do projeto original supõe-se a falha de uma, não de todas simultaneamente)
- Flutuação de automóvel durante enchente (conceitualmente não é esperado que um automóvel convencional mantenha sua dirigibilidade quando flutua)
- Abastecimento do tanque de motor à gasolina com o combustível errado (conceitualmente não é esperado que um combustível inapropriado consiga fazer o veículo funcionar)

3.2 Conclusões (Validações Subjetivas) no Cenário de Crise

Os fatos (evidências objetivas) podem não ser suficientes para o diagnóstico da crise e para a formação da consciência situacional. Em alguns cenários os fatos (evidências objetivas) são extremamente escassos e somente agregando conclusões (validações subjetivas) é possível dar o sentido mínimo aos poucos fatos disponíveis permitindo a formulação de um diagnóstico, mesmo que impreciso. As conclusões (validações subjetivas) baseadas na experiência e no conhecimento técnico, podem ser comparadas à "argamassa" da construção

civil, tendo a função de agregar os "tijolos" que representam os fatos (evidências objetivas). As conclusões (validações subjetivas) são fundamentais para a formação da consciência situacional, mas os fatos devem prevalecer sobre elas. Limitar as validações subjetivas ao mínimo necessário para dar sentido aos fatos (evidências objetivas) se constitui num dos trabalhos mais importantes durante o gerenciamento de crise.

> **Os computadores e os sistemas de automação não são bons para gerenciar crises. Os computadores e os sistemas de automação são bons para resolver problemas com soluções previsíveis. A verdadeira "máquina" de superar crises é a criativa mente humana.**

3.2.1 Nível de Cultura de Segurança (Influência Cultural)

A cultura geral influencia na formação da cultura das organizações e a cultura organizacional influencia na hierarquia de valores, entre eles a segurança. Não há como evitar que as regras, normas e boas práticas de segurança sejam burladas. Sempre é possível construir um subterfúgio para justificar ou esconder a intenção de burlar uma prática de segurança. É verdade que em alguns casos de emergência se estabelece um cenário de crise tão surpreendente que as regras e normas estabelecidas tornam-se inadequadas, mas não estamos falando desta rara situação. Quando usamos o termo "burlar a segurança" nos referimos aos atos deliberadamente intencionados para contornar a sequência segura de gestão. Esse processo de "burla da segurança" acontece sem maiores justificativas técnicas, mas como uma estratégia que demonstra que a segurança não se constitui, de fato, num valor prioritário da cultura organizacional.

Cultura de segurança é a combinação de compromissos e atitudes, nas organizações e nos indivíduos, que estabelecem como PRIORIDADE ABSOLUTA, que os assuntos relacionados com a segurança recebam ATENÇÃO CERTA NO TEMPO CERTO. A indústria nuclear aplica na prática o conceito de cultura de segurança em suas práticas operacionais de segurança. O conceito aqui apresentado é uma adaptação do conceito original que consta na Safety Series Number 75 – INSAG 4 – IAEA – International Atomic Energy Agency. É importante notar que o termo segurança refere-se não somente à questão da proteção da vida, mas também do meio ambiente e do patrimônio. Quanto a esse último aspecto, até mesmo questões relacionadas com atos de corrupção podem ser consideradas resultantes da influência de uma fraca ou ausente cultura de segurança. A corrupção causa danos ao patrimônio e, sob essa ótica, uma cultura de segurança forte deve incorporar dentre seus valores a repulsa e combate a esse mal.

A elaboração de conclusões por parte dos gestores de crises (validações subjetivas) é influenciada pela cultura de segurança destes gestores. Os valores presentes na cultura geral, cultura organizacional e a posição da segurança na pirâmide hierárquica destes valores certamente irão direcionar as conclusões

dos gestores. Aspectos como procedimentos, normas e padrões são indicadores da posição da segurança na pirâmide de valores, mas a prioridade real da segurança nesta hierarquia aparece somente em situações reais de crises e emergências. Por isso os relatórios de investigação de acidentes são fontes mais realistas de indicações do nível de prioridade que de fato se dá aos assuntos relacionados com a segurança. Principalmente durante uma crise é que conseguimos perceber o que "sobra" do discurso que defende a priorização da segurança nos documentos e falas oficiais. As normas, simulações e planos podem ser defendidos arduamente mas se os conceitos anunciados não tiverem sido verdadeiramente incorporados à cultura, durante a crise tais conceitos serão ignorados e isso será facilmente detectado pelas investigações de acidentes.

3.2.2 Fatores de Indução ao Erro Humano (Fatores Humanos / Ambiente)

Toda intervenção humana acaba por criar algum tipo de situação de interação entre pessoas e máquinas, ou, de forma mais completa, entre ambiente, pessoas e máquinas. Entenda-se como "máquina" não somente os equipamentos, mas todos os sistemas criados com objetivos produtivos e/ou tecnológicos. Nesse contexto mais amplo, podemos substituir a palavra "máquina" por "sistema" que tem o sentido representativo de qualquer intervenção humana no ambiente natural. Indo mais além, máquinas e sistemas são originados através de projetos, e durante a evolução dos projetos a sua interação com o homem ou com a natureza sempre irá em algum momento acontecer. As máquinas e os sistemas formam o "ambiente projetado" o qual sempre irá gerar algum tipo de interação com humanos. Se esta interação for estudada e tratada desde a origem do projeto, podemos dizer que existe uma genuína preocupação com cada fator de interação com o homem, especialmente no que diz respeito a maior ou menor indução ao erro humano. Se o projeto ignorar os cuidados com estes fatores de indução ao erro humano, ainda assim não deixará de gerar os pontos de interação com as pessoas. Sem o devido tratamento, esta interação poderá incluir alta indução ao erro.

Fatores humanos são todos os fatores presentes no ambiente projetado que contribuem para uma maior ou menor indução ao erro humano. Fatores humanos não significam o mesmo que erro humano. O homem erra, mas existem fatores presentes nos projetos que podem influenciar o comportamento das pessoas e aumentar a indução do homem ao erro e por isso precisam ser tratados desde a origem do projeto. Alguns desses fatores são: a comunicação visual e verbal, a ergonomia, as telas de controle em computadores, painéis, displays, sistemas de alarme, tratamento de cores, sons, arranjos físicos, dispositivos de interface, carga cognitiva, etc.

> *Uma Cultura de Segurança forte faz com que todos destinem atenção certa no tempo certo aos assuntos relacionados com a segurança. As pessoas sempre estão sujeitas a cometerem erros, mas alguns ambientes possuem mais fatores de indução ao erro do que outros. Um erro humano pode passar despercebido em um determinado ambiente onde as consequências desse erro tenham sido previamente estudadas e salvaguardadas. Em outro ambiente este mesmo erro humano pode se transformar em uma catástrofe. O que faz a diferença é o tratamento dado aos Fatores Humanos que podem induzir mais ou menos ao erro, ampliando proporcionalmente suas consequências danosas.*

3.2.3 Consciência Situacional

Não importa o cenário real. Importa como o cenário real é visto. Todas as reações em resposta ao cenário serão produzidas considerando o cenário que é visto e não necessariamente o cenário real. Até porque um mesmo cenário pode ser visto de várias maneiras e é praticamente impossível esgotar todos os pontos de vista de observação de um cenário. Por isso importa muito como os gestores percebem o cenário de crise (consciência situacional) para entender como o evento pode escalonar. Se algumas pessoas envolvidas com o cenário estiverem convencidas de que estão diante de uma crise isso poderá induzir outras pessoas de que essa consciência foi formada com base em evidências objetivas. Mas isso é apenas uma conclusão, uma validação subjetiva, pois não estamos percebendo, de forma direta, a evidência objetiva e sim estamos percebendo a reação de algumas pessoas que nos levam a crer que fatos comprobatórios de crise (evidências objetivas) existam. Mesmo que a crise esteja acontecendo apenas nas mentes das pessoas as ações de resposta poderão ser, na prática, deflagradas. Isso acabará gerando uma crise de verdade.

> *Todo cenário de crise é confuso. Se o gestor da crise não estiver confuso então ele não sabe o que está acontecendo. Gerenciar crises exige habilidade para conviver com as confusões e mesmo em meio a elas tomar as decisões e atitudes certas, superando-as e sobrevivendo.*

O diagnóstico é menos do que a consciência situacional. O diagnóstico é o resumo, comunicável sobre a crise. É baseado principalmente nos fatos (evidências objetivas). A consciência situacional vai além dos fatos e incorpora validações subjetivas, baseadas em conhecimento, experiência anterior, além de muitos outros elementos subjetivos que dificilmente podem ser totalmente incluídos em um diagnóstico formal. A consciência situacional nem sempre é exposta por aquele que a possui e pode incluir questões pessoais, medos, e outros fatores combinados que em resumo é o que move cada pessoa. O ser humano não consegue manter uma folha em branco com algumas marcas, linhas e manchas sem tentar dar um sentido ao que vê com base na sua experiência

como indivíduo. O gerenciador de crise deve entender que sua consciência situacional depende da junção de "fatos" (evidências objetivas) com "interpretações sobre estes fatos" (validações subjetivas). É necessário separar o momento de considerar o cenário de forma objetiva do momento de considerar o cenário de forma subjetiva. Ambos os momentos são necessários, mas sobre os fatos o gerenciador de crise deve literalmente AGIR enquanto que em relação às validações subjetivas o gerenciador de crise deve PLANEJAR ações para respostas que se tornarão necessárias apenas no caso dessas interpretações se confirmem durante a evolução do cenário de crise.

> *Em uma emergência o que mais amplia as chances*
> *de uma boa reação é entender o que está acontecendo.*
> *Cuide da sua consciência situacional 24 horas por dia.*
> *Entender o que está acontecendo também requer entender*
> *parte do que já aconteceu. A porta de saída de uma crise*
> *pode não existir. Nesse caso ela precisa ser criada primeiro*
> *na consciência situacional do gestor para que depois*
> *ele possa tentar construí-la no mundo real.*

3.2.4 Decisão Indicativa de Crise (Decisão Que Gera Crise)

Decidir como se existisse uma crise pode gerar uma crise real. Mesmo quando não há qualquer evidência objetiva de crise, se for estabelecida a consciência situacional de que existe uma crise, uma consciência situacional errada poderá mover os agentes envolvidos a uma resposta tão efetiva que acabe gerando uma crise real. As decisões tomadas pelos agentes diante de um o cenário suspeito podem se tornar tão perturbadoras ao ponto de precipitar uma crise que poderia ser evitada. As decisões impróprias e as consequentes ações indevidas podem ser percebidas a tempo de evitar perdas maiores provadas pelos próprios gerenciadores de crise. Certas decisões dos gestores sinalizam para os demais envolvidos que existe uma crise. Estas são as decisões indicativas da existência de uma crise. Mesmo que não haja evidências objetivas, a percepção das decisões indicativas de crise pode levar a conclusão dos demais envolvidos de que uma crise se estabeleceu ou se estabelecerá em breve.

Além das ações prejudiciais provocadas por decisões erradas tomadas sob a suspeita de um cenário de crise, ainda ocorre uma outra consequência mais sutil e grave. Os demais envolvidos que ao longo do tempo se somarem ao grupo de gerenciamento de crise poderão entender, em função das decisões tomadas até aquele momento, que existem de fato evidências objetivas já identificadas e apuradas que justifiquem as decisões que já foram tomadas anteriormente. Os gestores de crises que se integram tardiamente a grupos de gestores que acompanham a crise há mais tempo, tendem a não questionar a apuração dos fatos (evidências objetivas) anteriores. Estes "novos" gestores a participar do gerenciamento da crise tendem a considerar que as decisões foram tomadas porque a apuração das evidências já foi devidamente realizada em algum momento anterior. Não raramente uma suspeita de crise pode evoluir para uma crise real em decorrência de decisões indevidas, e este cenário pode evoluir

como uma bola de neve tornando-se ainda mais grave na medida em que mais gestores são integrados à equipe de gerenciamento de crise sem o nivelamento da consciência situacional no que diz respeito às evidências objetivas que originaram a crise, que podem até nem existir.

Uma decisão indicativa de crise, precisa ser tratada como uma crise. Mesmo que não haja evidências objetivas sobre a crise, decisões indevidas precipitam a crise em termos práticos de movimentação de recursos e pessoas, podendo inclusive acarretar perdas de patrimônio, perdas ambientais e humanas.

> *Se um "megainvestidor" sem base em fatos vender uma expressiva quantidade de ações de uma empresa, ele toma uma "decisão indicativa de crise" que pode ser percebida pelos demais investidores como uma evidência de crise. Os demais investidores também podem começar a vender suas ações gerando uma crise real o que mostra o poder de uma "decisão indicativa de crise" mesmo que não tenha base em nenhuma evidência objetiva.*

Identificado cenário e declarada a crise os gestores precisam refinar a percepção das evidências objetivas e das validações subjetivas que a originaram. Esse é um processo contínuo durante o gerenciamento da crise. O Fluxo 2 - Refinamento da Percepção de Evidências auxilia o gestor a organizar as supostas evidências objetivas e validações subjetivas que o levaram a declarar a crise. Em geral, a crise deve ser declarada quando há a percepção de evidências objetivas e/ou validações subjetivas, mesmo que tais evidências e validações não estejam muito claras. Justamente para consolidar melhor as supostas evidências e validações o fluxo 2 pode orientar o gestor facilitando a organização das evidências e validações de acordo com suas características. Com o auxílio do fluxo 2 o gestor poderá alcançar um nível de confiança maior para reclassificar uma crise como objetiva, subjetiva ou complexa. Mesmo após a declaração de crise, uma análise de refinamento das evidências e validações pode levar a conclusões como, por exemplo, que a crise é totalmente subjetiva sem fatos reais que possam se caracterizar como evidências objetivas. Isso não diminui a importância da crise, mas orienta melhor o tratamento e a magnitude da resposta a ser dada.

Fluxo 2 - Refinamento da Percepção de Evidências

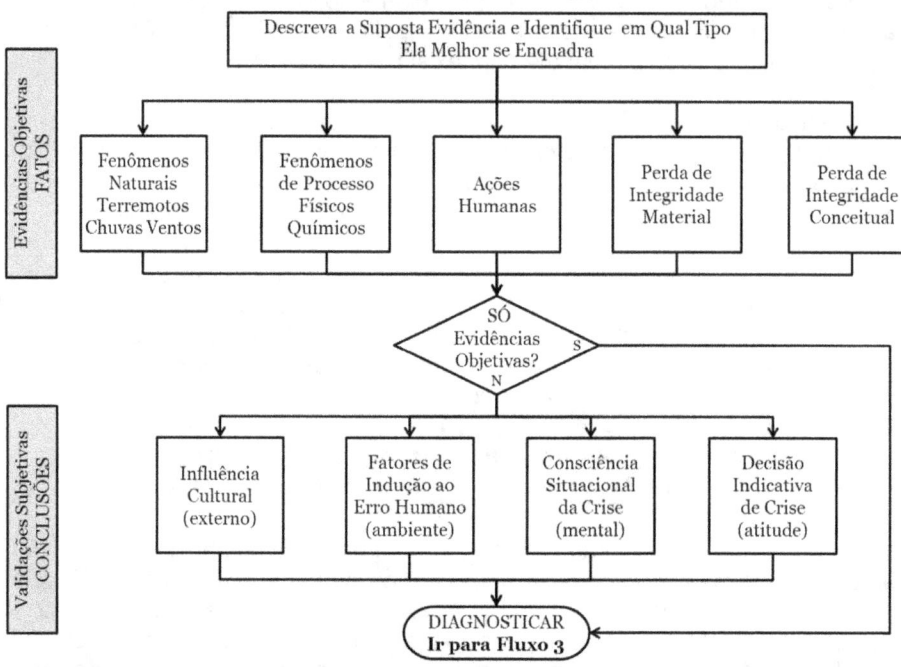

3.3 Tomada de Decisão Diante das Evidências de Crise

Quando várias decisões são tomadas diante de um cenário de ameaça, o encadeamento destas decisões acaba dizendo muito sobre como o gestor está fazendo o seu diagnóstico. As decisões indicam as faces observadas do cenário real. Decidir e em função dessa decisão agir é também uma forma do gestor dizer como está vendo o cenário. Ao decidir e agir o gestor fornece elementos para que os demais envolvidos identifiquem a compreensão que ele tem a respeito da crise. Na medida em que se decide, seja com base em fatos (evidências objetivas) ou em conclusões (validações subjetivas), a sequência de ações permite entender qual o diagnóstico que o gestor considera. O diagnóstico pode não ser assumido, ou declarado explicitamente. Mas as decisões e as ações que estas provocam, demostram as características de formação da consciência situacional dos gestores da crise.

A consciência situacional é estabelecida a partir da associação de fatos (evidências objetivas) e conclusões (validações subjetivas). É fundamental para os gestores de crises que as decisões e ações de resposta à crise considerem equilibradamente estes dois componentes da consciência situacional (fatos e conclusões). Separando a análise do cenário em dois momentos distintos, o gestor deve tomar as suas decisões conforme cada momento (primeiro agindo

com objetividade e depois planejando com subjetividade). No primeiro momento o gestor deve considerar apenas as evidências objetivas (fatos) e tomar decisões mais diretas, rápidas, práticas e efetivas em resposta a essas evidências. No segundo momento o gestor deve considerar apenas as validações subjetivas (conclusões e interpretações) e suas decisões devem ser estratégicas, voltadas para planejar ações de resposta a possíveis ameaças, e antever consequências que possam se confirmar durante a evolução do cenário de crise, que é dinâmico.

Formada a consciência situacional de crise, o gestor precisa agir rápida e objetivamente em relação aos fatos (evidências objetivas) e agir com habilidade estratégica e capacidade de planejamento em relação ao que for identificado como meras conclusões ou interpretações (validações subjetivas). A inversão desta sequência pode ser desastrosa, retardando uma resposta urgente ou precipitando uma resposta desnecessária, em quaisquer dos casos agravando a crise. Este é o resumo para a tomada de decisão frente a uma crise: agir em resposta aos fatos (evidências objetivas) e planejar em resposta às conclusões e interpretações (validações subjetivas).

3.3.1 Ausência de Decisão (Não Decidir também é Decidir)

Um dos problemas frequentes de gerenciamento de crise é a falta da decisão certa no tempo certo. A crise sempre inclui a percepção de limitações sobre o conhecimento técnico e operacional o que dificulta a tomada de decisões e o início das ações de resposta. Os gestores podem se deparar com uma falta de correspondência entre as informações disponíveis e a gravidade da situação sobre a qual é necessário tomar uma decisão. Essa disparidade entre o conhecimento disponível e o cenário em andamento pode retardar o processo decisório até o ponto em que seja perdida a janela de tempo na qual a decisão e as ações possam produzir efeitos relevantes. Existem decisões certas no tempo certo a serem tomadas durante o gerenciamento de uma crise. Perder o intervalo de tempo para tomar uma decisão pode significar o mesmo que uma decisão errada. Não adianta chegar a decisão certa e precisa se o tempo para decidir já acabou pois isso torna a decisão ineficaz.

3.3.2 Decisões Baseadas em Fatos (Evidências Objetivas) Incompletos

Considerando a importância de tomar a decisão enquanto seja possível agir e produzir resultados eficazes, em muitas crises é necessário decidir mesmo sem ter um nível aceitável de conhecimento sobre o cenário. Isso ocorre em situações onde não exista a possibilidade de identificação de evidências suficientes para a elaboração de um diagnóstico preciso. Decidir, mesmo em meio à precariedade de informações, em muitos casos torna-se uma necessidade para os gestores da crise.

A limitação do tempo para decidir (imposta por alguns cenários críticos de crise) pode levar a decisões precipitadas e erradas. Inversamente, essa limitação também pode atrasar a tomada de decisão com a consequente perda da oportunidade de influir na evolução do cenário de crise. Nestas circunstâncias o gestor deve dirigir seu foco de atenção para tentar identificar principalmente evidências objetivas (fatos) que permitam identificar os limites da janela de tempo para tomada de decisão. O gestor deve tentar encontrar alguma evidência capaz de indicar qual o tempo disponível para tomar sua decisão, e aproveitar esse tempo para organizar o escasso conhecimento sobre o cenário. O gestor deve buscar não a melhor decisão, mas sim a melhor decisão possível, diante das circunstâncias. Nem sempre isso é possível, mas o gestor deverá lidar com essa dificuldade entendendo que limitações desse tipo fazem parte do cenário de crise a ser gerenciada e a ansiedade só agravará ainda mais o cenário.

3.3.3 Decisões Instintivas, Sem Base em Fatos e Conclusões

Decisões instintivas não se baseiam nas evidências, mesmo que elas existam. Decisões instintivas tem alta probabilidade de produzir uma piora no cenário da crise, mas há condições em que somente elas resolvem (quando não há tempo para a capacidade humana perceber adequadamente os fatos (evidências objetivas) nem chegar a conclusões (validações subjetivas). Há cenários tão severos que toram quase impossível a identificação das evidências para tratá-las e prover uma resposta mais elaborada.

Decisões instintivas se aplicam quando não se dispõe de tempo algum para o processamento de informações, análise, avaliações e estudos. Este tipo de decisão deve ser tomada por questão de extrema necessidade. Quanto mais o gestor pensar antecipadamente sobre os possíveis cenários de crise que possa um dia enfrentar, quanto mais formular exercícios prévios de solução para tais cenários, e, quanto mais estudar e conhecer tecnicamente os temas relacionados com o cenário de crise, maior será a chance de o gestor tomar uma boa decisão instintiva que conduza a ações de consequências positivas.

O nível de acerto das decisões instintivas pode ser maior se antes de enfrentar um cenário de crise o gestor já tiver, de alguma forma, imaginado como reagir neste cenário. Se o gestor tiver pensado sobre o cenário de crise previamente, terá mais chances de tomar uma decisão instintiva de efeitos positivos. Para tomar boas decisões sobre um cenário é preciso entender bem o que está acontecendo neste cenário. Quando durante uma crise não há tempo para avaliar, compreender e entender o que está acontecendo, o gestor pode pensar que seu trabalho é impossível. Mesmo com essas limitações a janela de tempo de decisão não pode ser perdida e nestas circunstâncias é cabível uma decisão imediata e instintiva. Por isso a qualidade dessa decisão dependerá da experiência anterior dos gestores, a qual o capacitou previamente para realizar mais rapidamente um diagnóstico, ainda que precário. Não há garantia de que uma decisão instintiva e imediata resulte em consequências positivas. Mas este

tipo de decisão torna-se cabível quando está claro que falta de decisão, por si só, degradará gravemente o cenário de crise.

> **Durante uma crise não espere as condições ideais para tomar as decisões e agir. Espere o máximo que puder para melhor entender o cenário, mas não perca a oportunidade de agir enquanto ainda puder exercer influência. Só deixe de agir se estiver completamente convencido de que todas as ações possíveis irão piorar o cenário.**

Decidir quando agir e quando não agir é uma das tarefas mais difíceis do gerenciamento de crises. Durante uma crise o gestor pode precisar tomar uma decisão mas pode também temer que sua decisão piore o cenário. Por outro lado, existe a possibilidade de uma demora em decidir cause a perda da oportunidade de fazer uma intervenção necessária. Além dos fatos e evidências, existem aspectos subjetivos que exercem influência sobre a tomada de decisão por parte do gestor da crise. Entretanto, em cenários de crise severa, durante algumas emergências, todo o processo decisório precisa ocorrer em segundos ou até menos do que isso. Nestes casos o gestor praticamente contará com seu instinto para conseguir reagir a uma emergência extrema. Isso não significa que a sua bagagem técnica, treinamento e conhecimento sobre os procedimentos operacionais deixem de ter peso ou importância neste tipo de cenário. Muito pelo contrário, estes elementos continuam sendo os mais importantes para o alcance da melhor decisão. Porém, nos cenários extremos, além do conhecimento a atitute instintiva precisa ser agregada ao processo decisório para permitir que em curtíssimo tempo o gestor chegue a decisão necessária para a superação da crise.

3.4 Lições Aprendidas: Perda da Integridade dos Sistemas de Automação

EMERGÊNCIA EM VOO DE LONDRES PARA SIDNEY

Em 4 de novembro de 2010 o voo de número 32 decolou de Londres com destino a Sidney e o planejamento inicial incluía uma escala técnica em Singapura para reabastecimento. A aeronave era simplesmente o maior, mais moderno e sofisticado jato de passageiros do mundo na época – o Airbus A 380. O avião pesava mais de 500 toneladas, possuía 4 motores e 525 assentos além de um sistema de computadores complexo capaz de fazer a aeronave praticamente voar sozinha. Este voo levava 469 pessoas e as condições climáticas eram excelentes. Os **fenômenos naturais** associados aos ventos intensos e às tempestades estavam ausentes propiciando o ambiente ideal para a viagem.

A tripulação era composta pelo comandante, o copiloto e o segundo oficial, mas excepcionalmente neste voo outros 2 pilotos examinadores estavam também no cockpit para realizar uma avaliação do desempenho da tripulação. Tudo transcorria normalmente nos primeiros instantes mas depois de 5 minutos de voo, já a 2100 metros de altitude, os tripulantes e passageiros escutaram dois fortes estrondos que desestabilizaram o avião. Tratava-se de um fato (**evidência objetiva**) de que o voo estava diante de um **cenário de crise** e de que a tripulação precisava fazer imediatamente um **diagnóstico** sobre os danos sofridos que a aeronave poderia ter sofrido. O comandante reduziu imediatamente a potência enquanto o sistema de alarme anunciava um incêndio no motor número 2 e uma extensiva **perda de integridade material** nesta turbina. A tripulação acionou o sistema de combate a incêndio mas este não entrou em operação como esperado e o incêndio evoluiu até que o motor 2 parou de funcionar. No caso de uma perda de motor o sistema de automação do A 380 havia sido projetado para reajustar todos os parâmetros de controle compensando essa perda com ajustes nos outros 3 motores. Mas o que acontecia no cockpit era uma tempestade de alarmes com mais de 50 anunciações relativas ao sistema de combustível, controle de voo, sistemas hidráulicos, trens de pouso, freios, ar condicionado, entre outros. A tripulação tentava diagnosticar o problema, mas, a **percepção das evidências** estava sendo tumultuada pelo excessivo número de alarmes presentes. O cenário evoluiu perigosamente e além do motor número 2, que já estava fora de operação, o motor número 1 também começou a entrar em estado de degradação. Neste ponto o sistema de automação informou aos pilotos que os dados de controle se tornaram inconsistentes e tão comprometidos que os computadores não conseguiam mais controlar a aeronave. Isto tornou necessária a transferência do controle de voo para os pilotos. Até aquele

momento todo o controle estava a cargo do sistema de automação da aeronave, e essa era a forma de voo prevista para uma aeronave tão complexa que dependia totalmente dos computadores de bordo para voar. A perda do computador de bordo representava também uma **perda da integridade conceitual (perda** da forma de voar para a qual os pilotos foram treinados). Também era uma sinalização clara de que a aeronave tinha sido seriamente avariada. Quando isso acontece nem sempre os pilotos conseguem formar a **consciência situacional** adequada para a **tomada de decisão** frente a crise. É difícil, para uma tripulação acostumada a gerenciar o trabalho dos computadores, subitamente ter que assumir o controle manual, principalmente em meio à uma grave crise. Nestas circunstâncias, a experiência e o conhecimento sobre outras emergências ocorridas anteriormente podem fazer grande diferença para o sucesso das atitudes dos gestores durante uma crise.

SITUAÇÃO SEMELHANTE EM VOO DE TESTE

*Um **cenário de crise** parecido aconteceu em outro voo em 27 de novembro de 2008 onde um Airbus A 320 que havia sido arrendado por uma companhia aérea estava fazendo um último voo de teste antes de ser devolvido para a companhia aérea proprietária. Um dos testes de rotina desse tipo de voo é o "teste de estol" quando o piloto verifica (normalmente acima de 4200 metros) se a automação da aeronave está pronta a intervir impedindo que o avião perca a sustentação no caso de falhas de pilotagem. A tripulação **assumiu o risco** de realizar o teste de estol numa altitude menor do que a mínima requerida levantando suspeitas sobre o nível de sua **cultura de segurança**. O teste foi iniciado há apenas 1200 metros com o procedimento de inclinar o nariz do avião para cima ao mesmo tempo em que a velocidade da aeronave era reduzida. A tripulação esperava que o sistema automático interviesse e corrigisse os parâmetros de segurança de voo, mas surpreendentemente isso não aconteceu e a aeronave que estava sendo testada perdeu perigosamente a sustentação.*

*Com poucas **evidências** sobre o cenário em andamento, a tripulação, pressionada pela severidade do cenário, tomou **decisões instintivas**. Notando que o automatismo não respondia conforme esperado, os pilotos precisaram agir rapidamente porque o avião estava em plena queda. Então eles abaixaram manualmente o nariz do avião e aumentaram a velocidade recuperando momentaneamente a sustentação. Mas o inesperado aconteceu novamente e a aeronave de modo indevido voltou a apontar o nariz para cima, perdendo velocidade como se ainda estivesse realizando o teste de estol. Parecia, aos pilotos, que o avião estava voando de forma automática mesmo com a aeronave configurada para controle manual. A desastrosa sequência evoluiu até que mais uma vez a aeronave perdeu completamente a sustentação e as condições mínimas de voo. Neste ponto a aeronave já estava voando muito baixo em decorrência da altitude perdida com o fracasso da primeira tentativa de teste de estol e isso indicava que já era muito tarde para qualquer tipo de reação dos pilotos. Como a tentativa de teste foi realizada em uma altitude abaixo da que deveria, as duas perdas de sustentação decorrentes das falhas ocorridas durante o teste acabaram posicionando a aeronave numa altitude baixíssima o que tornou impossível a recuperação da sustentação após o segundo estol.*

A investigação do acidente concluiu que 2 dos 3 sensores que mediam o ângulo de ataque (inclinação) da aeronave estavam fornecendo uma indicação errada. Isso fez com que os computadores reconhecessem o cenário como se o avião estivesse nivelado e por isso o sistema de automação não respondeu com ações de correção quando o primeiro evento de teste acabou provocando o estol (perda de sustentação e queda). Mas porque após o primeiro evento anormal e a manobra de correção realizada pelos pilotos o avião, mesmo em voo manual, voltou a subir como se um segundo teste de estol estivesse sendo realizado?

Por causa da inclinação excessiva durante o início da primeira tentativa de teste o computador alterou a posição dos estabilizadores horizontais para a posição ideal de subida, interpretando que subir era a intensão do piloto. Como as informações estavam inconsistentes devido a falha nos sensores de ângulo de ataque, o avião entrou em estol, e o computador de bordo desligou a automação e passou o controle para os pilotos. Mas infelizmente, o sistema "esqueceu" a posição dos estabilizadores horizontais na posição ideal para uma subida (com ângulo de ataque para facilitar a subida do avião). Como os sensores de ângulo de ataque continuavam em falha com a indicação falsa de que o avião estava nivelado, o computador além de não ter detectado o estol ainda manteve a posição dos estabilizadores horizontais ajustados para a posição de subida o que causou, na sequência, um segundo estol a uma altitude ainda mais baixa, sem chances de reação para os pilotos. Isso ocasionou a queda e a perda completa da aeronave e de toda a tripulação de teste. A tripulação não conseguiu identificar a **evidência objetiva** do ângulo errado de inclinação dos estabilizadores horizontais, e isso impediu o diagnóstico correto da crise.

Resumidamente, os sensores que indicavam o ângulo de ataque estavam com mal funcionamento e fizeram com que o computador de bordo considerasse que o avião estivesse o tempo todo nivelado, mesmo quando os pilotos o inclinaram para cima durante a tentativa de teste de estol. A inconsistência entre a indicação dos sensores de nivelamento e o alarme de estol acabou fazendo com que o computador de bordo devolvesse a aeronave para o controle manual dos pilotos. Mas o estabilizador horizontal, alterado inicialmente para fazer a subida para teste, permaneceu "esquecido" nesta posição, mesmo depois da tentativa dos pilotos recuperarem a sustentação. Em meio à crise, os pilotos não conseguiram perceber que os estabilizadores horizontais estavam na posição de subida e precisavam ser reposicionados. Em meio a tantos alarmes e ao estresse da crise, eles não conseguiram entender porque o avião subia. Eles não tinham alterado manualmente a posição dos estabilizadores horizontais em nenhum momento e pensavam que estes estivessem na posição horizontal. Essa alteração foi feita pelo automatismo durante a subida para o teste de estol, e a posição indevida dos estabilizadores horizontais não foi identificada como uma **evidência objetiva** que compusesse o **cenário percebido** pela tripulação. Os pilotos não conseguiram realizar o **diagnóstico** do problema a tempo e perderam completamente a **consciência situacional** das reais condições de voo. Infelizmente com a queda da aeronave não houve sobreviventes.

TRABALHO EM EQUIPE NO VOO DE LONDRES PARA SIDNEY

Retornando ao caso do voo 32 do Airbus A 380, a sua rota havia sido originada em Londres e no trecho entre Singapura e Sidney a tripulação não estava

realizando nenhum teste e sim transportando 469 pessoas com a plena **consciência situacional** de um cenário de crise. No voo 32 os pilotos estavam enfrentando muito mais do que apenas sensores defeituosos. Estavam perdendo progressivamente os motores propulsores da aeronave. Da mesma forma como aconteceu no voo de teste do A 320, os computadores do Airbus A 380 do voo 32 também deixaram de tentar controlar a aeronave devido a degradação e a inconsistência dos dados e parâmetros de voo, o que gerou também uma série de alarmes contraditórios. Todo o controle da imensa aeronave foi transferido subitamente para a tripulação e a crise continuou se agravando. O objetivo da tripulação neste ponto foi tentar entender o que estava acontecendo, tentando refinar a **consciência situacional** sobre o cenário em andamento. Os pilotos não haviam sido treinados para um cenário de pane total do sistema de automação e controle. O esforço dos tripulantes era para identificar as **evidências objetivas** e formar a **consciência situacional.** Assim poderiam **diagnosticar** melhor o cenário acidental. O A 380 é uma aeronave tão complexa que os três tripulantes não conseguiam lidar com tantas informações e alarmes sem o auxílio da automação e o avião tornou-se praticamente incontrolável, levando a tripulação a instantes de paralização **(ausência de decisão)**. A tripulação de alto nível técnico travou uma luta interna contra os **fatores humanos** presentes no ambiente da crise que os pressionavam aumentando as chances de **indução ao erro humano**.

Além da tripulação normal do voo 32 haviam também na cabine do A 380 dois dos mais experientes comandantes da companhia aérea, responsáveis pela avaliação da tripulação deste voo. Percebendo a gravidade da crise, eles também se uniram à tripulação e os agora 5 pilotos iniciaram um processo de divisão de tarefas e de **gerenciamento de crise**. O comandante concentrou-se em pilotar o avião, o copiloto se dedicou a ler as anunciações de alarmes e responder a cada alarme juntamente com o segundo oficial. A experiência dos dois comandantes passou a ser fundamental para tentar entender as discrepâncias entre os dados e os alarmes. O **conhecimento técnico operacional** destes comandantes experientes ajudou a tripulação a **tomar decisões** de **gerenciamento da crise**. A aeronave precisava retornar e pousar o mais rapidamente possível, mesmo com sérios danos e peso excedente para pouso devido ao pouco consumo de combustível até aquele momento do voo (ainda estava em sua parte inicial). Por isso foram necessários vários cálculos para adequar a aproximação da aeronave com a pista e assim tornar possível o pouso do imenso avião sem que este ultrapassasse a extensão da pista. Os comandantes experientes tentavam extrair **evidências objetivas** que permitissem selecionar dados confiáveis para serem utilizados nos cálculos, já que o computador de bordo não conseguia mais realiza-los. Eles precisavam unir os fragmentos das **evidências objetivas** para tentar, através da **percepção de validações subjetivas**, compor o melhor **diagnóstico** possível sobre o **cenário de crise** extremamente severo em que se encontravam. As perdas de integridade da aeronave atingiram vários controles comprometendo inclusive as condições de operação manual de pouso. Mais uma vez era necessário a recorrer à experiência dos pilotos e ao conhecimento sobre emergências anteriores para tentar encontrar uma estratégia de resposta à crise.

OUTRA SITUAÇÃO SEMELHANTE OCORRIDA HÁ 20 ANOS ATRÁS

Vinte anos antes um outro voo, de número 232, havia passado por situação semelhante. Um DC 10 voando de Denver para Chigago também estava sob condições climáticas excelentes, e os **fenômenos naturais** associados ao clima estabeleciam o **ambiente natural** favorável. O voo com 285 passageiros era promocional do dia das crianças e por isso incluía 52 crianças. Em torno de 1 hora após a decolagem o motor de cauda explodiu desestabilizando a aeronave. Mas para o sistema de automação de um DC 10 a perda do motor de cauda poderia ser gerenciada sem que se perdesse o controle da aeronave. Mas não foi isso que aconteceu. Logo depois da explosão a aeronave começou a inclinar e os pilotos não conseguiram corrigir esse movimento indevido. Dessa forma eles começam a perceber que os danos na aeronave foram muito mais extensivos, atingindo o sistema hidráulico e gerando uma falha comum a diversos elementos fundamentais para o controle de voo. Esta foi uma situação muito parecida com o que estava acontecendo com o voo 32 entre Singapura e Sidney. Ambas as tripulações em ambos os voos haviam perdido os controles necessários para pilotar o avião. Mas no caso do DC 10 os destroços da explosão na turbina de cauda acabaram danificando uma parte do estabilizador horizontal, justamente no ponto onde as 3 redundâncias de tubulações do sistema hidráulico ficavam mais próximas. As 3 linhas hidráulicas foram danificadas e com isso o sistema hidráulico tornou-se completamente indisponível. As chances de um acidente como esse acontecer eram consideradas tão remotas que os pilotos sequer eram treinados para tentar pilotar o avião no caso de indisponibilidade total do sistema hidráulico. Este era um cenário muito improvável e os pilotos começaram a identificar as **evidências objetivas** e formar uma **consciência situacional** na tentativa de entendê-lo.

O **diagnóstico** imediato da tripulação foi o de uma aeronave sem uma das 3 turbinas e sem nenhum tipo de controle aerodinâmico pois os movimentos de todos os componentes das asas e estabilizadores dependiam do sistema hidráulico que estava completamente indisponível. Tudo que a tripulação tinha para enfrentar a crise eram os manetes de potência das duas turbinas ainda em funcionamento. O **conhecimento técnico** do comandante permitiu uma reação de **engenharia robusta** (reinventando e recriando os sistemas que haviam sido perdidos). O comandante praticamente estabeleceu uma nova maneira grosseira, porém possível para voar naquelas condições usando apenas o controle dos manetes de potência. O piloto e o copiloto não estavam conseguindo operar os poucos controles manuais disponíveis porque precisavam fazer constantes movimentos com os manetes para manter o avião estável. Sem o sistema hidráulico os esforços físicos tornaram-se muito mais intensos para realizar as poucas interferências possíveis nos movimentos de controle da aeronave. Neste ponto a tripulação identificou dentre os passageiros a presença casual e salvadora de um instrutor de DC 10 que prontamente aceitou colaborar com os pilotos e passou a controlar os manetes enquanto que os pilotos permaneciam nos poucos controles manuais que ainda estavam operacionais.

Dessa forma precária e através de um brilhante trabalho de **gerenciamento de crise** em equipe, eles conseguiram fazer o que parecia impossível e alcançaram as proximidades da pista do aeroporto mais próximo de sua posição em

*condições de receber um pouso de emergência de um DC 10. A aeronave precisaria pousar sem freios e sem controle algum, usando apenas os manetes de potência numa operação até então inédita. Diante da gravidade da situação o comandante fez a **declaração da crise** aos passageiros e preparou todos explicando com habilidade que o pouso não seria normal, mas sim um pouso abrupto e de alto risco. E foi o que realmente aconteceu. O contato foi em condições extremas e o avião ficou muito danificado e em chamas após o impacto. Dos 296 passageiros a bordo de voo 232 de Denver para Chicago, 111 tornaram-se vítimas fatais. Apesar disso as investigações mostraram que os pilotos agiram com competência e habilidade salvando grande parte dos que estavam na aeronave e conseguiram provar que é possível um pouso precário naquelas condições extremas de degradação, salvando 185 pessoas.*

BOM USO DA EXPERIÊNCIA COM ACIDENTES ANTERIORES

Retomando o caso do voo 32 que decolou de Londres e estava no trecho entre Singapura e Sidney, este também estava passando pela perda da automação e consequentemente do controle da aeronave. O comandante decidiu tentar usar a mesma técnica de movimentação dos manetes (usada no acidente do voo 232 de Denver para Chicago) e assim conseguir controlar o gigantesco A 380 com 469 pessoas a bordo realizando um difícil pouso de emergência retornando ao aeroporto de Singapura.

A tripulação trabalhou em conjunto no **gerenciamento da crise,** investigou cuidadosamente as **evidências objetivas** e formou uma **consciência situacional** capaz de levá-la a um bom **diagnóstico** sobre o cenário acidental em evolução. A tripulação estava ciente de que o avião tinha apenas 3 das 4 turbinas em funcionamento, mas 2 trabalham degradadas. Se a aeronave reduzisse demais a velocidade poderia entrar em estol, caindo sem sustentação alguma. Se a aeronave pousasse com muita velocidade sua imensa massa e inércia poderiam se tornar incontroláveis e a extensão da pista poderia ser insuficiente para o pouso. Bem perto da pista o alarme de estol foi anunciado e o comandante precisou aumentar a velocidade para então finalmente pousar precariamente a aeronave e parar a apenas 100 metros do final da pista. O maior avião do mundo conseguiu pousar sem vítimas graças a experiência e a habilidade comportamental da tripulação que teve a competência para gerenciar a crise. As investigações mostraram que um vazamento de óleo hidráulico interno da turbina causou uma explosão que iniciou toda a crise. Os debris desta explosão danificaram diversos pontos da aeronave, inclusive mais linhas hidráulicas e alguns cabos de instrumentação fundamentais para o sistema de automação. O que salvou a aeronave foi a capacidade dos tripulantes em lidar com a **crise** mesmo diante da confusão criada pelo sistema de automação avariado. Eles concentraram-se nos **fundamentos de voo** e nos **recursos** ainda disponíveis na aeronave para mantê-la no ar. Sistemas de automação e computadores são bons para gerenciar **problemas**, quando o que precisa ser feito é fácil de ser percebido. Apenas pessoas tecnicamente preparadas como especialistas experientes e com muito **conhecimento técnico** é que conseguem alcançar a excelência em **gerenciamento de crise**, e tomar decisões em meio a uma degradação profunda de recursos. Em uma crise sempre faltam

informações e recursos. Bem preparada, a tripulação do voo 32 entre Singapura e Sidney executou muito bem o seu trabalho.

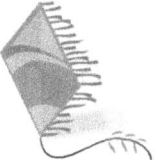

D iante de um grupo de crianças em fase de alfabetização eu entreguei um quebra cabeças que se constituía de uma placa de madeira com três furações numeradas, respectivamente a primeira em formato de círculo, a segunda em formato de triângulo e a terceira em formato de quadrado. Depois eu entreguei para as crianças as três peças para elas realizarem o encaixe de cada uma das peças em um dos formatos das furações da placa. Mas propositalmente os números das furações e das peças estavam trocados. Ou seja, embora os furos na placa seguissem a sequência de 1 quadrado, 2 círculo e 3 triângulo, as peças estavam numeradas como 1 triângulo, 2 círculo e 3 quadrado. Quando eu passei a placa e as peças para as crianças eu apenas disse que elas deviam fazer a montagem e depois explicar porque fizeram da forma que escolheram. Não foram precisos mais do que 15 segundos para que o grupo de crianças terminasse a montagem encaixando perfeitamente cada peça no furo com o seu respectivo formato, sem considerar a numeração (eles já conheciam números e sabiam contar). Quando eu perguntei por que elas fizeram daquela forma elas responderam por que "assim era o certo" - cada furo com sua peça de respectivo formato. Mas eu não desisti e mostrei enfaticamente que a correspondência da numeração estava incorreta, mas elas logo responderam que o erro não era delas mas sim de quem numerou as peças.

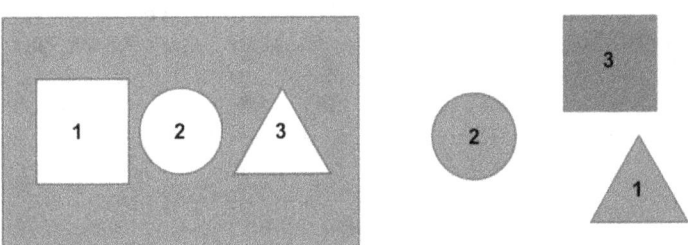

Em seguida eu apliquei o mesmo teste em dezenas de turmas de alunos de pós-graduação em gerenciamento de riscos e segurança como parte da aula. Antes de tentar fazer qualquer coisa, a maioria reagiu questionando a falta de informações e exigindo mais explicações sobre o exercício. Grande parte dos alunos de pós-graduação fizeram perguntas sobre a existência de mais regras, perguntaram também qual era o meu objetivo, o que eu estaria tentando descobrir a respeito deles e assim passaram-se quase cinco minutos. Então eu respondi que na vida real, quando estamos diante de uma crise nós também teremos muitas perguntas mas certamente não encontraremos a resposta para a maioria delas antes que tenhamos que agir. Portanto eles deveriam resolver a montagem mesmo em meio a tantas dúvidas e desconfianças.

Depois, assim como eu havia feito com as crianças, eu perguntei as razões para cada tipo de solução que eles apresentaram para o problema.

- Ao final de aproximadamente 10 minutos a maior parte dos alunos de pós-graduação preferiu encaixar apenas a peça com a numeração correta (com formato de círculo) deixando as demais de fora. A justificativa para essa solução foi que eles não tinham encaixado as demais peças porque estas estavam sem a correspondência correta de números.
- Outros alunos, além de encaixar a peça circular 2 no furo circular 2 (com a numeração correta), encaixaram também a peça triangular 1 no furo de formato quadrado 1 porque a peça triangular era menor e cabia dentro do quadrado embora isso não se constituísse numa montagem perfeita. Alguns deles ainda tentaram forçar a peça 3 (quadrado), dentro do furo triangular 3 e alguns alunos conseguiram até cortar a peça quadrada, que era frágil, transformando-a num segundo triangulo para que coubesse dentro do furo compatível com sua numeração. Estes alunos justificaram suas soluções argumentando que haviam recebido uma missão e a cumpriram e que deveriam ser tratados como heróis e não serem questionados sobre o que fizeram. Afinal eles fizeram o melhor possível e principalmente haviam "cumprido a missão".
- Somente cerca de 5% de todos os alunos de todas as turmas em que o teste foi aplicado fizeram a montagem exatamente da forma que as crianças, encaixando cada formato de peça em seu respectivo furo independentemente da numeração. A justificativa destes alunos para esse tipo de solução era que havia um risco em fazer do jeito que fizeram, mas este era um risco aceitável o qual eles resolveram assumir. Para eles era mais importante completar a montagem considerando de forma objetiva a situação. Eles preferiram não deixar de encaixar cada peça no seu respectivo formato. Se assim tivessem feito estariam agindo sob a influência de temores quanto ao descumprimento de regras ou sob a influência da necessidade de cumprir uma determinação que não estavam entendendo muito bem.

Mesmo esses últimos alunos realmente extraordinários, levaram mais de 15 minutos para chegar a essa conclusão enquanto que as crianças, em apenas 15 segundos resolveram o problema. Frequentemente os fatos se apresentam claramente diante dos operadores, requerendo ações imediatas que não deveriam ser adiadas por razões de dúvidas. Entretanto, influências subjetivas podem gerar hesitações e perda de tempo precioso, muitas vezes irrecuperável. Não havia uma garantia de que a solução apresentada pelo grupo que encaixou todas as peças estava correta. Na realidade nunca existe 100% de garantia que uma operação será bem-sucedida. Para realizar um trabalho de gerenciamento de crise precisamos descartar os riscos desnecessários e assumir riscos aceitáveis.

4 Influências Sobre a Consciência Situacional

A consciência situacional e o diagnóstico do cenário de crise estão profundamente associados, mas não são exatamente a mesma coisa. Chamamos de diagnóstico a interpretação objetiva e assumida do cenário. O diagnóstico baseia-se principalmente nos fatos (evidências objetivas) mas também é influenciado pelas interpretações e conclusões sobre os fatos (validações subjetivas) bem como recebe a influência das decisões e atitudes tomadas ao longo do gerenciamento de crise. As ações e a performance individual frente à crise dependem principalmente da consciência situacional. Esta significa como de fato a crise é percebida, pessoalmente pelo gestor. Apesar do gestor publicamente assumir um diagnóstico, é possível que este diagnóstico possa não corresponder completamente ao que esse gestor de fato acredita estar acontecendo. Essa diferença pode ocorrer quando, por exemplo, o gestor tem razões subjetivas para acreditar que o cenário irá se degradar rapidamente, mas não tem nenhuma evidência objetiva que justifique externar isso, o que o leva a inibir a divulgação formal dessa percepção através de um diagnóstico explícito mais brando do que sua consciência situacional.

Além das evidências objetivas e validações subjetivas, existem fatores comportamentais e psicológicos muito importantes com grande influência na formação da consciência situacional. Até mesmo questões biológicas e relacionadas com o ambiente físico podem fazer com que as pessoas enxerguem cores de forma diferente, escutem ruídos e atribuam origens diferentes para eles, assumam orientações espaciais divergentes e conflitantes. Vários fatores influenciam o complexo processo de formação da consciência situacional. É a partir dela que um diagnóstico da crise é elaborado.

> *Agir com segurança não é apenas parar no sinal vermelho. Agir com segurança é atravessar o sinal verde com o mesmo cuidado com que se atravessa o sinal vermelho. Só é possível atravessar um sinal vermelho em segurança através de uma consciência situacional precisa, baseada em fatos e cálculos que permitam converter os elevados riscos, em riscos aceitáveis*

O diagrama a seguir mostra alguns fatores de influência fatores sobre a formação da consciência situacional. O diagrama mostra apenas cinco fatores, mas na realidade não há limites para a quantidade de tipos de influência. No centro do diagrama é representado o "cenário real" enquanto os outros cinco quadros representam as diferences possibilidades de formação da consciência situacional.

Influências Sobre a Consciência Situacional

Medo

O piloto não sabe o que há além das nuvens e teme o desconhecido

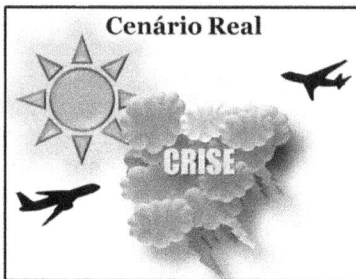

Cenário Real

Planos Individuais

O piloto faz voo antes das férias para mesmo destino e vê o cenário de forma otimista

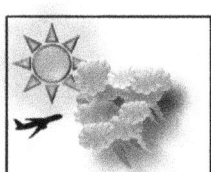

Experiências e Expectativas

O piloto já enfrentou condição semelhante e tem a expectativa de estar no mesmo cenário anterior

Poderes Coercitivos

A escolha é a parte mais preocupante do cenário para o piloto

Informações Privilegiadas

O piloto sabe que está sob ataque terrorista e supõe tentativa de colisão

O diagrama mostra a ilustração superior esquerda em que a tripulação, com MEDO, pode enxergar o cenário como uma grande e misteriosa nuvem que precisa ser atravessada mesmo sem o conhecimento a respeito do que realmente existe por lá. Abaixo, a ilustração EXPERIÊNCIAS E EXPECTATIVAS representa a consciência situacional de uma tripulação que enxerga o cenário como uma tempestade típica, semelhante as já enfrentadas anteriormente e que da mesma será superada (note que nesta ilustração que na consciência situacional da tripulação não existe outra aeronave em rota com riscos de colisão). A ilustração PODERES COERCITIVOS, na parte central inferior do diagrama, representa qual seria a forma de enxergar o cenário se uma força coercitiva externa, por exemplo, uma escolta estivesse obrigando a tripulação a realizar um voo em uma rota específica. A influência criada pela ação de um poder coercitivo externo a presença de uma escolta, passaria a concorrer com os demais fatos presentes no cenário podendo até tornar-se, para a tripulação, a parte mais importante do cenário. Sob a influência de poderes coercitivos as nuvens poderiam ser percebidas como uma adversidade menor do que realmente é. No lado inferior direito, a ilustração INFORMAÇÕES PRIVILEGIADAS representa a formação de uma consciência situacional onde a tripulação reconheça as grandes nuvens como uma região propensa a uma colisão intencional. Isso poderia acontecer se a tripulação obtivesse a

informação privilegiada de que uma ameaça terrorista contra o voo está presente. Finalmente, na parte superior direita do diagrama, a ilustração PLANOS INDIVIDUAIS mostra que um piloto pode ter uma visão muito otimista sobre o cenário que está a sua frente. Isso pode ocorrer, por exemplo, quando o piloto está trabalhando em seu último voo antes das férias, e esse voo tem o mesmo destino onde pretende desfrutar as suas férias. Nestas circunstâncias, por motivações subjetivas, o piloto poderia minimizar a ameaça das nuvens e supervalorizar os traços de tempo bom. Afinal, ele está terminando um longo ciclo de trabalho e indo para o local onde irá passar suas férias. Sua consciência situacional poderia ser influenciada pelo clima de férias e otimismo.

4.1 Medo

Medo é uma reação natural diretamente proporcional ao desconhecimento sobre como lidar com uma situação. Tememos o que desconhecemos. Quanto mais conhecemos menos medo sentimos. Adquirindo conhecimento sobre as possíveis crises, reduzimos a imprevisibilidade, ou seja, reduzimos o desconhecimento. Por mais que avancemos em adquirir conhecimento e estudo, sempre haverá uma parcela de desconhecimento diante da crise e isso significa que sempre haverá medo em potencial quando estamos diante de uma crise. O medo pode ser dominado através da obtenção do máximo conhecimento possível sobre os perigos, riscos e crises que podem nos ameaçar, reduzindo o medo em potencial. O medo é uma reação biológica, natural e não se restringe apenas ao ser humano, mas está presente em toda a natureza.

A reação de medo está relacionada ao nível de desconhecimento sobre o cenário de crise. Mas existem inúmeros exemplos de situações onde tememos algo que "conhecemos muito bem". Justamente por isso é que tal coisa nos provoca tanto medo.

Exemplo: uma criança pode sentir medo daquele colega maior da sua escola, que pratica bullying e que tem uma aparência física mais forte e agressiva. O medo deste colega existe justamente porque todos "conhecem muito bem" suas características, a começar pelo seu tamanho e força. Mas notemos que o medo de algo bem conhecido, como o medo do menino mais forte da escola, está muito mais relacionado com a falta de conhecimento sobre como lidar com a situação, do que propriamente medo de lidar com o menino que é agressivo. Isso pode ser percebido se o garoto valentão provocar outra criança da mesma escola, de porte físico normal, mas que domine bem as técnicas de defesa pessoal. Neste caso, o garoto valentão provavelmente não parecerá tão amedrontador para esta criança que detém o conhecimento de técnicas de defesa pessoal. Esta criança sabe muito bem como deverá agir com o menino agressivo, caso ele venha a provocar o confronto físico direto. Como esta criança sabe exatamente como reagir no caso de uma tentativa de agressão, ela detém mais conhecimento sobre o cenário de crise que pode se estabelecer e consequentemente esta criança terá menos medo ao lidar com a situação adversa.

A criança que tem mais conhecimento para lidar com o cenário de confronto terá mais chances de elaborar uma boa estratégia de defesa. Com menos medo, poderá raciocinar melhor sobre o cenário ameaçador e considerar também outras formas de lidar com a crise. Nem seria preciso ter habilidades de defesa pessoal para prover uma boa resposta ao confronto gerado pela crise. Bastaria que a criança tivesse sido instruída a procurar a Diretoria e autoridades da escola no caso de ameaças ou hostilidades. Através dessa estratégia previamente elaborada a criança também sentiria menos medo. A falta de conhecimento e orientação sobre como reagir no caso de hostilidades pode originar mais medo do que o próprio garoto agressivo. Na realidade independentemente de qual seria a estratégia a adotar, ter um bom plano de reação significa ter mais conhecimento sobre o cenário adverso e mais conhecimento de como reagir a ele. Imaginar e refletir sobre os possíveis cenários adversos eleva o nível de conhecimento sobre e possibilita até uma completa reversão do sentimento de medo. Diante de colegas tão preparados, o garoto agressivo talvez passasse a sentir mais medo deles do que o contrário. O garoto agressivo teria que se confrontar com a falta de conhecimento e o medo de enfrentar crianças com habilidades de lutas marciais. Diretores e autoridades da escola.

O medo é uma reação relacionada ao déficit de conhecimento em relação ao cenário adverso. Consequentemente o medo está relacionado também com a falta de conhecimento sobre a atitude que deva ser adotada diante de uma adversidade. Não saber como proceder diante do que está por acontecer ou diante do que já está acontecendo gera medo. A melhor forma de reduzir o medo é aumentar o nível de conhecimento sobre como lidar com os cenários adversos. O medo gera decisões instintivas (sem base aprofundada em conhecimentos sobre os elementos presentes no cenário). Decisões instintivas movidas pelo medo podem resultar em atitudes de resultados incertos.

> *O medo é diretamente proporcional ao desconhecimento.*
> *Quanto mais desconhecemos um cenário, mais medo*
> *teremos. Todos os cenários sempre possuem alguma*
> *parte desconhecida que pode nos surpreender.*
> *Por isso quem sempre diz que não tem medo de nada*
> *ou é ingênuo, ou realmente acredita que sabe tudo sobre tudo.*

4.2 Experiência e Expectativas Futuras

A bagagem de experiência acumulada por cada gestor exerce grande influência sobre a formação da sua consciência situacional. As interpretações (validações subjetivas) que o gestor precisa fazer para formar sua consciência situacional baseiam-se nos registros acumulados em eventos anteriores que possam ser comparados com o cenário em andamento. Se os fatos (evidências objetivas) presentes no cenário forem suficientes para que o gestor realizar boas conexões lógicas e comparações com as situações vividas no passado, então a consciência situacional será formada com base nestas conexões e comparações. Se não existirem, na bagagem de experiência do gestor,

situações vividas anteriormente que sejam associáveis ao evento em andamento, então a sua consciência situacional será formada precariamente, com muitas lacunas e dúvidas, o que dificultará muito a elaboração de uma estratégia de resposta eficaz.

A experiência do gestor pode incluir situações traumáticas decorrentes de outras crises. Isso pode afetar a elaboração de um diagnóstico imparcial e a formação de uma consciência situacional realista. Os traumas decorrentes de crises severas são como caricaturas onde determinados aspectos da realidade aparecem deformados, ora ampliados, ora reduzidos. Os traumas podem interferir na análise dos fatos (evidências objetivas) do cenário em andamento, levando a interpretações forçadas de que a mesma situação traumática está se repetindo. Se o gestor conseguir manter uma análise equilibrada entre fatos (evidências objetivas) e conclusões (validações subjetivas) ao elaborar o diagnóstico do cenário, a experiência com os traumas anteriores irá ser algo a somar na formação da consciência situacional. Para gestores de crise bem preparados as deformações oriundas da influência de traumas anteriores poderão ser inibidas tanto quanto possível. Esta é uma habilidade que os gestores de crise precisam tentar desenvolver, e não existe uma "receita" simples para isso.

As expectativas futuras também exercem influência sobre a formação da consciência situacional. Quando uma forte expectativa está presente, a elaboração do diagnóstico pode ser afetada levando a interpretações forçadas. É como se a esperança sobre um acontecimento muito desejado induzisse o gestor a acreditar que este acontecimento já é real, quando na realidade ainda não passa de uma mera expectativa. Muitas vezes o gestor deseja tanto que um cenário se transforme em outro que esse desejo acaba distorcendo seu trabalho de gerenciamento de crise. Da mesma forma como acontece com os traumas, se o gestor conseguir manter uma percepção equilibrada entre fatos (evidências objetivas) e conclusões (validações subjetivas), a expectativa de eventos futuros irá ser útil e positiva para a formação da consciência situacional.

4.3 Planos Individuais (Menos Comprometidos com os Objetivos Coletivos)

Agimos como grupo, como sociedade, mas também como indivíduos. Nem sempre os planos e intenções pessoais são facilmente percebidos pelos demais. Até mesmo o próprio indivíduo pode ter alguma dificuldade em identificar a interferência de seus próprios planos e intenções pessoais nos planos e intenções que estabelece e assume publicamente em suas atividades de gestão de crise. Essa disparidade faz parte da natureza humana e alguns indivíduos podem ser mais parciais do que outros em relação à priorização de seus próprios planos em detrimento dos objetivos coletivos. Há indivíduos que manipulam todo o plano coletivo para fazer valer seu plano pessoal, mesmo que isso seja feito de forma não assumida ou inconsciente. Para outros indivíduos, o plano coletivo é tão importante que os seus objetivos pessoais podem se perder em prol do objetivo coletivo. É uma questão que envolve valores do indivíduo e da sociedade em que este se insere.

A formação da consciência situacional é muito influenciada por essas variações de comportamento. A falta de clareza na separação dos objetivos pessoais dos objetivos coletivos diante de uma crise pode levar a diagnósticos manipulados com a intenção de priorizar os planos pessoais do gestor ou alguma outra pessoa para a qual se pretenda oferecer benefícios. Os gerenciadores de crise devem analisar os planos e estratégias desenvolvidos em meio à crise, considerando sempre que os planos pessoais podem exercer influência e distorcer os objetivos coletivos. Isso pode estar oculto sob planos aparentes, divulgados publicamente. Algumas perguntas podem ajudar a avaliar o grau de distorção entre os planos assumidos publicamente e os objetivos coletivos, por exemplo:

- O plano proposto é para salvar o máximo de vidas, ou salvar uma pessoa ou um bem de interesse próprio?
- O diagnóstico de um cenário extremamente severo pode significar alguma vantagem para um concorrente na carreira corporativa?
- Minimizar um cenário de crise através de um diagnóstico brando pode ser uma estratégia para esconder falhas comprometedoras?
- A estratégia a ser adotada tem genuinamente o objetivo de proteger acima de tudo as pessoas e o meio ambiente, ou na realidade o objetivo maior é proteger a organização independentemente da maioria das pessoas?

Muitas outras perguntas podem ser feitas e pode haver alguma dificuldade para respondê-las. O que os gestores de crise precisam ter em mente é que os planos pessoais (principalmente os não revelados) podem sim influenciar nos planos apresentados nas estratégias, nos diagnósticos e nas ações de resposta à uma crise. É muito difícil apurar essa influência de forma objetiva e mesmo quando isso é feito com todo cuidado, o risco de serem cometidos erros e injustiças é muito elevado. Mas mesmo assim, os gestores de crise precisam considerar que essa influência existe e que, como gestores, precisam estar mentalmente preparados para tomar as ações de controle quando esta influência estiver presente.

4.4 Informações Privilegiadas (Sigilosas)

De forma semelhante com o que acontece com os planos pessoais, informações cruciais para o gerenciamento da crise também podem estar inacessíveis para alguns gestores e demais envolvidos com o cenário adverso. Informações disponíveis apenas para poucos, é uma condição possível por razões estratégicas, políticas, sociais, econômicas, militares ou outras. É possível que algum ou alguns dos gestores e envolvidos com a crise tenha ou tenham o privilégio de acesso a esse tipo de informação (informação privilegiada). Pode ser que aqueles que tenham a informação privilegiada e não a possam divulgar. Outra razão possível para a ocultação de informações tão importantes pode ser um plano individual. Para colocar em ação esse tipo de plano que não interessa ao bem coletivo, estes indivíduos podem sonegar informações vitais em seu

próprio benefício. Algumas possibilidades de cenários envolvendo informações privilegiadas estão exemplificadas a seguir:

- Diretores de uma empresa ao descobrirem o fracasso financeiro da organização e antecipam essa informação para alguns acionistas que poderão se beneficiar ilegalmente da crise que está prestes a se estabelecer.
- Um navio está naufragando e uma das pessoas que estão na proa do navio, em meio ao pânico de disputa por uma vaga em um bote salva vidas, se retira discretamente em direção à popa onde sabe que existe uma robusta embarcação de salvamento pouco conhecida dos demais passageiros.
- Durante um incêndio de grandes proporções em um grande edifício comercial, um grupo congestiona a escada de emergência, mas uma pessoa que trabalha há muitos anos nesse edifício se dirige a uma outra passagem, menos conhecida, que permite o acesso para uma escada menor e que está livre para as pessoas escaparem do incêndio e abandonarem o prédio.

4.5 Poderes Coercitivos (Pressões Externas)

O gerenciamento de crise pode ser impactado pela influência de ordens superiores, chantagens, ameaças, exigências imperiosas de cumprimento de prazos, necessidade de resultados expressivos e outras pressões de vários tipos, exercidas através de coerção A influência perturbadora de poderes coercitivos nas atividades de gerenciamento de riscos afetam a consciência situacional incluindo elementos estranhos em meio aos fatos (evidências objetivas) e conclusões (validações subjetivas) sobre a crise. Independentemente dos fatos (evidências objetivas) identificados no cenário e independentemente das conclusões e interpretações sobre (validações subjetivas) sobre estes fatos, estes elementos estranhos atribuem um sentido alterado aos elementos originais do cenário.   É exercida uma interferência danosa para a formação da consciência situacional, sustentada por algum tipo de poder coercitivo. Este tipo de pressão externa aumenta a severidade do cenário através da redução da independência das ações de gerenciamento de crise. Isso acontece, por exemplo, através de:

- Ordens para manter uma unidade em operação mesmo quando há uma ameaça ou vulnerabilidade que estabeleça risco de escalonamento catastrófico.
- Determinações para o adiamento de uma parada para manutenção esmo quando os equipamentos mostram visíveis sinais de desgaste e fadiga.
- Exigências de cumprimento de prazos e de horários em detrimento da segurança.
- Chantagem através dos meios de reconhecimento profissional com base em um argumento que remova a liberdade para dar a atenção certa no tempo certo às questões relacionadas com a segurança.

- Ameaça de demissão do gestor caso seja declarada uma crise que a organização queira ocultar.

O fluxo 3, apresentado a seguir, auxilia na organização do trabalho de refinamento da consciência situacional. Através do fluxo 3 o gestor é guiado a refletir a respeito de possíveis influências indesejáveis para a boa formação de sua consciência situacional. Se, através do fluxo3 o gestor detectar que influências estão distorcendo e comprometendo sua consciência situacional, ele terá a chance de reavaliar sua consciência situacional antes de preparar a atitude de resposta. Ao contrário se o gestor através do fluxo 3 estiver suficientemente seguro de que as influências não estão comprometendo sua consciência situacional, então poderá preparar a atitude de resposta à crise.

Fluxo 3 - Refinamento da Consciência Situacional

O Que Realmente Influencia Seu Diagnóstico e Percepção Pessoal da Crise ?

INFLUÊNCIAS

| Medo | Experiência Anterior | Expectativas Futuras | Planos Individuais | Informações Privilegiadas (sigilosas) | Poderes Coercitivos (Pressões Externas) |

Sem Distorções?   S

N

HESITAÇÕES

Reduzir Influências Tanto Quanto Possível até Alcançar o Mínimo de Distorções Sobre o Diagnóstico e Sobre a Consciência Situacional

Preparar ATITUDE
Ir para Fluxo 4

4.6 Lições Aprendidas – A Consciência Situacional e o Cenário Real

DESORIENTAÇÃO ESPACIAL EM VOO DE LIMA PARA SANTIAGO

Em 2 de outubro de 1996 o voo 603 decolou de Lima, Peru para Santiago no Chile. O avião era um Boeing 757 famoso por sua sofisticação, confiabilidade e segurança e levava 61 passageiros e 9 membros da tripulação. Quando os passageiros entraram no avião eles confiavam nos seus pilotos, e estes nos sistemas de automação da aeronave. Essas relações complexas e em alguns momentos subjetivas entre **máquinas e pessoas** influenciam diretamente na segurança aérea. Decisões de vida e de morte durante um voo precisam ser tomadas em segundos e mesmo pilotos bem treinados têm dificuldade em lidar com estas situações extremas que podem surgir durante emergências e crises. Nos primórdios da aviação, pesquisadores geniais como Santos Dumont precisavam comandar seus protótipos e máquinas voadoras controlando o voo através dos elementos mecânicos comandando-os diretamente com seus músculos. Os pioneiros tinham profundos conhecimentos sobre o funcionamento dos equipamentos em que estavam voando e tinham grande conhecimento de física e mecânica aplicada. Com o passar do tempo as aeronaves foram se tornando extremadamente complexas e os controles passaram a ser exercidos de forma indireta através de sistemas hidráulicos e eletrônicos até chegarmos ao atual estágio quando sofisticados equipamentos de automação e computação são capazes de controlar o voo praticamente sozinhos. Se por um lado os sistemas de automação facilitam o trabalho de controle de complexas aeronaves, por outro lado os pilotos acabam se distanciando dos fundamentos da pilotagem que formavam a base do controle exercido pelos pilotos pioneiros como Santos Dumont. Por mais que os sistemas de automação tenham evoluído, a parte mais importante para a segurança dos voos está nos pilotos. Eles são a última salvaguarda de segurança já que os computadores e os sistemas de automação também podem falhar. Quando isso acontece os efeitos podem causar grande confusão e desorientação em pilotos que já estão demasiadamente acostumados a supervisionar os computadores trabalhando para pilotar as aeronaves. Principalmente os pilotos menos experientes, podem reagir muito mal num cenário de perda da automação pois geralmente possuem menos prática de voo manual.

Mesmo os melhores mais experientes pilotos podem ter grande dificuldade em formar uma **consciência situacional** adequada quando falhas de instrumentação e automação perturbam os sistemas e intertravamentos lógicos dos computadores da aeronave. Foi isso que aconteceu com o voo 603 a caminho de Santiago. Logo no início do voo as 3 indicações de altitude da aeronave se tornaram indisponíveis e em seguida a indicação de velocidade

também tornou-se inoperante. A falta de dados fez com que o computador de bordo emitisse vários alarmes tornando ainda mais confuso o trabalho dos pilotos no cockpit. Diante da falta de instrumentos básicos de voo o comandante decidiu retornar para o aeroporto em Lima, mas ele estava pilotando sem instrumentos, em um voo noturno e sobre o mar, o que reduziu suas referências visuais. Isto praticamente impôs uma condição de voo cego. A **crise** já estava instalada no cockpit e os pilotos tentavam retornar para o aeroporto de origem. Mas eles dependiam totalmente das orientações de terra já que estavam voando sem referências visuais e sem instrumentos básicos.

Por mais que fossem experientes os pilotos precisavam manter o avião voando em condições muitos difíceis mesmo, para uma tripulação bem treinada. Haviam muitas dificuldades devido a faltam informações sobre os parâmetros fundamentais como por exemplo a própria localização do avião. A falta de **conhecimento** sobre como superar uma **crise** pode gerar **medo** e esse era um componente que poderia piorar ainda mais o trabalho de **gerenciamento de crise**. Pressionados pelo cenário cada vez mais grave os pilotos solicitaram informações sobre sua localização ao controle de terra que informou que eles voavam a mais de 2 mil metros. Entretanto subitamente vários alarmes como os de proximidade com o solo, alarme de velocidade acima do aceitável e o alarme de estol soaram na cabine de comando perturbando a formação da **consciência situacional** dos pilotos que tinham que lidar com **evidências objetivas** conflitantes. Eles não conseguiam chegar a um **diagnóstico** sobre a altitude em que realmente estavam voando e questionaram o pessoal de solo sobre as informações de que eles haviam recebido, as quais diziam que o avião estaria voando acima de 2 mil metros. Isso gerou um período de hesitação pois os pilotos não sabiam no que deveriam acreditar. Somente da maneira catastrófica eles se confrontaram com a influência física do cenário real e a aeronave acabou se chocando com o mar e se destruindo sem que houvesse sequer um sobrevivente.

A investigação do acidente concluiu que poucos instantes antes do voo uma equipe de manutenção havia efetuado a limpeza externa do avião no aeroporto de Lima. Para proteger os sensores de altitude e de velocidade (tubos de pitot) eles os envolveram com fitas adesivas enquanto realizavam a limpeza geral. Mas por uma falha de manutenção eles esqueceram de remover as fitas adesivas após o serviço. A permanência indevida destas fitas impediu que as leituras de instrumentos fundamentais para o controle da aeronave fossem fornecidas aos pilotos e ao computador de bordo. Sem os dados mínimos requeridos para o processamento, o computador de bordo emitiu uma cascata de alarmes e deixou de controlar a aeronave. Restou aos pilotos contar com as informações da torre, mas os dados enviados da aeronave para a torre de controle também estavam mascarados pela presença das fitas adesivas que bloquearam os sensores de velocidade e de altitude. Na realidade o avião começou a descer lentamente e nestas condições o sistema de automação corrigiria as variações. O voo seria mantido na altitude correta. Infelizmente como os sensores estavam cobertos pelas fitas o computador não detectou a lenta descida e ainda continuou enviando para a torre a informação errada de posicionamento na altitude de mais de 2000 metros, onde as indicações dos instrumentos haviam travado. Os pilotos ficaram completamente perdidos sem

saber se a aeronave estava na altitude certa, se estava descendo ou se estava subindo até que finalmente o avião chocou-se com o mar. A falha do sistema de automação e as informações desencontradas prejudicaram a formação da **consciência situacional** e os pilotos perderam totalmente as condições mínimas de **gerenciamento da crise**.

Uma forma de facilitar o processo de formação da adequada **consciência situacional** é o treinamento anterior em simuladores. Nos simuladores é possível criar cenários críticos fazendo com que os pilotos lidem com as dificuldades típicas de cada um destes cenários e com as evidências objetivas que os caracterizam. Assim reduz-se a falta de conhecimento sobre determinados cenários. O aprendizado dos pilotos com o treinamento em simuladores passa a fazer parte da bagagem de **experiência** dos pilotos. Provavelmente os pilotos jamais precisarão enfrentar a maioria dos cenários mais críticos criados nos simuladores de treinamento. Mas na rotina do trabalho de um piloto o conhecimento adquirido com esse tipo de treinamento fará grande diferença na formação da sua **consciência situacional** durante uma eventual crise.

FALSA EXPECTATIVA RELACIONADA AO PILOTO AUTOMÁTICO

*Em 19 de fevereiro de 1985 a tripulação de uma companhia aérea chinesa encarregada pelo voo 006 enfrentou uma crise severa, logo depois da decolagem. O Boeing 747 entrou em um transiente operacional que o levou ao estado de queda perdendo mais de 10 mil metros de altitude em apenas 2 minutos. Um dos motores parou de funcionar e as informações fornecidas pela instrumentação estavam inconsistentes. A aeronave mergulhava de nariz sem controle e o choque com o oceano pacífico parecia inevitável até que instantes antes do momento fatal a tripulação conseguiu retomar o controle da aeronave. Em seguida o comandante decidiu **declarar emergência** e conseguiu pousar a aeronave no aeroporto mais próximo, fazendo uma aterrissagem tranquila após a situação dramática vivida por todos a bordo. Todos os passageiros sobreviveram e alguns tiveram ferimentos sem maior gravidade por causa da grande turbulência que ocorreu nos piores momentos durante a emergência.*

*Externamente o Boeing 747 parecia ter atravessado uma zona de guerra com avarias generalizadas pela fuselagem e estrutura. Mas os investigadores perceberam que os danos não foram a causa do acidente, mas sim a consequência. A investigação identificou uma válvula defeituosa capaz de tirar de operação o motor número 4 da aeronave. Isso não seria suficiente para justificar a queda de altitude tão severa pois a automação seria capaz de manter as condições de voo mesmo com um dos quatro motores fora de operação. Nesta condição de degradação o sistema de automação normalmente utilizaria os recursos da aeronave acionando ailerons automaticamente para compensar as variações de inclinação. Os pilotos formaram a **consciência situacional** da perda do motor número 4 mas eles agregaram às **evidências objetivas** do cenário, **validações subjetivas** que os fizeram crer que o piloto automático controlaria o avião na emergência da mesma forma como os pilotos humanos o fazem.*

*Havia uma **expectativa futura** de que, se fosse necessário o piloto automático substituiria o trabalho dos pilotos humanos, entretanto isso não era verdadeiro. Uma particularidade do projeto fazia com que o piloto automático do Boeing 747 não atuasse sobre o leme deixando essa tarefa sempre para os pilotos humanos, mesmo em voos em piloto automático. Caso os desvios de inclinação provocados pela emergência gerassem a necessidade de uma correção mais contundente, o piloto humano precisaria acionar com os pés os pedais do leme. A expectativa **futura** de que a automação pilotaria o avião da mesma forma que o piloto humano o faria (**validação subjetiva**) influenciou negativamente a formação da **consciência situacional** dos pilotos dentro da cabine de comando. Eles confiaram mais do que deveriam na automação e essa atitude foi mantida até que a inclinação da aeronave os colocou praticamente em uma manobra acrobática, deixando-os totalmente desorientados. Nesse momento crítico os pilotos tiveram que tomar **decisões instintivas** e felizmente conseguiram obter algum limitado controle quando então a aeronave conseguiu sair das nuvens. Isso permitiu a obtenção momentânea de uma referência visual mínima, quase no limite de tempo para evitar a queda fatal. Por pouco uma **expectativa futura** que exercia influência danosa sobre a formação da consciência situacional dos pilotos não causou uma catástrofe.*

UMA CRIANÇA NO COMANDO DA AERONAVE EM PLENA CRISE

Dez anos depois, em março de 1994, outra aeronave com um sistema de piloto automático ainda mais complicado passou por uma situação de descontrole de voo semelhante a que ocorreu com o Boeing 747 da companhia aérea chinesa. O avião era um Airbus A 310, considerado um modelo muito novo. O voo de número 593 de uma companhia aérea russa acabou caindo e fazendo de todos os 75 passageiros e tripulantes suas vítimas fatais. Equipes de buscas e de investigadores conseguiram recuperar a caixa preta de registro dos dados e das falas dos ocupantes da cabine e ficaram chocados com as gravações dos diálogos. Eles concluíram que crianças operaram os controles da aeronave nos momentos mais críticos da crise.

O voo de 10hs de duração entre Moscou e Hong Kong parecia transcorrer normalmente até que, no meio da viagem um passageiro, que também era piloto e amigo do comandante entrou no cockpit acompanhado de duas crianças, ambas filhas do próprio comandante e que estavam fazendo o seu primeiro voo internacional. Neste momento um **plano individual** do comandante entrou em conflito direto com os **objetivos coletivos** da atividade técnica que estava sendo desempenhada por ele. O comandante, empolgado com a presença de seus filhos na cabine, e com a **consciência situacional** de que a aeronave estava em piloto automático, levantou-se do assento de comando e alternou o seu assento de comando com seus filhos. O garoto, que era mais velho que a menina, ao sentar no assento do comandante fez pequenos movimentos nos controles da aeronave ao mesmo tempo em que o avião começou a se inclinar suavemente. Como era um dos primeiros voos da nova aeronave com essa tripulação, o comandante concluiu (**validação subjetiva**) indevidamente que os movimentos do garoto nos controles não poderiam prevalecer sobre os movimentos originados pelo sistema computadorizado do piloto automático. O comandante desprezou o fato (**evidência objetiva**) de que a aeronave estava

se inclinando em decorrência dos movimentos de seu filho sobre os controles. O garoto estava indevidamente sentado na posição de comando de uma aeronave comercial. O comandante atribui o discreto movimento da aeronave à ação normal do piloto automático. Para ele o piloto automático estava apenas ajustando o trajeto do voo. Mas infelizmente a **consciência situacional** do comandante e do copiloto que acompanhava tudo no assento ao lado do garoto, estavam erradas.

Na medida em que se inclinava o avião também fazia uma curva de raio longo e em alta velocidade gerando uma imensa força centrífuga que se elevava a cada segundo. Mas ambos os pilotos permaneciam seguros de que a automação da aeronave estava manobrando o avião em segurança e tinham a **expectativa futura** de que o piloto automático iria logo restabelecer a estabilidade da aeronave. Até que passados alguns segundos o **cenário** degradou e o avião chegou a perturbadores 45 graus de inclinação. Nesse momento as gravações das vozes no cockpit mostraram que o copiloto **percebeu** que algo de muito errado estava acontecendo. Mas era muito tarde e somente a essa altura a tripulação formou a **consciência situacional** de que o garoto era quem de fato estava pilotando. A imensa força centrífuga gerada pela curva de características atípicas e a alta velocidade geraram a imobilização física de todos no cockpit. A força centrífuga tornou-se tão intensa que poderia ser comparada com o que acontece em um brinquedo rotativo de parque de diversões radical. Esse **fenômeno físico** impediu que o comandante conseguisse alcançar o seu assento e retomar o seu posto indevidamente ocupado por seu filho. Mesmo estando apenas a centímetros de distância, a força centrífuga impedia que o comandante alcançasse os controles da aeronave. Devido as forças gravitacionais associadas ao movimento de curva e inclinação em alta velocidade, tornou-se humanamente impossível movimentar-se no interior da aeronave. Todos ficaram presos em seus assentos ou nas próprias paredes da aeronave. Nem mesmo o copiloto conseguiu superar a força gravitacional para tentar operar o avião e o garoto também não conseguiu atender às orientações de seu pai pois não tinha forças para superar os esforços gerados pela manobra inacreditável para um voo comercial. Lamentavelmente o cenário degradou-se progressivamente e a aeronave acabou perdendo totalmente as condições de voo sendo completamente destruída como resultado de sua queda sem deixar sobreviventes.

CARACTERÍSTICA BIOLÓGICA AFETOU A CONSCIÊNCIA SITUACIONAL

Mais dez anos à frente, em 3 de janeiro de 2004 uma tripulação de origem egípcia e muito experiente estava no controle do Boeing 737-300 de um voo fretado com 148 pessoas a bordo. A decolagem noturna foi tranquila e o avião ganhou altitude enquanto o piloto automático ainda estava no modo desligado. Mas der repente a aeronave começou a inclinar lentamente para a direita. Isso foi registrado pelos instrumentos e percebido pelo copiloto que reconheceu a inclinação em sua **consciência situacional.** *Mas o comandante, ao contrário, não conseguiu* **perceber fisicamente** *o movimento e questionou se realmente a aeronave estava se inclinando. O copiloto, tentando atender uma orientação do comandante, acionou o piloto automático. Em seguida o copiloto o desliga, também seguindo os pedidos confusos do comandante. Cada vez mais confusa,*

a tripulação perdeu completamente o controle da aeronave e o avião caiu sem deixar sobreviventes. Examinando os registros de gravações de voz e dados da aeronave, os investigadores verificaram que provavelmente o comandante havia passado por uma situação de desorientação espacial. Em voo noturno ou sem referências visuais, um piloto pode perder o senso de orientação devido a características biológicas relacionados com o ouvido interno. Nestas condições o avião pode se inclinar e o piloto pode não perceber essa inclinação e sentir como se a aeronave estivesse voando alinhada, horizontalmente e estável. As investigações mostraram ainda que quando a aeronave foi direcionada de volta para o sentido do continente nos momentos finais do trágico voo, o comandante aparentemente recuperou a orientação espacial e conseguiu estabilizar o avião. Mas isso ocorreu tarde demais, pois a aeronave já havia perdido muita altitude e já estava sem condições para evitar a queda no mar.

*A investigação do acidente concluiu que todas as informações necessárias para salvar o avião estavam disponíveis no painel de instrumentos. As indicações mostravam claramente que o avião estava se inclinando e o copiloto também percebeu o movimento indevido. Mas a **consciência situacional** do comandante não reconheceu a inclinação, provavelmente influenciada pelo **fenômeno biológico** de desorientação espacial associado a problemas com seu ouvido interno. A **experiência anterior** do comandante não prevaleceu diante da falta de percepção física do movimento de inclinação da aeronave. Pilotos são treinados para compreenderem a limitação humana que gera a desorientação espacial e assim não deixarem que essa desorientação afete a sua **consciência situacional** durante uma **crise**. No caso de dúvidas sobre a possibilidade de desorientação espacial os pilotos devem priorizar as informações dos instrumentos na formação da **consciência situacional**. Dessa forma os pilotos conseguem ter mais chances de **diagnosticar** a **crise**. Infelizmente não foi isso que aconteceu e o voo teve um final trágico caindo no mar.*

SEM COMBUSTÍVEL A 12 MIL METROS DE ALTITUDE

Em 24 de agosto de 2001 o voo 236 levava 306 passageiros mais a tripulação do Canadá para Portugal. O longo voo transoceânico estava sendo conduzido normalmente em suas primeiras 4 horas de duração e a tripulação verificava o consumo de combustível a cada meia hora. Esta operação de verificação era realizada manualmente apesar da sofisticação do sistema de automação da aeronave - um Airbus A330 de última geração. Der repente, alarmes de temperatura baixa de óleo e de pressão alta de óleo foram anunciados no cockpit. Os pilotos pareciam entender que uma falha de sensores ou uma falha da automação tinha causado essas anunciações. Um pouco de tempo depois um outro alarme foi anunciado. Desta vez tratava-se da indicação de um desbalanceamento de volumes de combustível entre os tanques da asa direita e esquerda. O sistema de automação detectou que o volume de combustível na asa direita estava bem abaixo do volume de combustível na asa esquerda. Para corrigir o problema a tripulação modulou uma válvula direcionando combustível do tanque da asa esquerda para o tanque da área direita. A intenção da tripulação era de equilibrar os volumes de combustível distribuídos entre cada

asa. Este é o procedimento previsto nos treinamentos para esse tipo de situação e precisava ser iniciado imediatamente.

Porém, mesmo após a manobra, a situação continuava piorando cada vez mais. Finalmente o copiloto conseguiu considerar os fatos (**evidências objetivas)** e chegar a uma conclusão (**validação subjetiva)** importantíssima: o avião tinha muito menos combustível do que deveria ter para completar o voo e tudo levava a crer que existia um vazamento. O comandante solicitou uma nova verificação porque ainda resistia a assumir a **consciência situacional** do vazamento. A segunda verificação confirmou as informações de indicação da existência de um grande vazamento. Em seguida o combustível simplesmente acabou a 12 mil metros de altitude, sem que os tripulantes estabelecessem a **consciência situacional** do vazamento a tempo de se preparem, evitarem a pane seca das turbinas.

Não era esperado que um jato com esse nível de sofisticação fosse ficar sem combustível em pleno voo sobre o mar. Os pilotos então precisaram lidar com esse cenário, para eles inédito. O Airbus A 330 tinha um gerador elétrico movido pela força do vento que se tornaria fundamental para o **gerenciamento da crise**. Uma porta na parte de baixo do avião foi aberta e uma hélice ficou exposta ao vento. O conjunto acionava um gerador elétrico capaz de manter parte do sistema de automação energizado e também alguns controles básicos da aeronave. Alimentados por esta fonte de energia, somente alguns poucos recursos puderam permanecer operantes. Sem controles vitais os pilotos precisavam pousar a aeronave o mais rápido possível e o sofisticado avião tornou-se, depois do fim do combustível, um imenso planador. A única opção de pouso era um aeroporto no arquipélago dos Açores e a tripulação contatou o apoio em terra para preparar a aterrisagem de emergência.

Mas a velocidade do avião ainda estava muito elevada quando, sem motores, já haviam conseguido chegar bem próximo da pista. Em meio a uma crise severa os pilotos precisaram realizar manobras arriscadas e seguidas curvas na tentativa de reduzir ao máximo possível a velocidade final de contato com o solo. Finalmente o avião já não tinha mais altitude e condições para continuar as manobras e a tripulação e os passageiros preparam-se para o pouso decisivo. Apesar da longa pista havia um precipício no seu final e os sistemas de freio estavam limitados pela degradação da aeronave. Com velocidade acima da ideal os pilotos conduziram o avião até o contato com a pista e aterrissaram bruscamente estourando 8 dos 12 pneus, mas sem que ninguém ficasse ferido. O longo voo sem combustível simplesmente superou o recorde mundial de pilotagem de avião comercial nestas condições. Mas teriam os pilotos realizado corretamente o trabalho de **gerenciamento de crise**?

INVESTIGADORES IDENTIFICARAM PEÇAS FORA DA ESPECIFICAÇÃO

Os investigadores analisaram todas as informações do voo e examinaram completamente a aeronave concluindo que uma tubulação de combustível havia

sido substituída 5 dias antes do acidente. Mas a tubulação e o suporte utilizados não eram exatamente do mesmo modelo requerido pelas especificações originais do Airbus A330. A alta gerência responsável pela manutenção havia sido alertada de que as peças disponíveis para a substituição não eram exatamente do mesmo modelo original, embora muito semelhantes. Entretanto a pressão externa (**poderes coercitivos**) para repor a aeronave para uso e para manter a programação dos voos fizeram com que os gestores assumissem o risco e ordenassem que a substituição fosse realizada mesmo assim. Um dos suportes era inadequado para manter o espaçamento entre a tubulação de combustível e a tubulação de óleo do sistema hidráulico. O atrito e os esforços de contato entre os tubos mal espaçados acabaram levando ao rompimento da linha de combustível precedido pelos alarmes de temperatura baixa e de pressão de óleo alta, também decorrentes dos danos devidos ao atrito entre as tubulações de óleo e de combustível.

Uma falha de manutenção foi a causa raiz do acidente, mas os pilotos também falharam demorando mais do que o necessário para formar a **consciência situacional** de que havia um vazamento de combustível. Sem o correto **diagnóstico da crise**, as **decisões tomadas** não conseguiram surtir o adequado efeito de resposta e o pouco combustível restante acabou sendo totalmente desperdiçado pela manobra de válvula que o direcionou para o tanque que, na realidade, estava sendo drenado pela tubulação danificada com a qual se conectava. Por outro lado, após o **diagnóstico** correto da **crise**, os pilotos realizaram um eficiente trabalho de recuperação e de **gerenciamento de crise**. Eles conseguiram recuperar algum controle através de algumas ações sobre o cenário minimizando suas consequências. Em condições extremamente adversas eles conseguiram pousar a imensa aeronave, sem combustível, sem motores, em uma pista improvisada salvando a vida de 306 passageiros e de toda a tripulação.

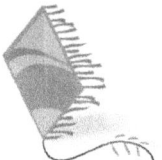

Um grupo de crianças de idade pré-escolar foi submetido a um teste em que um adulto as reuniu em um parque de brinquedos e propôs uma brincadeira. O adulto retirou de dentro de uma sacola 10 bandeiras coloridas e disse que iria colocar uma bandeira em cada brinquedo do parque. O adulto começou colocando uma bandeira na gangorra, depois uma bandeira no escorregador e quando chegou ao terceiro brinquedo, um carrossel, além de fixar a bandeira no brinquedo ele retirou da bolsa uma máquina fotográfica e disse que ao final ele iria tirar uma bela fotografia das crianças no parque com as bandeiras distribuídas por todos os brinquedos. Como parte do teste, o adulto de forma discreta não devolveu a máquina fotográfica para a sacola mas a escondeu atrás de um banco, na área de acesso ao carrossel.

As crianças, junto com o adulto, finalmente terminaram de enfeitar todos os brinquedos do parque e ficaram ansiosas para tirar a fotografia. Neste momento o adulto abriu a sacola e disse que a máquina fotográfica havia sido perdida e todos precisavam ajudar a encontrá-la. Na realidade o adulto havia retirado discretamente a máquina fotográfica da sacola e a escondido para realizar o teste. A partir deste momento a atitude das crianças foi observada para verificar as características comportamentais frente a uma crise. O teste mostrou que, após terem recebido a informação de que a máquina havia sido perdida, as crianças se dirigiram para o carrossel e começaram a procurar a máquina nas proximidades daquele brinquedo. As crianças fizeram isso porque foi na frente do carrossel que as crianças viram pela última vez a máquina e graças a excelente capacidade de memória das crianças nessa faixa etária, elas se dirigiram para o brinquedo onde a máquina foi exibida uma única vez para iniciar o trabalho de gerenciamento de crise, e encontraram a máquina.

Nós, os adultos, deveríamos agir como as crianças quando durante uma crise precisamos encontrar uma saída. Para as crianças a **evidência objetiva** sobre a provável localização da máquina fotográfica surgiu quando elas lembraram de sua exibição diante do carrossel. Por isso, quando confrontadas com o cenário de crise, elas concluíram (**validação subjetiva**) que era a partir do carrossel de onde deveriam iniciar suas ações de resposta à crise. Quando um processo sai do controle, o gestor da crise deve recuperar o ponto exato em que isso aconteceu e tentar reconstituir o ordenamento natural do processo. O fato que caracteriza a crise deve ser o ponto de início da reconstrução mental e do cenário e formação da consciência situacional. A máquina fotográfica foi vista pela última vez próxima ao carrossel. Isso pode parecer óbvio para as crianças, mas muitos adultos acabam perturbando o processo natural de gerenciamento de crise com a supervalorização das suas conclusões pessoais (**validações subjetivas**) em detrimento dos fatos (**evidências objetivas**). Após o anúncio do desaparecimento da máquina fotográfica, provavelmente algum adulto poderia propor uma estratégia para resolver o problema. Já as crianças dificilmente fariam isso. Elas simplesmente se baseariam no fato de terem visto a máquina

fotográfica pela última vez na área do carrossel, e sem maiores suposições, agiriam com base em fatos.

5 Preparação da Atitude Frente à Crise

O tempo é um dos fatores mais importantes no gerenciamento de uma crise. Raramente existe a quantidade ideal de tempo para o gestor se preparar, tomar a decisão e agir. Por isso algumas avaliações sobre os cenários e algumas atitudes de resposta podem ser requeridas de forma imediata, sem a disponibilidade de tempo para avaliações mais elaboradas. Se as falhas de gerenciamento de crise podem levar a consequências catastróficas, como é possível para o gestor prover a "atenção certa no tempo certo" se o tempo que ele dispõe pode isso é tão limitado?

A resposta está na quantidade e relevância do conhecimento técnico que foi acumulado previamente pelos gestores. Os gestores que já exercitaram sua capacidade de gerenciamento de crise e tomada de decisão levam vantagem na condição de escassez de tempo, ainda que isso tenha sido feito através de treinamentos e simulações de crises. Principalmente se os exercícios anteriores de alguma forma anteciparam o cenário real que o gestor precisa enfrentar. Ter pensado antes sobre a possibilidade de um cenário ocorrer é uma vantagem no caso desse cenário de fato se estabelecer. Melhor será o desempenho do gestor, se ele tiver exercitado sua mente em relação a possível evolução desse cenário e sobre os possíveis meios de resposta aplicáveis.

Durante a crise, quanto menos surpresas melhor. Mas se as crises sempre incluem surpresas, então resta ao gestor tentar reduzi-las ao mínimo possível. Por isso um dos objetivos da preparação da atitude frente à crise é a redução das imprevisibilidades. Embora não raro, nada é pior do que um gestor iniciar o gerenciamento de uma crise com a sensação de que nunca poderia imaginar um cenário como o que tem pela frente. O início do gerenciamento da crise poderá ser bastante facilitado se o gestor tiver a sensação de que alguma vez no passado, raciocinou sobre uma situação parecida com a que está em andamento, mesmo que isso tenha acontecido apenas em seus exercícios mentais.

Um bom gerenciador de crises, ao se deparar com a ideia de uma possível crise, identifica essa ideia como uma oportunidade de exercício e de redução da imprevisibilidade em relação às crises futuras do mundo real. Um leigo, sem capacitação para o gerenciamento de crises, diante da mesma ideia pode preferir repetir o bordão popular "vira essa boca pra lá". Agindo assim a preciosa oportunidade de reduzir a imprevisibilidade sobre esse cenário de crise é desperdiçada.

Acumulando conhecimento antecipadamente, é possível alcançar mais resultados positivos quando precisarmos agir diante de uma crise. Não é na crise que nos preparamos para ela. No máximo, durante uma crise, nos preparamos para a próxima crise, que teremos de enfrentar se sobrevivermos a atual. A preparação precisa ser prévia. A bagagem técnica e a experiência do gestor é que faz toda a diferença para a eficácia dos resultados do gerenciamento da crise. Durante a evolução do cenário de crise o tempo para planejar é demasiadamente escasso. Esta limitação é cruel para com os

gestores despreparados. É necessário ter a capacidade de fazer, tanto quanto possível, uma boa avaliação do cenário assim que o percebemos. Chamaremos essa importante avaliação requerida nos primeiros instantes de "avaliação imediata".

A avaliação imediata ajuda a formar a consciência situacional e esta é a base do diagnóstico. Quando a crise é diagnosticada os próximos passos são decidir e agir. Em alguns casos essa sequência pode ter que ser cumprida em um intervalo de tempo mínimo, de décimos de segundo, em outros o intervalo pode ser de anos. A avaliação imediata (baseada no conhecimento e na experiência anterior) é que dispara o processo de diagnóstico, decisão e atitude de resposta. A administração do tempo é especialmente crítica durante a maioria das crises. É preciso habilidade para lidar com informações incompletas porque o tempo disponível para realizar a sequência de diagnóstico, decisão e ação é limitado. Saber equilibrar a escassez de tempo e de informações é que permite ao gerenciador prover uma resposta adequada à crise, dando assim a "atenção certa no tempo certo" através da realização da correta sequência de diagnostico, decisão e ação.

> **Existem duas maneiras rápidas de fracassar diante de uma crise: perceber o cenário muito melhor do que ele é; ou perceber o cenário muito pior do que ele é. Em ambos os casos normalmente não enxergamos a porta de saída. Quase sempre que uma atitude de resposta a uma crise gera um resultado indesejado, é porque o gestor subestimou ou superestimou o cenário ameaçador.**

Prover a "atenção certa" em meio a uma crise só é possível a partir de sólidos conhecimentos técnicos sobre as atividades relacionadas com a crise. Se a crise for totalmente surpreendente para os gestores, eles não terão como recorrer a uma experiência que não possuem. Em termos de crise, agir no "tempo certo" é em geral mais importante do que a obtenção de todas as informações ideais para a construção do diagnóstico. Por isso o conhecimento técnico acumulado previamente tem tanto peso na qualidade da resposta a uma crise. O conhecimento técnico prévio ajuda a preparação da atitude frente a crise na medida em que ajuda a identificar qual a "atenção certa" a ser dada. Paralelamente, a atitude frente à crise não se limita apenas à precisão técnica da resposta, mas requer que a "atenção certa" seja provida "no tempo certo". Isso contribui para que a atividade de gerenciamento de crise torne-se muito complexa, mas alcançável para os que se preparam para ela. Como preparação da atitude frente à crise apresentaremos nesse capítulo alguns conceitos básicos facilitadores da tarefa de organização e preparação das ações de resposta.

5.1 Avaliação Imediata do Cenário - "Entender O Que Está Acontecendo"

É a avaliação do cenário realizada nos primeiros instantes de percepção do evento. A mente humana sempre avalia o que está acontecendo diante de si ainda que essa avaliação seja precária. Em outras palavras, para a mente humana não existe "página em branco", nós tentamos sempre atribuir um sentido aos fatos que percebemos. A partir da percepção das primeiras evidências objetivas (fatos) somam-se as primeiras validações subjetivas (conclusões e interpretações) o que leva a uma avaliação imediata sobre o que está acontecendo. A qualidade desta avaliação dependerá da preparação prévia, ou seja, do conhecimento e experiência anterior do gestor. A avaliação imediata permite o início da formação da consciência situacional e o início da formação do diagnóstico do evento em andamento. A avaliação imediata do cenário pode ser resumida como a resposta imediata à pergunta

> *O que está acontecendo?*

5.2 Avaliação Imediata da Aplicabilidade dos Planos e Procedimentos

Em sequência à avaliação imediata do cenário inicia-se um processo de busca de planos e procedimentos de resposta aplicáveis ao cenário. Essa busca é realizada prioritariamente no conjunto de conhecimentos que já possuímos. O gestor verifica se dispõe de alguma resposta, previamente preparada e aplicável ao evento em curso. As etapas de avaliação do cenário e de busca de planos podem acontecer de forma muito rápida dependendo das características do evento que está em andamento. O principal resultado da avaliação imediata da aplicabilidade dos planos e procedimentos é responder "sim" ou "não" a uma pergunta objetiva:

> *Diante do cenário avaliado, sabemos o que fazer?*

Se a resposta for "não", então precisamos continuar tentando estabelecer um plano ou procedimento aplicável ao cenário em andamento, mesmo que só seja possível elaborar um plano precário. Essa limitação agrava ainda mais uma crise. Caso a resposta para a pergunta seja "sim" então o gestor deve partir para a avaliação dos recursos necessários para pôr em prática o plano ou procedimento aplicável. Neste caso o gestor reduziu a crise para um problema. Resumindo: se sabemos exatamente o que deve ser feito diante do cenário, então estamos diante de um problema. Se não sabemos exatamente o que devemos fazer, então estamos diante de uma crise.

5.3 Avaliação Imediata da Disponibilidade de Recursos

Além da avaliação imediata do cenário e da avaliação da aplicabilidade dos planos e procedimentos disponíveis, também é necessário avaliar a

disponibilidade de recursos para que tais planos e procedimentos possam ser aplicados. Neste caso a pergunta a ser feita é:

> **Diante do plano ou procedimento aplicável, temos todos os recursos necessários para colocá-lo em prática?**

Se a resposta for "não" então o plano ou procedimento precisa ser revisto para compatibilizá-lo com os recursos disponíveis. Caso a resposta seja "sim", então precisamos avaliar imediatamente a velocidade de escalonamento do evento em andamento. Afinal, mesmo com um bom plano e todos os recursos, o escalonamento do evento pode nos surpreender com uma súbita e extrema limitação de tempo.

5.4 Avaliação Imediata da Velocidade de Escalonamento

Após a avaliação imediata do cenário, dos planos, dos procedimentos aplicáveis e da disponibilidade de recursos, é necessária uma avaliação imediata da velocidade de escalonamento do evento. Embora essas avaliações possam parecer complexas exigindo tempo e dados mais precisos, em eventos de crise elas precisam ser realizadas de forma imediata pelo gestor. A consciência situacional que está em formação precisa considerar com relativa precisão a velocidade de escalonamento do evento. Essa é mais uma etapa complexa do processo de gerenciamento de crise. Certamente faltarão informações e tempo para que essa a avaliação da velocidade de escalonamento possa alcançar a precisão e o rigor matemático que gostaríamos.

Mais uma vez o conhecimento técnico e a bagagem de experiência do gestor serão os componentes mais importantes para que a avaliação imediata da velocidade de escalonamento do evento não se distancie demais da realidade. O gestor precisa, no curto período de tempo disponível (pode ser de décimos de segundos em alguns casos), observar a severidade com que as relações de causa e efeito estão se processando no cenário da crise. Evidentemente, dadas as limitações de tempo e informações, o gestor precisa ter desenvolvida a habilidade de rapidamente identificar pelo menos algumas das sequencias de causa e efeito mais importantes que caracterizam o evento em curso. Assim o gestor terá as condições mínimas que precisa para arriscar a assumir uma percepção da velocidade em que o escalonamento da crise provavelmente irá ocorrer. Essa percepção é um dos elementos fundamentais da consciência situacional que está se formando. Lembramos que a consciência situacional, mais até do que o próprio diagnóstico que ela propicia, é quem conduz o gestor durante o gerenciamento de uma crise. A avaliação imediata da velocidade de escalonamento do evento pode ser guiada pela pergunta:

> **Há tempo para executar os planos, procedimentos e utilizar os recursos previstos?**

5.5 Avaliação Imediata da Disponibilidade de Tempo para Agir

Avaliar a velocidade de escalonamento do evento não é exatamente o mesmo que avaliar a disponibilidade de tempo para agir. Embora a velocidade de escalonamento do evento influencie na disponibilidade de tempo para agir, o modo de avaliar o escalonamento do cenário é diferente do modo de avaliar o tempo disponível para agir. Com a avaliação imediata da velocidade do escalonamento do evento a formação da consciência situacional torna-se mais completa e o gestor passa a ter condições de realizar uma avaliação imediata da disponibilidade de tempo para agir. É muito importante agregar à consciência situacional uma ideia sobre o tempo disponível até que o escalonamento do evento alcance um cenário de degradação limite, intolerável. A partir deste limite o gestor não terá mais como influenciar no andamento da crise e não poderá mais agir com efetividade. A partir da avaliação imediata de escalonamento do evento, o gestor precisa supor como a sequência de eventos irá progredir e agravar a severidade do cenário. O gestor precisa tentar identificar quanto tempo ainda existe até que esta evolução da severidade chegue ao ponto de impedir que o gestor possa atuar com sobre o cenário de maneira efetiva.

A avaliação imediata da disponibilidade de tempo para agir pode indicar que exista uma folga extra de tempo para o gestor da crise. Esta informação permitirá que o gestor realize uma possível revisão das avaliações anteriores. Se isso acontecer a consciência situacional poderá ser refinada por avaliações mais detalhadas e precisas, o que aumentará muito as chances de uma atitude eficaz frente a crise. A pergunta guia para a avaliação imediata da disponibilidade de tempo para agir é:

> *Quando concluir o plano escolhido como resposta, ainda vai haver tempo para novas ações?*

5.6 Atitude Frente a Crise – "Atenção Certa no Tempo Certo"

Finalmente chegamos a parte mais importante do gerenciamento de crise:

> *Começar a agir!*

Mas a eficiência dessa ação depende de todas as avaliações imediatas que a antecederam. A começar pela avaliação do cenário e o entendimento sobre o que está acontecendo. Depois a avaliação da aplicabilidade dos planos e procedimentos que conseguimos identificar em nossa bagagem técnica e operacional para responder a crise. Em seguida a avaliação da disponibilidade dos recursos que permite identificar se é de fato possível a aplicação dos planos e procedimentos que temos em mente. E já quase iniciando a ação, é preciso avaliar com que velocidade o evento está escalonando e avaliar também se

ainda há tempo para aprimorar as avaliações imediatas preparando melhor a ação e aumentando as chances de sucesso frente a crise.

5.7 Avaliação Imediata da Eficiência da Atitude

Apesar de todas as avaliações prévias e de ter começado a agir, isso não significa que a atitude do gestor tenha sido eficiente frente ao cenário em andamento. O gerenciamento da crise deve prosseguir. Na medida em as ações forem colocadas em prática uma avaliação imediata da eficiência dessas ações precisa ser realizada. Como a escassez de informações e de tempo está presente na maioria das crises, as atitudes normalmente precisam ser tomadas mesmo quando há poucas garantias quanto ao sucesso dos seus resultados. Por isso no gerenciamento de crise o gestor deve agir avaliando continuamente a eficiência da ação. Se necessário, a ação precisará ser reconfigurada durante sua execução. A pergunta guia para a avaliação imediata da eficiência da atitude é:

> **A ação está provocando o efeito esperado?**

5.8 Ajuste Estratégico da Atitude

Apesar de toda bagagem, treinamento e trabalho que pode anteceder a ação frente a uma crise, o gestor deve estar preparado para rever todas as avaliações e a própria ação de resposta caso o efeito esperado não seja alcançado. As crises não concedem o privilégio de defesa de nossos conceitos e planos bem-sucedidos no passado, mas nos impõe a orientação de todos os nossos recursos para o esforço de resposta ao cenário atual, que é real e imediato. Isso nos obriga a perseguir a melhor ação de resposta em detrimento das demais prioridades que possam orbitar em torno do cenário de crise. Isso significa prover a "atenção certa no tempo certo" para a superação da crise. Se a atitude adotada não funciona, não importa muito o que a justifica. É preciso mudar a atitude até que consigamos prover a resposta adequada à crise. A pergunta guia para o ajuste estratégico da atitude é:

> **O que devo ajustar ou corrigir?**

5.9 Avaliação Imediata da Eficiência do Controle da Crise

Mesmo que a atitude adotada tenha apresentado os efeitos desejados, é necessário perguntar:

A crise está totalmente controlada?

Os efeitos decorrentes das ações tomadas em resposta a crise podem ser os esperados mas a crise e a extensão de suas consequências podem não ter sido totalmente controladas. Ameaças podem permanecer ocultas e prontas para aflorar novamente. Nestes casos um aparente sucesso pode ocultar o fato da situação não estar totalmente controlada. A falta de controle da crise é caracterizada pela continuidade do escalonamento do evento, ainda que em menor proporção. Se um cenário de crise é aparentemente controlado em um patamar menos crítico, ainda assim este cenário pode continuar escalonando tornando-se cada vez mais severo. Neste caso a crise não está totalmente controlada, pois embora a criticidade do cenário tenha sido abrandada, ainda há potencial para agravamento do cenário. Se conseguirmos manter um cenário (mesmo que crítico) estável em um determinado patamar sem agravamentos, então temos algum controle sobre o evento em andamento. Mas isso não é uma garantia de que a crise tenha sido totalmente controlada. Neste caso o cenário pode ter se tornado uma ameaça latente, que pode ou não voltar a escalonar conforme a habilidade do gestor da crise.

5.10 Reavaliação sobre "O Que Está Acontecendo"

Depois das múltiplas avaliações imediatas, depois das atitudes, ajustes e ações de resposta ao cenário de crise, é possível que as intervenções dos gestores tenham produzido tantos efeitos que o cenário inicial tenha sido completamente descaracterizado, sendo transformado em outro, que requeira outro tipo tratamento. Se permanecermos com a mesma consciência situacional fundamentada no cenário original, poderemos ter dificuldades para responder ao escalonamento do cenário presente que é a crise que de fato precisa ser enfrentada neste ponto do gerenciamento de crise. Algumas vezes o gestor se envolve tanto no gerenciamento de um cenário de crise que depois de muitas intervenções o cenário original se transforma em outro sem que o gestor perceba. Por isso após as ações de resposta é necessária uma nova avaliação imediata do cenário, reiniciando todo o processo de preparação da atitude frente a crise. Essa repetição deve acontecer tantas vezes quanto necessário for até que finalmente, a avaliação imediata do cenário permita formar uma consciência situacional na qual não exista mais crise e sim o diagnóstico de um problema a ser resolvido. A pergunta guia para a reavaliação sobre "o que está acontecendo" é:

O cenário atual é tão diferente do anterior *que é preciso refazer o gerenciamento da crise?*

O Fluxo 4 – Preparação da Atitude Frente à Crise mostra a sequência de frases guia que facilita o trabalho de gerenciamento da crise. Através das frases guia o gestor pode melhorar sua consciência situacional como uma preparação da

atitude a ser tomada. Alguns gestores podem ser influenciados a tentar obter uma resposta mais rápida para cada frase guia, quando o mais importante é pensar sobre a pergunta e responde-la da forma mais realista possível. Assim, a consciência situacional será melhorada. Se as respostas às perguntas guia indicarem menor ou maior agravamento da crise, isso importará menos do que tê-las. Independentemente se a resposta a cada frase guia indicar maior ou menor agravamento da crise, o que é mais importante é que cada resposta retrate a realidade e seja incorporada à consciência situacional dos gestores da crise. Para utilização do fluxo 4, os gestores devem responder cada pergunta da forma mais realista possível e só então passar para a próxima pergunta.

O segundo retângulo de cima para baixo contém uma pergunta guia que reforça a verificação se o cenário é de crise ou de um problema. Caso a resposta à essa pergunta seja "sim", então temos um problema (sabemos exatamente o que devemos fazer e partimos para o levantamento dos recursos e o trabalho de solução). Se a resposta for "não", então o gestor estará confirmando o cenário de crise e deverá seguir toda a sequência de perguntas para melhorar a consciência situacional e a preparação da atitude de resposta.

Fluxo 4 - Preparação da Atitude Frente à Crise

O que está acontecendo ?

Diante do cenário avaliado sabemos o que fazer ? → SEI ? S

N

Resolver PROBLEMA

Diante do plano ou procedimento aplicável, temos todos os recursos necessários para colocá-lo em prática ?

Há tempo para executar os planos, procedimentos e utilizar os recursos previstos ?

Quando concluir o plano escolhido como resposta, ainda vai haver tempo para novas ações ?

Começar a agir !

A ação está provocando o efeito esperado ?

Se está consciênte de todas as questões, então vá para o Fluxo 5

O que devo ajustar ou corrigir ?

A crise está totalmente controlada ?

O cenário atual é tão diferente do anterior que é preciso refazer o gerenciamento da crise ?

5.11 Lições Aprendidas – Escassez e Disponibilidade de Tempo

VOO DE SÃO PAULO PARA O RIO DE JANEIRO

Em 31 de outubro de 1996 o voo 402 com 89 passageiros e 6 tripulantes decolou de São Paulo com destino ao Rio de Janeiro em um então moderno jato Fokker 100. O comandante e o copiloto eram muito experientes e estavam familiarizados com a aeronave. Eles também estavam cientes sobre um problema relatado anteriormente sobre o avião e que já havia sido normalizado: O mecanismo de aceleração automática dos manetes dos motores, chamado de autothrottle (automatic throttle), tinha passado por uma falha intermitente de operação. Esta condição de falha não representava um risco para a aeronave. A função do autothrottle é prover a aceleração automática dos motores. Esta aceleração é calculada pelo computador da aeronave com base nos parâmetros e dados de voo. Mas a aceleração poderia comandada manualmente sem maiores consequências.

Durante a aceleração para decolagem um alarme anunciou que o primeiro canal do autothrottle estava fora de operação. Isso significava, na prática, que a aceleração deveria ser operada manualmente. O comandante, em diálogo com o piloto, reforçou que este não era um item que justificasse a abortagem da decolagem. O fato (**evidência objetiva**) da anunciação do alarme configurava-se como um **problema** a ser resolvido pelos tripulantes e não ainda uma **crise**. A informação prévia sobre o **problema** com o automatismo do autothrottle e a anunciação do alarme durante a decolagem passaram a exercer grande influência sobre a **consciência situacional** dos pilotos fazendo com que eles concentrassem quase toda a atenção neste problema específico motivados por **expectativas futuras** de novas falhas associadas ao atutothrottle.

O PROBLEMA SE TRANSFORMA EM UMA CRISE

A velocidade do avião continuava aumentando durante a decolagem quando o segundo canal do autothrottle também saiu de operação e o alarme associado foi anunciado na cabine. A decolagem estava em progresso no momento em que o trem de pouso localizado no nariz da aeronave saiu do solo e, com apenas 1 segundo de voo, o reverso da turbina direita abriu indevidamente atuando contra o voo sem que os pilotos formassem a **consciência situacional** deste fato (**evidência objetiva**). O reverso da turbina é o freio aerodinâmico da aeronave utilizado na aterrisagem para reduzir bruscamente a velocidade do avião. O sistema de reverso permite que a aeronave pouse em pistas menos extensas. O reverso da turbina funciona abrindo dois elementos aerodinâmicos em formato de concha que fazem com que a potência das turbinas seja revertida para desacelerar a aeronave, justamente o contrário do que se espera durante

uma decolagem. Por isso, a abertura do reverso era uma ação incompatível com a operação de decolagem. O fato do reverso ter sido aberto durante a decolagem era uma **evidência objetiva** de que um cenário de **crise** estava estabelecendo. O Fokker 100 foi originalmente projetado de modo que as análises de riscos estabelecessem que a abertura indevida do reverso durante a decolagem seria praticamente impossível. Mas algumas modificações recentes na alimentação elétrica do reverso reduziram a confiabilidade do sistema e por isso a falha de abertura indevida estava acontecendo no momento em que a aeronave mais demandava potência de suas turbinas para decolar.

A tripulação estava no controle da aeronave e durante o momento crítico da decolagem quando uma **crise** se estabeleceu. O cenário precisava de uma ação imediata e para isso os pilotos iniciaram a **preparação da atitude a ser adotada frente à crise**. Mas eles tinham muito pouco tempo para isso. A **avaliação imediata de cenário** que a tripulação fez era de que o problema com o autothrottle é que estaria dificultando a decolagem. Um dos fatores que aumentou a confusão dos pilotos é que a abertura do reverso posicionou, automaticamente, o manete da turbina afetada para trás reduzindo a potência. Esta posição foi mantida travada por 3 segundos e depois foi liberada. Influenciados pela ideia de falha do autothrottle, os pilotos não suspeitaram da improvável falha de abertura indevida do reverso e reaceleraram o motor direito através da movimentação do manete para frente. Eles aumentaram a potência da turbina com a intensão de facilitar a subida. Entretanto esta ação na realidade desacelerou ainda mais a aeronave pois o reverso atuou indevidamente realizando vários ciclos parciais de abertura até que aos 16 segundos de voo o reverso permaneceu definitivamente aberto. Nesta posição o reverso da turbina atuava como freio aerodinâmico, reduzindo a velocidade da aeronave justamente quando era necessário elevá-la, no momento da decolagem.

POUQUÍSSIMO TEMPO DISPONÍVEL

A **consciência situacional** dos pilotos estava afastada do cenário real. Por isso eles não conseguiram ter a correta **atitude frente à crise.** Os registros da caixa preta mostraram que eles estavam dialogando e tentavam retirar o autothrottle do modo automático por suporem ser essa a razão do travamento do manete. Mas o manete de aceleração tinha travado durante apenas 3 segundos e isso ocorreu por outro motivo: a abertura do reverso da turbina. Eles estavam com os manetes liberados para atuação manual, mas não os tiraram da posição de aceleração dos motores por entenderem que isso favoreceria manter o avião em voo. Porém a turbina direita, com o reverso indevidamente aberto, estava na verdade gerando resistência ao progresso da decolagem. Eles não conseguiram realizar uma **avaliação imediata da eficiência da atitude** que adotaram frente a crise. Para agravar ainda mais o cenário, o cabo que interligava os manetes com o mecanismo do reverso (feedback cable) se rompeu dada a força extrema que aplicavam e as conchas que atuavam como dispositivos aerodinâmicos assumiram uma abertura incomum, ainda maior, provocando uma desaceleração muito mais brusca. Nem mesmo o trem de pouso chegou a ser recolhido após a decolagem. Os pilotos estavam pressionados pelo tempo, tentando **gerenciar uma crise** extrema, sem a formação da **consciência situacional** sobre o real cenário da emergência. Isso os levava a um

diagnóstico imediato errado sobre a emergência. A decolagem e tentativa de voo do Fokker 100 durou apenas 24 segundos até o fim catastrófico e a perda da aeronave e da vida de 99 pessoas entre passageiros, tripulação e vítimas no solo. A tripulação teve poucos recursos para realizar uma adequada **avaliação imediata do tempo disponível para agir**. O comandante e o piloto travaram uma luta pela sobrevivência sem saber "o que estava acontecendo" com a aeronave. Toda emergência e o voo duraram menos de meio minuto, e o choque catastrófico ocorreu sem que a tripulação formasse a adequada **consciência situacional** da emergência.

A INFLUÊNCIA DE FATORES HUMANOS E MATERIAIS

Em grande parte das investigações de acidentes aéreos a causa raiz está associada a fatores humanos, mas neste acidente o principal componente estava associado a fatores materiais relativos a falhas em componentes da aeronave. Tecnicamente a tripulação não tentou resolver a pane, porque nem mesmo a identificou com a precisão requerida para isso. Apesar da extrema limitação de tempo, se houvesse treinamento prévio para reação à emergência ocasionada pelo cenário de abertura de reverso durante a decolagem, os pilotos poderiam ter reduzido a potência ou até mesmo desligado a turbina direita afetada pelo reverso e todos teriam sobrevivido.

Uma das orientações operacionais que fazia parte do treinamento dos pilotos era de que eles não deveriam fazer nada senão apenas insistir na operação de decolagem até que o Fokker 100 atingisse 400 pés de altitude. Teoricamente, se eles tivessem formado a **consciência situacional** adequada e interferido antes da altitude de 400 pés, o manete da turbina afetada poderia ter sido alterado e mantido na posição sem aceleração ampliando as chances de sobrevivência. Mas eles formaram a **consciência situacional** errada influenciados pela informação sobre um outro defeito, que já havia gerado alarmes na própria decolagem. Os pilotos fizeram a **avaliação imediata da aplicabilidade dos planos e procedimentos,** fizeram a **avaliação imediata da disponibilidade de recursos,** fizeram também a **avaliação imediata da velocidade de escalonamento** da emergência e assumiram uma **atitude frente a crise.** Infelizmente a tripulação mal teve tempo para fazer uma **avaliação imediata da eficiência da atitude** adotada, muito menos para realizar o **ajuste estratégico desta atitude** nem a **avaliação imediata da eficiência do controle da crise**. Nestas condições degradadas tornou-se totalmente impossível fazer a **reavaliação sobre o que estava acontecendo** e descobrir que estavam com a **consciência situacional** errada sobre a emergência. Neste caso o fator tempo foi decisivo impedindo que essa sequência de gerenciamento de crise pudesse ser aplicada.

SITUAÇÃO OPOSTA: VOO DE NOVA YORK PARA GENEBRA

Em 2 de setembro de 1988 um MD 11 de última geração decolou com 229 pessoas de Nova York para Genebra para realizar o voo 111. O MD 11 pertencia

a uma conceituada companhia aérea suíça e era um dos mais confiáveis jatos de passageiros. Os pilotos no comando do MD11 estavam entre os mais experientes e mais bem treinados do mundo. Ao contrário do que aconteceu no voo 402 de São Paulo para o Rio de Janeiro a tripulação do voo 111 para Genebra enfrentou uma emergência mas teve muito tempo para **diagnosticar** e **preparar a atitude frente à crise**. Uma sequência de **evidências objetivas** surgira logo no início do voo indicando um cenário de **crise**. Entretanto os pilotos não conseguiram fazer uma boa **preparação da atitude frente a crise** e subestimaram o cenário em andamento fazendo um **diagnóstico** incompleto que contribuiu para a formação de uma **consciência situacional** inadequada.

A comunicação entre torre de controle e os pilotos não foi muito eficiente e desde os primeiros momentos do voo percebeu-se o distanciamento entre a **consciência situacional** dos controladores de voo e a **consciência situacional** dos pilotos. A tripulação não realizou contato com a torre de controle durante longos minutos no início do voo e isso demonstrou o pouco compartilhamento de informações entre pilotos e torre.

O MD 11 era um dos primeiros aviões comerciais dotados de um sofisticado sistema de entretenimento de voo com telas individuais para cada passageiro. O sistema de entretenimento exigia uma grande quantidade de cabos de transmissão de dados e de energia. Estes cabos geravam superaquecimento em alguns pontos, especialmente sobre a forração do teto da aeronave. Ainda no início do voo os pilotos sentiram um cheiro de fumaça no cockpit de comando da aeronave e atribuiu esse cheiro a problemas relacionados com o sistema de ar condicionado. Cheiro de fumaça de pouca intensidade pode eventualmente ser percebido durante os voos devido a alguma admissão de gases de escape da turbina pelas tomadas de ar do sistema de ar condicionado. Baseados em sua **experiência anterior** o comandante desprezou a importância do cheiro de fumaça e tratou esta evidência objetiva como parte de um **problema** e não de uma **crise**. Os pilotos faziam uma **avaliação imediata do cenário** incorreta e a consciência situacional incorreta se reforçou quando, em seguida, o cheiro de fumaça desapareceu sem maiores explicações.

Quarenta e cinco preciosos minutos se passaram e então o cheiro de fumaça voltou a incomodar. Porém desta vez o cheiro voltou com um pouco mais de intensidade. Isso conduziu os pilotos a uma nova **avaliação imediata do cenário.** Os passageiros também perceberam o fato (**evidência objetiva**). O cheiro de fumaça não estava presente somente no cockpit de comando, mas em toda a aeronave. Os procedimentos operacionais indicavam que o piloto deveria aterrissar sempre que houvesse a confirmação de cheiro de fumaça no interior da aeronave. Baseados na **avaliação imediata da aplicabilidade dos planos e procedimentos** o comandante decidiu entrar em contato com a torre e declarar PAN PAN PAN, que é uma notificação emitida da aeronave para a torre de controle como um passo antes de uma declaração explícita de **emergência**. Apesar de quase sempre um PAN PAN PAN ser tratado como se fosse uma **emergência** pelo controle em Terra, oficialmente esta notificação significava que existiam apenas indicativos, mas não uma real **emergência** que justificasse a declaração de oficial. A declaração oficial de **emergência** desencadearia uma série de ações, inclusive a de priorização do pouso do avião antes das demais

aeronaves na área. A declaração de **emergência** significava que a tripulação estava certa de que estavam em um cenário de risco real e imediato e que este cenário representava uma ameaça direta à segurança do avião e de seus passageiros.

A tripulação não formou a **consciência situacional** sobre a extensão da fumaça nem sobre a sua origem. Eles continuaram minimizando a gravidade do cenário evitando declarar oficialmente a **emergência**. O aviso de PAN PAN PAN indicou a necessidade de pouso, mas a **consciência situacional** dos operadores da torre de controle os orientou a diagnosticar a situação do voo 111 como uma condição que exigia uma ação apenas preventiva. A torre então orientou a tripulação a fazer a aproximação de pouso em regime de prioridade. Uma das principais razões apuradas pelos investigadores para que os operadores da torre formassem esse tipo de **consciência situacional** era a má qualidade da comunicação entre torre e aeronave.

FALHA DE PREPARAÇÃO DA ATITUDE FRENTE À CRISE

Cinco minutos após o comandante ter anunciado PAN PAN PAN, a torre de controle recomendou que a aeronave reduzisse a sua altitude para poder cumprir o plano de aproximação em segurança. O comandante, ainda com uma **consciência situacional** inadequada, preferiu manter a atitude para facilitar o trabalho dos comissários que estavam realizando o serviço de bordo. Os registros de comunicação mostraram que a torre demonstrou preocupação com a situação, porém, mais uma vez a tripulação do MD 11 sinalizou que estava tranquila e confortável para **tomar essa decisão**. Seis minutos após da notificação de PAN PAN PAN o comandante comunicou aos passageiros que o voo seria desviado por razões técnicas e ninguém ainda parecia perceber a gravidade do cenário em que a aeronave esse encontrava. O jato MD 11 com 229 pessoas a bordo parecia estar voando um pouco acima da altitude correta e um pouco distante em relação ao pouso que precisava ser realizado. A tripulação realizou a **avaliação imediata da aplicabilidade dos planos e procedimentos** optando por cumprir na íntegra o procedimento de liberação de combustível (requerido em pousos desse tipo como forma de reduzir os riscos de incêndio e explosão). Se a tripulação tivesse formado a **consciência situacional** da gravidade da emergência em que se encontram não teria cumprido integralmente esse procedimento. Dada a gravidade da emergência eles deveriam ter procurado ganhar tempo tentando pousar a aeronave imediatamente. Mas baseados em um **diagnóstico** mal feito eles insistiram em cumprir cada etapa dos procedimentos e isso consumiu precioso tempo com a manobra de afastamento do avião do aeroporto para uma área onde a operação de descarte de combustível pudesse ser realizada.

Nove minutos após a notificação de PAN PAN PAN ainda não havia uma quantidade significativa de fumaça na cabine de passageiros, mas no interior do cockpit sua intensidade aumentou. Então a **consciência situacional** que permitiu aos pilotos diagnosticarem um cenário mais tranquilo transformou-se completamente quando uma série de fatos (**evidências objetivas**) não deixam mais dúvidas sobre a real condição do MD 11. Um alarme foi anunciado e indicou que o piloto automático havia sido desconectado. Os parâmetros

começam a se degradar caracterizando uma severa **crise**. Na realidade havia um incêndio em andamento nos espaços acima da forração do avião e este incêndio atingiu um importante conjunto de cabos de transmissão de dados para os sistemas de automação. O fogo evoluiu e atingiu outros cabos e rapidamente todos os sistemas da aeronave iniciaram um rápido processo de degradação. Ocorreram sucessivas perdas de **disponibilidade de recursos** e uma verdadeira tempestade de alarmes. Agora a tripulação tinha a **consciência situacional** de que o cenário era muito mais grave do que eles estavam pensando.

A intensidade da fumaça exigiu que eles precisassem usar as máscaras de respiração autônoma e começassem a se comunicar entre si e com a torre de forma mais confusa, falando ambos ao mesmo tempo. Há quilômetros de distância e com uma **consciência situacional** influenciada pela tranquilidade dos pilotos mesmo após a notificação de PAN PAN PAN, a torre acaba não percebendo a tardia declaração de **EMERGÊNCIA** e a necessidade urgente de pousar a aeronave. A declaração oficial da **emergência** aconteceu em meio a gritos dos pilotos enquanto usavam, desesperadamente, os extintores de incêndio para tentar controlar as chamas. A essa altura o fogo já atingia a região dos assentos do cockpit. Trinta segundos depois de declarar a **EMERGÊNCIA** o **cenário de crise** no voo 111 tornou-se extremo e todas as telas de instrumentos foram perdidas. Nessa condição a tripulação passou a ter muitas dificuldades para manter o avião em voo.

Indiferente a esse cenário o controlador da torre do aeroporto continuava ainda com a **consciência situacional** baseada na tranquilidade anterior da tripulação. Os controladores reassumem os canais de comunicação com o voo 111 e envia uma mensagem de "autorização para liberar o combustível" em um momento em que essa operação já nem sequer fazia mais parte dos **planos** da tripulação diante da **indisponibilidade de recursos**, **grande velocidade de escalonamento** do evento e **indisponibilidade de tempo para agir**. Este cenário extremamente crítico se estabeleceu e se escalonou diante de uma tripulação que teve tempo de sobra para fazer uma melhor **preparação da atitude frente à crise**. Infelizmente eles não conseguiram dar a **atenção certa no tempo certo** para conseguir reduzir as consequências da emergência. A tripulação nem mesmo conseguiu acompanhar as orientações finais da torre envolvidos numa tentativa desesperada de realizar uma operação de combate a incêndio dentro do próprio cockpit de comando. O **escalonamento** do evento foi catastrófico e a aeronave perdeu definitivamente a comunicação com a torre. A tripulação ainda lutou mais 6 minutos até que finalmente o MD 11 caiu explodindo ao chocar-se com o mar sem deixar sobreviventes. A causa raiz do acidente foi um incêndio no novo sistema de entretenimento. As chamas atingiram cabos e outros materiais inadequados que propagaram chamas acima do forro da aeronave. Apesar da falha de projeto, a tripulação teria tido tempo suficiente de salvar todos a bordo se reagisse adequadamente frente aos fatos (**evidências objetivas**) que indicavam a possibilidade de um grave cenário de crise estar se estabelecendo.

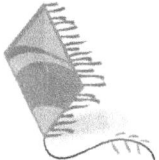

Crianças na idade pré-escolar foram submetidas a um teste de habilidades e a maioria apresentou uma particularidade comportamental diante da crise a que foram submetidas durante o teste. Um adulto apresentou 5 caixas de sapatos idênticas para cada uma das crianças testadas. Ele abre todas as caixas e coloca um pequeno urso de pelúcia em uma das cinco caixas. Depois de fechar todas as caixas ele muda a posição das caixas bem lentamente para que a criança não tenha dificuldades em acompanhar a posição da caixa que está com o ursinho de pelúcia. Então o adulto para de movimentar as caixas e pergunta para a criança em teste onde está o ursinho de pelúcia. O adulto repete a brincadeira por 3 vezes e em todas as vezes cada criança indica a caixa correta sem dificuldades. Na quarta repetição da brincadeira o adulto movimenta as caixas e interrompe o curso normal dizendo para a criança que está sendo testada que ela precisará ficar sozinha. Ele informa ainda que a criança deve aguardar porque ele, o adulto, vai precisará ir até uma outra sala para buscar uma caneta. Mas o adulto deixa bem claro que iria voltar rapidamente para fazer a mesma pergunta que já havia sido feita nas 3 vezes anteriores.

De uma janela espelhada várias crianças submetidas ao mesmo teste foram observadas e tiveram o mesmo comportamento. A maioria das crianças testadas, alguns segundos depois da saída do adulto, tocava seus dedos na caixa correta (que continha o ursinho) sem, contudo, abri-la. Passados mais alguns segundos as crianças voltavam a tocar a caixa correta e em intervalos quase regulares mantinham a rotina de tocar a caixa correta sem abri-la. Finalmente, quando o adulto retornava à sala e perguntava qual a caixa que continha o ursinho, a maioria das crianças testadas que conseguia indicar a caixa correta havia seguido a mesma rotina de tocar a caixa a cada pequeno intervalo de tempo, durante intervalos quase que perfeitamente regulares. As crianças tocavam as caixas porque esta era uma forma de manter em suas memórias a informação da caixa correta que continha o ursinho. Elas conseguiam com essa atitude manter a informação mesmo durante o intervalo forçado entre a movimentação das caixas e a pergunta.

O teste era na verdade para verificar o comportamento das crianças numa situação de crise. O intervalo de tempo em que o adulto se ausentou da sala representou uma crise a ser superada. Eles não sabiam exatamente o que iria acontecer e como lidar com aquela situação inesperada, mas as crianças aprenderam qual era a informação importante que precisariam preservar em meio à crise para alcançar o sucesso ao final da brincadeira. Para superar uma crise, nós deveríamos agir como as crianças: identificar as informações importantes para o processo e humildemente desenvolver métodos para preservá-las. Não existem, pelo menos no mundo adulto, super-heróis capazes de resolver as crises com superpoderes. Existe técnica. As crianças que conseguiram superar a pequena "crise" sabiam disso.

6 Comportamento e Resposta Frente à Crise

Mesmo nas situações mais rotineiras o comportamento humano pode ser considerado imprevisível e complexo. Sob a influência de um cenário de crise, as características de imprevisibilidade e de complexidade das reações humanas podem levar uma emergência a produzir consequências catastróficas. O mais bem treinado operador ou gestor também está sujeito a reações físicas e psicológicas intensas quando imerso em um cenário de emergência real. Não há como transformar pessoas em máquinas capazes de reagir sempre de forma totalmente perfeitamente enquadrada em um modelo ou procedimento. Como já dissemos, as máquinas são mais eficientes que o homem para realizar com maior velocidade e precisão tarefas que são repetitivas e tarefas em grande quantidade. Mas para tomar decisões frente a uma emergência, nada substitui a capacidade da criativa mente humana, apesar de suas limitações e imprevisibilidades. O próprio cenário de crise sempre inclui algum elemento de imprevisibilidade, alguma surpresa. As máquinas, computadores e procedimentos são projetados para aquilo que possa ser de alguma forma previsto. Em cenários inesperados (e as crises sempre os inclui) a mente humana tem competências superiores para lidar com as surpresas e aspectos subjetivos que os sistemas de automação não tenham condições de reconhecer e/ou processar.

6.1 Limitações Humanas sob o Estresse da Emergência

O comportamento humano sob o estresse de uma situação de emergência é muito pouco confiável. O gestor ou o operador pode sentir medo do fracasso, medo de não corresponder às responsabilidades relativas ao cenário, medo de não sobreviver, medo da catástrofe pessoal e organizacional. As decisões sob crise podem se tornar precipitadas ou nem sequer acontecerem devido a hesitação e a escassez de tempo. Nas emergências há sobrecarga de tarefas e excessiva complexidade de relações de causa e efeito a serem percebidas e avaliadas. O estresse é intensificado por questões físicas e biológicas como calor, frio, alarmes, ruídos, interferências externas e discussões ansiosas que podem perturbar o ambiente de trabalho dos que estão tentando superar a crise.

As emergências tanto podem ocorrer nos primeiros minutos de uma jornada como ao final de longos turnos de trabalho. Podem iniciar e terminar em milissegundos ou após longas e cansativas horas, semanas e até anos de atividades físicas e cognitivas de seus gestores. Podemos tentar classificar o comportamento humano diante de uma situação de estresse considerando os aspectos relacionados com o projeto do ambiente onde os gestores trabalham, os procedimentos formais estabelecidos como referência para o trabalho, o treinamento recebido para as atividades, a estrutura organizacional e o modelo de gestão em que as pessoas se inserem e a influência dos valores estabelecidos na cultura predominante.

Apesar destas tentativas o comportamento humano não pode ser completamente modelado e previsto como os engenheiros fazem em relação aos robôs e às máquinas. Pessoas sempre podem surpreender as previsões mais criativas e quando estressadas podem se comportar de maneira oposta à que se comportariam em uma situação de normalidade.

O que podemos fazer para melhorar o comportamento frente à crise é estudar algumas tendências de reações indesejáveis e tentar reduzir e controlar suas consequências. Entendendo melhor nosso próprio comportamento, ampliamos as chances de controlá-lo numa situação de gerenciamento de crise.

Mas não é apenas a questão comportamental que importa para a adoção da atitude adequada frente à crise. O conhecimento técnico sobre os elementos que fazem parte do cenário de crise é ainda mais importante para que o gestor consiga superá-la. O líder responsável pelo gerenciamento da crise pode ter toda a habilidade comportamental para suportar as condições psicológicas e influenciar o grupo mas se não tiver o conhecimento técnico para encontrar a saída para a superação do cenário em andamento, então terá dificuldades em se manter como líder.

> *A autoridade oficial resiste apenas aos*
> *momentos iniciais da crise. A autoridade técnica é que sempre*
> *prevalece em uma crise. As pessoas reconhecem como líderes apenas*
> *aqueles que as convençam que sabem como alcançar o objetivo que*
> *almejam. O verdadeiro líder é aquele que consegue levar os liderados*
> *para o objetivo que eles querem alcançar.*

6.2 Fuga Defensiva (Fugir do Problema)

A fuga defensiva é um comportamento do operador ou gestor caracterizado pela reação de negar a crise quando a consciência situacional desta está sendo formada. Esta atitude pode ser assumida de várias formas dependendo de cada gestor. Basicamente a pessoa adota um comportamento de desatenção seletiva na tentativa de fugir dos pensamentos relacionados com a gravidade da situação com a qual se depara. O gestor tenta fugir, através de um esforço mental pessoal, da consciência dos perigos e dos riscos que precisa enfrentar. Esse tipo de reação pode levar o gestor a tentar se engajar em atividades que intencionalmente o distraia como forma de fuga do estresse com o qual o real cenário de risco se apresenta. O gestor pode tentar transferir a responsabilidade sobre o gerenciamento do cenário para outro colega ("passar a bola") ou chamar outras pessoas para atuar na gestão, apenas para se desviar da responsabilidade individual de gestão da crise.

Algumas reações físicas (e biológicas) associadas a esse comportamento podem ser observadas em cenários extremos. Uma pessoa que vai saltar de paraquedas pode fechar seus olhos automaticamente para tentar reduzir a consciência situacional sobre a altura, sobre a aceleração e sobre a velocidade

de aproximação com o solo. Outros gestores podem preferir não abrir espaço em sua mente para ocupa-la com a análise de cenários severos que certamente os esperam. O gestor deveria se preparar mentalmente para oferecer uma resposta ao cenário de crise, mas prefere fugir dessa realidade contrariando a lógica e a inteligência.

Se o gestor não abrir espaço em sua mente para raciocínios que envolvam possíveis cenários adversos com os quais possa se deparar, também dificilmente estabelecerá a consciência situacional adequada quando as evidências estiverem bem a sua frente. Por exemplo: uma pessoa pode preferir não assistir documentários sobre quedas de avião. A princípio, simplesmente assistir esse tipo de documentário em nada altera os riscos que uma pessoa se sujeita ao viajar de avião. Mas analisando imparcialmente a questão, mesmo para um passageiro comum, estudar os acidentes previamente pode contribuir para uma melhor reação caso realmente aconteça um acidente. Por fuga defensiva, alguns passageiros frequentes de voos podem simplesmente se recusar a assistir esse tipo de documentário. Isso pode reduzir seu conhecimento geral sobre emergências aéreas e consequentemente pode reduzir as chances de uma boa reação durante uma emergência desse tipo.

Os gestores de crise precisam estar cientes sobre a possibilidade do comportamento de fuga defensiva se estabelecer durante o gerenciamento da crise. Em resposta a esse cenário o gestor precisará tentar controlar essa tendência, principalmente no início da emergência pois o adiamento do reconhecimento da crise pode se tornar muito danoso. A avaliação imediata do cenário de crise pode ser interrompida abruptamente por um gestor que adote a fuga defensiva da consciência situacional. Neste caso os fatos (evidências objetivas da crise) surgem, mas o gestor prefere elaborar suas próprias conclusões (validações subjetivas) que transformem esses fatos (evidências objetivas) em argumentos que neguem a existência da crise ao invés de confirmá-la. Parece ilógico, irracional, contra produtivo, mas trata-se de uma reação bem mais comum do que parece e todos nós estamos sujeitos a esse tipo de comportamento quando submetidos à pressão psicológica de uma crise. Ouvir opiniões externas e não intimidar aqueles que emitem opiniões diferentes pode ser uma boa estratégia para minimizar as chances de imersão do gestor numa condição de fuga defensiva da consciência situacional (fugir do problema).

ANTÍDOTO
Ao perceber que um problema se agrava e uma crise pode estar se estabelecendo, o gestor deve considerar isso uma oportunidade para pensar sobre o cenário de crise que pode vir a ter que enfrentar. Se alguma evidência objetiva indicar a aproximação de uma crise ou se alguém trouxer más notícias, jamais diga "vira essa boca pra lá". Ao contrário, diga "se isso acontecer eu pretendo responder ao cenário fazendo X, Y ou Z". Pergunta guia: "consideramos as piores possibilidades?"

6.3 Consenso Artificial (Medo de Discordar)

O consenso artificial resulta da tendência de um grupo de pessoas, sob estresse, proteger uma decisão em consenso durante o gerenciamento de uma crise. O próprio grupo atua através da pressão sobre as pessoas de fora do grupo ou que, mesmo fazendo parte do grupo, não estejam de acordo com o diagnóstico / decisão em consenso. Uma das reações adotadas por grupos sob consenso artificial é a de desmotivar o questionamento por parte dos discordantes, intimidando-os ou simplesmente ignorando-os.

O grupo afetado também reage através da sonegação das informações externas que possam derrubar o consenso já alcançado pelo grupo. Quando uma informação chega a uma parte do grupo e agrega confiança no diagnóstico em consenso, esta informação é divulgada. Mas se ao contrário, a informação se constituir em uma ameaça ao consenso, então ela não é divulgada.

O consenso artificial tem alguns aspectos análogos aos que caracterizam a fuga defensiva da consciência situacional (fugir do problema). A principal diferença é que na fuga defensiva o gestor nega a existência da crise enquanto que no comportamento decorrente do consenso artificial o grupo de gestores nega as outras possibilidades de diagnóstico sobre a crise que não sejam o diagnóstico especificamente definido pelo grupo. Sob uma reação de consenso artificial os gestores são afetados coletivamente e perdem a capacidade de avaliar de forma isenta as evidências objetivas (fatos) e validações subjetivas (conclusões). O consenso artificial gera diagnósticos incorretos com base numa consciência situacional empobrecida em decorrência do bloqueio da percepção dos gestores para novas evidências que possam surgir no cenário.

ANTÍDOTO
Se os gestores e operadores chegarem a um consenso sobre o diagnóstico de uma crise e sobre as decisões a serem tomadas como resposta, isso é ótimo. Mas se alguém discordar do diagnóstico e das decisões em consenso, isso é melhor ainda. Pode ser que, se a crise se agravar, a única opção para um plano "b" seja entender e ter bem perto aquele gestor que discordou da maioria. A riqueza de capacidade de resposta a uma crise está associada à diversidade de pontos de vista dos gestores. Pergunta guia: "consideramos as opiniões diferentes da maioria ou do consenso?"

6.4 Aumento da Aceitação de Riscos (Vencer pelo Cansaço)

Uma das principais consequências do consenso artificial é a reação de aumento da aceitação coletiva dos riscos. As pessoas tendem a aceitar mais riscos quando tomam decisões em grupo. Para conduzir um grupo a aceitar riscos acima do desejável, gestores despreparados podem apelar pela busca do consenso artificial e usar os argumentos que o sustentam para convencer o grupo a aceitar ainda mais riscos indevidos.

Estes argumentos são construídos principalmente com base na divisão das responsabilidades por vários gestores, o que deixa cada um mais à vontade em relação aos riscos que precisa assumir – afinal poderão pensar: "estaremos todos juntos nisso". Tais argumentos são construídos por pessoas persuasivas dentro do ambiente da crise. Elas buscam o convencimento das demais pessoas, independentemente dos fatos apurados (evidências objetivas). São movidos pelo objetivo de fazer valer uma determinada estratégia. Num processo que utiliza quase sempre a repetição e a insistência, gestores que pretendem vencer pelo cansaço buscam apoio do grupo para a aceitação de riscos elevados. Uma estratégia utilizada para isso é tentar induzir os envolvidos a se sentirem mais familiarizados com a situação de risco. Assim, o risco elevado poderá aparentar ser menos ameaçador do que é.

A insistência em discutir um argumento que defende a aceitação de um risco, pode tornar este risco menos estranho para o grupo. Isso é um fator que aumenta o potencial de redução da aversão do grupo ao risco. Se determinados gestores usarem o poder de persuasão e a habilidade psicológica, após um período de insistência o grupo poderá aumentar a tendência de aceitação coletiva de riscos gerando uma oportunidade para fazer sua estratégia prevalecer (em linguagem popular este tipo de gestor quer "vencer pelo cansaço").

ANTÍDOTO
Nunca canse de pensar. O gestor equilibrado aceitará mais riscos somente se houver argumentos consistentes, fatos e conhecimento técnico que justifique isso. O gestor equilibrado recusará riscos quando detectar inconsistências na argumentação, mesmo que esteja sendo pressionado de forma insistente. Pergunta guia: "Aceitamos o risco porque o entendemos ou porque cansamos?"

6.5 Fixação em Fatos Consumados (Já Vi Esse Filme)

Quando os fatos (evidências objetivas) que caracterizam uma situação de crise começam a ser percebidos, o gestor inicia a formação da consciência situacional. Uma importante influência sobre a percepção da crise é a bagagem de experiências vividas anteriormente por seus gestores. Entretanto, por mais que haja semelhança entre os fatos vividos anteriormente e o evento em andamento, não há garantia de que as consequências ocorridas no passado serão sempre as mesmas se os fatos se repetirem. Mas alguns gestores podem distorcer o processo de formação da consciência situacional pela fixação exagerada de suas validações subjetivas (interpretações) na experiência anterior com situações semelhantes. Os gestores afetados por esse processo tendem a interpretar os fatos e a diagnosticar o cenário como se o evento já tivesse um roteiro previamente definido, tal a confiança que passam a ter de que tudo acontecerá da mesma forma como aconteceu um dia no evento passado. A experiência anterior é muito útil. Em geral quando os fatos se repetem as consequências podem mesmo também se repetir. Mas jamais os gestores

podem atuar como se isso fosse uma certeza, desprezando outras possibilidades de escalonamento do cenário em andamento.

Se os gestores se fixarem nos fatos consumados no passado sem considerar no devido peso as evidências objetivas do evento em andamento no presente, os gestores acabarão distorcendo a sua consciência situacional reduzindo as chances de resposta efetiva ao cenário de crise. Quando falamos de fatos consumados não nos referimos apenas aos eventos acontecidos ao longo de toda a vida profissional dos gestores (que pode ter acontecido há décadas). Referimo-nos também a fatos ocorridos durante a própria emergência (crise), dentro da evolução do cenário de crise.

Podemos exemplificar com o caso da falha de um equipamento importante para a segurança durante uma crise. Suponhamos que em um cenário de princípio de incêndio as duas bombas de água de combate a incêndio (principal e reserva) não consigam ser ligadas para prover a água necessária para extinguir as chamas. O operador poderá realizar dezenas de tentativas e depois desistir de realizar novas tentativas considerando os fatos consumados. Por causa das várias tentativas frustradas, as bombas podem ser consideradas definitivamente como inoperantes. Mas ao longo da evolução do evento as condicionantes do cenário poderão se modificar e as circunstâncias que antes impediam a partida da bomba podem, mais adiante, podem deixar de existir. Se o operador mantiver a fixação da sua consciência situacional somente nos fatos consumados, ele não teria motivos lógicos para tentar partir novamente as bombas. Ele consideraria os insucessos anteriores (fatos consumados) e não encontraria motivos para novas tentativas.

Em uma reação oposta o operador, mesmo após as seguidas tentativas frustradas de ligar as bombas, poderia considerar a possibilidade do impedimento da partida das bombas ter deixado de existir. Se essa hipótese fosse incluída em sua consciência situacional, ele poderia verificar novamente as condições técnicas das bombas e tentar novamente partir pelo menos uma das bombas de água de combate a incêndio. O gestor que consegue aproveitar a sua experiência anterior sem se fixar demasiadamente nos fatos já consumados, terá mais chances de perceber a evolução da emergência que está enfrentando e consequentemente terá mais chances de superar a crise com o mínimo de perdas.

ANTÍDOTO
O gestor que age como se tivesse a total certeza sobre o que vai acontecer pensa que está bem preparado. Age baseado somente na sua experiência anterior como quem segue um roteiro, com ritmo próprio, personagens, enredo e um final supostamente feliz. Na vida real é impossível agir com tanta certeza, porque uma emergência nunca é totalmente previsível. Pergunta guia: "Estamos nos baseando no que está acontecendo ou só no passado? "

6.6 Negligencia por Desmobilização (O Problema Já Acabou)

As fases finais de ciclos como por exemplo de encerramento de turno, desligamento de planta, descomissionamento, fim de vida útil e de demolição são extremamente vulneráveis e negligenciáveis sob o ponto de vista de gerenciamento de riscos e segurança. Isso também serve para os períodos que antecedem folgas, férias, feriados, comemorações, fim de obra, fim de vida útil.

Apesar do período ou ciclo de vida útil do empreendimento tecnológico estar chegando ao fim, os perigos continuam presentes e precisam ser considerados até o último momento. As fases de encerramento ou de mudança de atividade podem ser chamadas de fases de desmobilização. Nelas há um maior engajamento nos processos rotineiros para atender os prazos de encerramento de ciclo. Consequentemente há mais chances de ocorrência de erros humanos em decorrência do ambiente de ansiedade gerado pela aproximação do final da atividade. Em alguns casos há também um aumento de pessoas expostas aos riscos pois a desmobilização pode requerer um reforço extra de pessoas, com o aumento eventual das equipes de trabalho. Os principais tipos de erros cometidos nestas fases são os lapsos de atenção e as falhas por déficit de conhecimento e capacitação. Podemos citar vários exemplos de erros graves de descomissionamento.

Quando determinadas instalações são descomissionadas e/ou demolidas, podem ocorrer casos de equipamentos que sejam desativados e mantidos indevidamente em locais sem o mesmo cuidado e atenção dados em outras fases do empreendimento. Embora esteja o descomissionamento esteja em andamento, estes equipamentos continuam sendo perigosos. Infelizmente já acorreram casos com fontes radioativas esquecidas em meio ao entulho da demolição de instalações médicas desativadas. Estas fontes radioativas caíram em mãos ignorantes sobre os riscos associados à radioatividade, provocando um acidente nuclear gravíssimo (Acidente com o Césio 137 em Goiânia, Brasil, 1987).

Fases de final de ciclo e de desmobilização podem gerar cenários de crises decorrentes do relaxamento da atenção com a segurança. A desmobilização tem como objetivo o encerramento das atividades. Por isso a consciência situacional dos gestores é fortemente influenciada pela falsa ideia de que as atividades já chegaram ao fim e os riscos associados já cessaram. Na realidade tudo ainda está em pleno andamento. A proximidade do encerramento das operações influencia a formação da consciência situacional e isso pode induzir ao erro levando os gestores a subestimarem os riscos que ainda estão presentes. A atenção com a segurança pode ser indevidamente reduzida quando os eventos estão "quase" concluídos.

Os gestores de um cenário ameaçador que ocorra durante uma desmobilização podem não reconhecer a crise com a mesma facilidade que isso seria feito em outros cenários. Influenciados pela desmobilização os gestores podem ignorar os indicativos de evidências objetivas de crise. Mesmo diante de um fato que caracterize uma ameaça, os gestores tendem a reduzir a importância dessa evidência, influenciados pela condição de crescente proximidade com o fim de um ciclo ou com a desmobilização total do empreendimento.

> **ANTÍDOTO**
> *Diz o dito popular: "o jogo acaba quando termina".*
> *Se ainda há atividades em curso, ainda há chances de*
> *alguma coisa nova e positiva acontecer. Se ainda há*
> *atividades em curso, ainda há chances também de alguma coisa sair*
> *errada. Muitas batalhas são vencidas porque até o último instante*
> *não se desiste de lutar. Muitas batalhas são perdidas porque*
> *antes do último instante se resolve descansar.*
> *Pergunta guia: "Acabou ou pensou que acabou? "*

6.7 "Manofobia" (Medo de Operar Manualmente)

O sucesso das ações durante uma crise depende da combinação de conhecimentos técnicos com características comportamentais. Cada cenário de crise precisa considerar os problemas específicos relacionados com a tecnologia das atividades que fazem parte da crise. O desconhecimento técnico pode levar a decisões erradas, lentidão na tomada de decisão, medo e paralisia ("apagão"). O domínio técnico dos processos relacionados com o ambiente, o adequado perfil de personalidade e o treinamento comportamental compõem a capacitação de profissionais para a tomada de decisões e para um bom gerenciamento da crise.

Uma situação que tem sido identificada como causa frequente do agravamento de cenários acidentais durante o gerenciamento de crise, é o elevado grau de automação das instalações e equipamentos. O excesso de automação acaba levando a uma consequência perigosa. Com os sistemas automáticos controlando as atividades a intervenção dos operadores e gestores no dia a dia operacional acaba sendo reduzida. Isso pode ser negativo para a habilidade prática dos operadores e gestores e pode também fazer com que estes operadores resistam a operar manualmente quando isso for requerido. Definimos o termo "manofobia" como o medo de operar manualmente sistemas que são quase sempre operados de modo automático. Este termo se aplica também a situações do dia a dia como no caso de um motorista de carro com câmbio automático que tem resistência (ou medo) de dirigir um carro com câmbio manual. Muitos acidentes em várias áreas associadas à tecnologia como a aviação, navegação, operação de plantas de processo, etc. tem encontrado como causa raiz fatores comportamentais relacionados com a manofobia.

A tendência geral de aumento de automação, presente desde os projetos de eletrodomésticos até as configurações de operação de grandes aeronaves têm desenvolvido um comportamento manofóbico cada vez mais frequente. Como os sistemas automáticos estão quase sempre reduzindo a atuação das pessoas durante o funcionamento dos equipamentos, quando o automatismo falha requerendo a intervenção manual, aquele operador que deveria atuar imediatamente reluta em assumir a operação. Um efeito de acomodação sobre os operadores acaba sendo desenvolvido por uma rotina de trabalho que promove o distanciamento das atividades manuais. Estes operadores quase

sempre atuam em suas atividades de rotina apenas na monitoração e observação dos sistemas automáticos e raramente operam de forma direta os controles e os sistemas.

O comportamento manofóbico é uma ameaça à segurança de instalações e equipamentos. Isso tem levado à reflexão sobre a necessidade de redução do nível de automação em determinadas circunstâncias de projeto. Mesmo havendo tecnologia para prover o automatismo, em alguns casos talvez seja melhor não empregar essa tecnologia para fazer com que o operador esteja sempre praticando. Praticar previne o desenvolvimento do comportamento manofóbico. O comportamento manofóbico agrava o cenário de crise por reduzir a capacidade de resposta dos gestores. Distantes da prática operacional no seu dia a dia, operadores e gestores raciocinam com mais dificuldades sobre o funcionamento dos sistemas que necessitam operar em uma crise ou em decorrência da indisponibilidade dos sistemas de automação. Como dissemos, a manofobia é um tipo de medo. Em termos de gerenciamento de riscos podemos definir:

> **MEDO**
> *É o conjunto de reações provocadas pela percepção da disparidade entre um perigo/ameaça e o conhecimento técnico para diagnosticá-lo e gerenciar seus riscos.*

Sempre existe uma parcela de desconhecimento sobre qualquer perigo. Por mais que a ciência e a tecnologia se desenvolvam, nunca haverá garantia absoluta de que um perigo não possa se materializar em perdas.

> **PERIGO**
> *É uma ameaça ao empreendimento tecnológico que pode ocasionar perdas.*

O perigo pode existir, ser identificado e nunca chegar efetivamente a causar perdas. Consideramos perdas os danos à vida, à sociedade, ao patrimônio e ao meio ambiente. Um perigo não é expresso por um número, mas exige uma descrição. Pode ser um material ou uma substância. Por exemplo, os hidrocarbonetos são considerados perigos na indústria de petróleo e gás e os materiais radioativos são perigos na indústria nuclear. O perigo pode ser ainda um comportamento, um hábito ou uma característica cultural. Também pode ser uma quantidade de energia ou um até um ambiente formado puramente por um clima psicológico negativo. De forma ilustrativa, podemos comparar o perigo a um cenário preparado para uma peça dramatúrgica. Como em um teatro de operações, mesmo com o cenário pronto, a peça dramatúrgica que representa a sequência de fatos que resulta em perdas pode ou não acontecer.

Não existe garantia total contra acidentes. O que a engenharia de gerenciamento de riscos pode acrescentar a essa situação é a melhoria da capacidade de prover

salvaguardas capazes de manter o risco de o perigo causar perdas tão baixo que possa ser aceito. O medo é estabelecido quando diante de um perigo percebe-se a incompatibilidade do conhecimento disponível para gerenciar os seus riscos associados. Durante uma crise sempre haverá alguma lacuna de conhecimento sobre o cenário, por melhores que sejam os profissionais, os equipamentos e toda a tecnologia associada.

RISCO
É a probabilidade de um determinado perigo efetivamente causar perdas.

O risco é um prognóstico, que pode ou não ser gerado por cálculo, referente à maior ou menor possibilidade de um perigo causar perdas. O risco pode ser expresso por um número, e mesmo que seja pequeno, não significa uma garantia de que não haverá perdas. O risco, mesmo quando quantificado, contem sempre uma margem de incerteza sobre a possibilidade de ocorrência das perdas. A cada risco quantificado sempre está associada uma segunda parcela de riscos não quantificáveis, seja pela inviabilidade do cálculo ou mesmo pela impossibilidade de executá-lo devido à falta de dados históricos representativos para isso.

Podemos dizer que durante uma crise sempre haverá um determinado nível de medo que pode ser mínimo ou pode dominar completamente o gerenciamento da crise. Sempre haverá alguma dose de medo, como parte de uma reação natural e humana. A diferença entre o medo que leva à catástrofe e o medo natural é o nível de conhecimento e domínio dos gestores da crise sobre a operação em andamento, sobre os equipamentos e demais elementos do cenário. Se o conhecimento técnico for muito baixo, o medo e o risco de catástrofe serão muito altos. A automação é uma forma de armazenar conhecimentos nas máquinas, equipamentos e sistemas. Se o conhecimento técnico dos operadores e gestores for muito baixo, quando a automação falhar o medo crescerá juntamente com o risco de catástrofes.

ANTÍDOTO
***Aproxime-se da natureza mesmo que exista uma máquina
entre você e ela. Estar próximo da natureza e estudar
seus fenômenos conduzem à busca em do entendimento sobre como
as coisas funcionam, sejam coisas naturais ou criadas pelo
próprio homem. Quando perdemos o interesse por
entender as coisas, diminuímos a natureza humana
e passamos a agir apenas como mais uma peça,
passiva e governada pelas demais. Pergunta guia:
"Estamos com medo de assumir o controle
no lugar da máquina?"***

6.8 Redução da Percepção (Visão de Túnel)

Fazendo uma analogia com o sentido da visão, podemos dizer que o ser humano tem condições de analisar os cenários em que se insere observando-os por um

campo de visão de 360°. Fisicamente nós podemos mover nossa cabeça para a direita, para esquerda e para trás. Porém, a nossa região de conforto muscular ao realizar esses movimentos é de apenas 20° e quando passamos desses ângulos sentimos um incômodo que impede que permaneçamos muito tempo nessa posição. O corpo humano é uma das criações mais perfeitas da natureza e o motivo porque não nos sentimos confortáveis movimentando a cabeça em ângulos superiores a 20° é que nós só precisamos mesmo é de olhar para frente, para o objetivo imediato. Usamos os outros 340° de movimento apenas para olhadelas rápidas para avaliar se precisamos mudar nossa base de posicionamento para então focar no objetivo imediato movimentando a cabeça apenas em ângulos máximos de 20°. Esse é o motivo pelo qual a musculatura do pescoço logo entra em fadiga quando permanecemos alguns minutos além dos 20° da região de conforto.

Comparando com a capacidade cognitiva (mental) de gerenciamento de crise, podemos dizer que a nossa mente também pode raciocinar sobre um cenário observando-o por um campo de análise de 360°, porém nossa região de conforto mental nos limita olhar o problema apenas por um ângulo específico que nos pareça, por alguma razão, ser o mais apropriado para o alcance de nosso objetivo.

Quando nos concentramos em um ponto de vista de forma exagerada, subestimamos os outros pontos de vista sobre a situação, e então ocorre o fenômeno de "visão em túnel", que é uma reação radical que nos impede de conseguir "virar o pescoço fora dos 20 graus imediatos" para formar melhor nossa consciência situacional. Sob a influência do fenômeno da "visão de túnel", nós passamos a estar exageradamente concentrados e focados em um determinado objetivo. Tudo mais ao nosso redor pode desaparecer da mesma forma como acontece quando estamos dentro de um túnel. Só enxergamos a saída no outro lado, enquanto tudo mais se perde na escuridão do restante do túnel.

Durante o gerenciamento de uma crise, quando estamos exageradamente focados num objetivo único, podemos perder a sensibilidade e a percepção para tudo mais que acontece ao nosso redor. Dessa forma nos colocamos dentro de um túnel onde somente a saída do outro lado passa a ser o foco de nossa atenção. Durante a travessia de um túnel, nossa tendência é olhar apenas para essa saída, para o objetivo que elegemos. Mas há um universo de fatos que podem passar desapercebidos que estão pelo caminho, nas paredes e no teto do túnel. É bom lembrar que um túnel como esse tem sempre uma segunda saída, mesmo que, para atingi-la seja necessário inverter o rumo e retroceder até o mesmo ponto em que o túnel se iniciou.

Quando estamos dirigindo um automóvel, confiamos no trajeto e realmente pode não ser tão importante avaliar o ponto de vista que focalizaria as paredes e o teto do túnel. O objetivo do motorista é a travessia, ou seja, alcançar a saída do outro lado do túnel. Por isso focalizamos nossa atenção nesse objetivo com o intuito de alcançá-lo com o mínimo de erros e falhas. Mas se uma crise surgir, por exemplo, o automóvel enguiçar ou, uma colisão ocorrer ou, um incêndio se iniciar ou, um desmoronamento ocorrer, então a crise nos alcançará e importará

muito qualquer informação que identifique possíveis caminhos alternativos. Importará muito para um motorista com o carro enguiçado identificar o que existe ao seu redor nas paredes, tetos, e na pavimentação do túnel. Também importará muito rever por completo o objetivo inicial de chegar ao outro lado do túnel e pensar na possibilidade de sair pelo mesmo caminho que usou para entrar.

Embora possamos comparar o gerenciamento de crise com um túnel que precisa ser atravessado e embora possamos comparar a saída do túnel com a saída da crise, na travessia dos túneis urbanos os objetivos são simples e as informações mais importantes são indicadas pela sinalização de trânsito. Nas grandes crises sequer temos um túnel de verdade. Em geral o túnel é uma mera ilusão criada pelos gestores que procuram em um ambiente obscuro uma luz que possa ser considerada uma saída. Em meio a uma crise aguda o gestor busca construir um caminho para sair da crise, mas as incertezas quanto ao sucesso permanecem. Ao contrário do que acontece com um motorista em um túnel, as opções de saída da crise são diversificadas e arriscadas e não existem placas de sinalização tão claras como acontece no trânsito urbano. Para reduzir a complexidade do cenário de uma grande crise, o gestor a simplifica, transformando-a em um túnel de saída única, mais fácil de ser perseguida. Se realmente a saída do túnel mentalmente construído pelo gestor for uma possibilidade real de superação da crise, então haverá boas chances de sucesso. Mas caso o gestor tenha errado nessa escolha, a ideia de simplificar o cenário da crise construindo mentalmente um túnel com uma única saída pode ter consequências desastrosas. Fará grande diferença para um gestor nestas condições, estar consciente que está sob uma reação de "visão de túnel" e que a qualquer momento poderá ser necessária a desconstrução dessa simplificação mental para que outras possibilidades de saída para a crise possam ser encontradas.

Durante uma crise realizamos análises imediatas e tomamos decisões para tentar reduzir a crise a um problema bem diagnosticado, e isso nem sempre é possível. A ansiedade em encontrar esse caminho pode nos fazer crer, com excessivo otimismo, que a solução para a crise é a única saída que conseguimos avistar de um único túnel que conseguimos percorrer. Infelizmente em muitos casos a complexidade do cenário é muito maior do que percebemos e os túneis que imaginamos podem ser simplificações ingênuas que na realidade não existem exatamente da forma que imaginamos.

Durante o gerenciamento de crise nós estamos quase sempre com um déficit de informações cruciais para tomar as decisões necessárias. A incerteza nos incomoda e isso pode gerar ansiedade. Um efeito "bola de neve" forma-se na medida em que o tempo se escassa e a decisão vai sendo reivindicada pela emergência. Nessas circunstâncias estaremos mais propensos a entrar em "visão de túnel" caso em meio a tanta incerteza e escassez tempo surja uma única "luz ao final do túnel", mesmo que seja uma luz ilusória. Se encontrarmos uma opção que mereça alguma atenção especial, o risco maior é que entremos em "visão de túnel" e deixemos de continuar monitorando outras opções e outros caminhos possíveis para sair da crise. Muitas vezes ao longo do gerenciamento da crise os caminhos alternativos podem se transformar em caminhos muito mais promissores do que os caminhos mais óbvios.

Quando tomamos a decisão de concentrar nossos esforços em atingir uma única opção de saída, isso pode gerar decisões baseadas em apenas uma das faces do cenário real de crise em andamento. O cenário pode ser muito mais complexo. Toda vez que nós tomamos decisões, outras decisões também são tomadas de forma inconsciente como consequência das decisões conscientes. Por exemplo, se nosso foco de análise estiver voltado apenas para o conforto e a flexibilidade de uma viagem aérea, podemos optar por um jato executivo de última geração. Quando tomamos essa decisão outras decisões inconscientes estão sendo tomadas como consequência.

Dependendo da situação e do plano de voo que atenda aos requisitos de um jato executivo, poderemos estar decidindo não só por um jato executivo mas também por uma aeronave com requisitos de segurança mais brandos (jatos executivos não precisam cumprir todas as exigências de segurança de voos de carreira), por um pouso em um aeroporto com menos estrutura (aviões menores podem pousar em pistas menores), por uma tripulação mais influenciável por nossas exigências de horários que nem sempre priorizam a segurança (tripulações contratadas para um único usuário irão estar mais propensos a atender os pedidos desse usuário único). Todos esses fatores passarão a fazer parte do cenário do voo no qual estaremos nos inserindo, e nem sempre isso é feito de forma consciente por quem toma as decisões.

É possível que estas decisões sejam tomadas com base em um gerenciamento de crise dominado pela "visão de túnel", onde é considerado apenas um caminho específico para uma solução específica. Mesmo que haja a intenção genuína de alcançar uma solução que interesse a todos, isso não significa que essa solução desejada será efetivamente alcançada. Uma decisão de gerenciamento de crise tomada sob um ponto de vista que simplifique excessivamente o cenário ("visão de túnel") poderá levar os gestores a desconsiderar outros aspectos fundamentais para um diagnóstico mais preciso e para prover uma resposta mais efetiva à crise. A simplificação excessiva torna o gerenciamento da crise aparentemente mais fácil de ser conduzido. Mas a eficiência da resposta a ser dada ao cenário real em andamento poderá ser prejudicada pela simplificação excessiva. Os aspectos da crise subestimados em decorrência da simplificação exagerada provocada pela "visão de túnel" podem tornar o objetivo de alcançar o "outro lado do túnel" uma expectativa ilusória. A insistência em manter a reação de "visão de túnel" pode fazer desaparecer da visão do gestor oportunidades e chances irrecuperáveis de saída da crise.

ANTÍDOTO

Uma crise tem sempre muitas formas de ser percebida. A melhor forma de gerenciar uma crise complexa é somar cérebros, somar temperamentos, somar experiências diferentes umas das outras. Assim a crise pode ser percebida de muitas formas diferentes e a saída será mais facilmente encontrada. Para tornar isso possível os diferentes precisam conviver, se comunicar e se respeitar mutuamente. O trabalho de equipe em alto nível permite essa soma de recursos. Gerenciar uma crise sozinho significa decidir por entrar em um túnel enquanto seria possível perceber que se está numa sala com várias janelas, portas, e múltiplas possibilidades de saída. Pergunta guia: "Só vemos uma saída ou estamos atentos às demais possibilidades? "

6.9 Confirmação de Evidência Desejada (Tem Que Dar Certo)

A tendência de confirmação de evidência desejada é o comportamento que conduz o gestor a deliberadamente optar por acreditar na evidência mais favorável diante de evidências conflitantes ou incompletas sobre um cenário em andamento. O gestor que se comporta dessa forma tende a confirmar, através de validações subjetivas, que as evidências que apontam soluções mais fáceis é que devem ser consideradas em detrimento das demais. A tendência de confirmação de evidência desejada vicia a formação da consciência situacional induzindo o gestor a, precipitadamente, reduzir a importância das demais evidências objetivas na formulação do diagnóstico da crise.

As evidências objetivas conflitantes ou incompletas retardam a tomada de decisões, e os gestores podem ser induzidos a erros. Decisões precipitadas podem ser tomadas por influência da ansiedade e angústia. O gestor, por força da escassez cada vez maior de tempo, pode decidir agir como se determinadas evidências objetivas fossem mais importantes mesmo que haja outras evidências, conflitos e informações incompletas que deveriam ser melhor apuradas. O erro que deve ser evitado por gestores treinados e capacitados é o de confundir a necessidade de tomar decisões até um momento limite de tempo, com a necessidade de obter a "certeza artificial" de que determinadas evidências objetivas são mais importantes do que as demais. É possível que em um cenário de crise o tempo limite para decidir seja alcançado sem a certeza sobre o diagnóstico e sobre as evidências objetivas que o sustentam. Neste caso é preciso decidir, mas o gestor não pode remover de sua consciência situacional que está decidindo mesmo com incertezas.

Em muitos cenários de crise a decisão deve ser tomada, em meio às incertezas, por força da escassez de tempo. Fazer isso mesmo com indisponibilidade de informações é uma das habilidades requeridas para um bom gestor de crise. Quando as evidências objetivas são conflitantes ou incompletas para a formulação de um diagnóstico, as decisões nestas circunstâncias devem ser consideradas como decisões precárias e limitadas, sujeitas a correções a qualquer instante ao longo da evolução da crise. O gestor precisa e deve decidir

---

no tempo certo. O gestor pode até basear-se mais em uma determinada evidência objetiva do que em outra, mas essa decisão não pode prejudicar a formação da consciência situacional de que ambas existem. A consciência situacional deve manter a ideia de precariedade das evidências disponíveis, mesmo após a decisão tomada. O erro acontece quando o gestor simplesmente, sem justificativa plausível, passa a acreditar que sua decisão é mais precisa do que realmente é, minimizando assim as demais evidências em contrário que a qualquer momento podem passar a justificar outro tratamento à crise.

As razões que levam um gestor a adotar esse comportamento durante o gerenciamento de uma crise são complexas e muito difíceis de serem percebidas pelo próprio gestor. Um exemplo de explicação para esse comportamento é a busca de um alívio pessoal em meio à forte pressão psicológica. Nessa condição de sobrecarga o gestor da crise poderá dizer para si mesmo: este é o caminho, "tem que dar certo". Essa frase dita para si mesmo pode ser um indício de que a partir daquele momento o gestor poderá minimizar outras evidências que contrariem a decisão já tomada e isso pode prejudicar sua capacidade de reconstruir a consciência situacional em acompanhamento ao que evolui no cenário real em andamento. O mais indicado ao gestor seria dizer para si mesmo "tem que dar certo mesmo que eu precise refazer minha decisão ao longo da evolução do cenário".

ANTÍDOTO
Às vezes precisamos apenas decidir. Mesmo que não tenhamos a certeza de que estamos decidindo corretamente, há situações limite em que precisamos decidir mesmo que de forma precária. Em situações específicas, decidir sem ter certeza ainda pode ser a melhor atitude do gestor da crise. Neste caso o gestor não chega a melhor decisão, mas apenas chega à decisão que foi possível. Ter consciência disso é fundamental. Pergunta guia: "Decidimos porque o tempo acabou ou porque temos certeza? "

6.10 Surto de Desorientação (Apagão)

O surto de desorientação ocorre quando o gestor inicia a preparação da atitude frente à crise, começa efetivamente a agir, mas o cenário modifica-se de modo súbito desorientando completamente a condução dos planos e das ações de gerenciamento da crise. O gestor tende a ficar paralisado por um dado intervalo de tempo, tanto em suas atividades físicas como cognitivas ("apagão"). Esse intervalo de tempo pode ser simplesmente um lapso de segundos ou um período longo até que o gestor se recomponha física e psicologicamente diante do cenário. Independentemente da duração do "apagão", se longo ou curtíssimo, em quaisquer dos casos este tempo de paralisia pode ser decisivo e irrecuperável.

Uma das formas mais fáceis de compreender este fenômeno comportamental é a observação das práticas esportivas. Em muitas disputas individuais e coletivas

o público é surpreendido por atletas de alto nível que se desorientam frente a uma crise produzindo verdadeiras "catástrofes esportivas", com danos para o público e para os próprios atletas. Podemos citar o caso desastroso de uma atleta olímpica campeã mundial na modalidade de salto com vara feminino durante a disputa de medalhas nos Jogos Olímpicos de Pequim (2008). Por algum fator externo, uma das varas de salto preferidas da atleta não foi localizada na hora da disputa. Ela havia se preparado por longos anos para aquele momento e era uma das favoritas para a medalha de ouro. Mas o desaparecimento de uma parte vital de seu equipamento transformou completamente o cenário de disputa numa crise que se tornou intransponível para ela. Desorientada a atleta chegou mesmo a se posicionar entre a sua adversária e o obstáculo a ser saltado. Ela agiu assim para impedir o salto da concorrente, tentando forçar a suspensão da prova sem obter sucesso algum com esta atitude inadequada frente à crise. Impactada, a atleta conseguiu resultados muito abaixo do esperado e ficou apenas com a décima posição na disputa, apesar de seu indiscutível talento.

Os efeitos deste fracasso de gerenciamento de crise não podem ser atribuídos somente à própria atleta, mas também teve a influência de um ambiente que incluía treinadores, equipes de apoio, responsáveis e organizadores dos jogos olímpicos. Nos meses que se sucederam, consequências ainda mais profundas do que a própria perda daquela disputa podem ter prejudicado a carreira da atleta. Mesmo após quatro anos, durante os Jogos Olímpicos de Londres (2012) uma nova situação perturbadora aconteceu com a mesma atleta na mesma modalidade esportiva. Diante de uma condição adversa de vento que prejudicava todas as competidoras, ela teve novamente um comportamento indevido. Algo a fez interromper a corrida para o obstáculo a ser saltado em mais de uma tentativa. Pela segunda vez disputando jogos olímpicos, o desempenho da atleta foi novamente decepcionante. Embora o fator "vento" tenha grande influência no resultado do salto e não esteja ao alcance do controle de nenhuma atleta, é possível que traumas vividos após o fracasso nos jogos olímpicos anteriores tenham prejudicado a reação comportamental frente a nova situação em Londres, quatro anos depois.

É injusto atribuir somente à atleta toda a responsabilidade pelo desfecho negativo nos dois eventos. É evidente que houve falha de gerenciamento da crise também por parte dos gestores e equipes técnicas em ambos os cenários olímpicos. Em 2015, o campeonato mundial de atletismo foi disputado em Pequim, no mesmo estádio onde o fracasso nos Jogos Olímpicos de 2008 havia acontecido. Após 7 anos a atleta estava novamente no mesmo local diante da mesma disputa, entretanto 8 anos mais envelhecida. Mas desta vez a atleta não se desestabilizou e conseguiu conquistar a sua melhor marca na modalidade e a medalha de prata no campeonato mundial. A atleta ratificou o que todos os analistas sabiam. Ela teria talento suficiente para ter tido o mesmo sucesso nas três competições. A falta de capacidade para reagir a uma situação de crise pode justificar o que aconteceu nas duas competições olímpicas em que ela fracassou.

Outro caso, este em esporte coletivo, foi a derrota de 7 a 1 da seleção brasileira de futebol em plena semifinal de copa do mundo realizada em sua casa, no

Brasil. Nenhum time de futebol poderia alcançar uma vitória de placar tão ampliado sobre a seleção pentacampeã mundial sem que o principal adversário da disputa não tivesse se tornado a própria seleção brasileira. Após um ano de bons resultados, preparação consistente e uma Copa das Confederações conquistada recentemente, a seleção brasileira havia criado um clima "de família", emocional e otimista. Os treinadores e orientadores psicológicos fortaleciam a cada dia a confiança dos atletas e estabeleciam várias estratégias para que os atletas mantivessem o foco na vitória, principalmente às vésperas da grande semifinal. Os planos e as estratégias pareciam cobrir todas as possíveis dificuldades para VENCER o time adversário. Em outras palavras o time estava muito bem preparado para vencer qualquer adversário. Mas o desfecho da partida comprovou que a equipe não estava preparada para começar a perdendo e depois vencer. Isso não havia sido pensado. Esse cenário não havia sido imaginado.

Quando ocorreu o primeiro gol do adversário a seleção brasileira acabou expondo sua dificuldade de reação demonstrando que só existiam estratégias para VENCER e não havia uma estratégia para começar PERDENDO e reverter isso em VENCER. Os planos haviam sido elaborados para superar as dificuldades até o primeiro gol que conduziria para a vitória da seleção brasileira, mas não havia um "plano b" para a situação de desvantagem que se instaurou logo na parte inicial do jogo. Quando o time adversário fez o quinto gol, ainda havia mais da metade do jogo pela frente. Para um gestor de crise centrado nas evidências objetivas, se a seleção levou 5 gols em menos da metade do jogo, porque não poderia também fazer 6 na maior parte do jogo que ainda havia pela frente? Sabemos que há muito mais do que evidências objetivas influenciando uma partida de futebol, mas o trabalho dos gestores é, tanto quanto possível, buscar caminhos e soluções racionais frente a uma crise. Esta poderia ter sido uma das possíveis estratégias de enfrentamento da crise.

Melhor ainda seria ter um plano completo e robusto, mas toda a equipe e seus técnicos não se prepararam para isso. Se a equipe de preparação tivesse realmente se preparado, teria criado estratégias para vários cenários como por exemplo:

- Se a seleção levar um gol até os primeiros 5 minutos usaremos o plano "b"
- Se o gol contrário acontecer nos primeiros 10 minutos usaremos o plano "c"
- Caso ocorram mais de 2 gols em 15 minutos usaremos o plano "d"

E assim sucessivamente para tantos quantos forem os cenários possíveis de serem postulados. Isso parece complexo demais para um time de futebol? Teríamos que prever dezenas de planos para dezenas de cenários? Se o gerenciamento de riscos fosse devidamente conduzido, na medida em que os cenários fossem postulados muitos deles poderiam ser agrupados por similaridades. Não seria necessário ter uma estratégia para cada cenário possível, mas agrupando cenários por similaridade, a quantidade de estratégias poderia ser reduzida e um conjunto de táticas tornar-se-ia aplicável a mais de uma situação. Esta é a essência do gerenciamento de riscos e o esporte é uma

ótima ferramenta para reproduzir em ambiente de consequências controladas os sucessos e os fracassos diante dos riscos assumidos. Com uma coleção de estratégias previamente estudadas, as surpresas do cenário real que se estabelecesse durante a partida poderiam exigir do técnico somente os ajustes de suas táticas e não a construção de uma estratégia completa, já com a partida em andamento. Preparar-se dessa forma é realizar um bom trabalho de gestão de crise. A seleção brasileira foi derrotada acima de tudo por si mesma, por sua incompetência para tomar decisões diante de um cenário adverso, talvez subestimado em sua probabilidade de ocorrência. Faltou capacidade de gerenciamento de crise.

O esporte é sempre um bom exemplo para comparações na área de gerenciamento de riscos e segurança. De certa forma os esportes reproduzem em um ambiente controlado e relativamente seguro as batalhas, guerras, lutas, sucessos, fracassos, dramas e dificuldades individuais e coletivas que existem na vida real. Por isso o esporte atrai tanto as pessoas. É uma forma segura de reproduzir situações de gerenciamento de riscos e de gerenciamento de crises mantendo um paralelismo de referência com as situações de risco que existem na vida real, fora do esporte.

ANTÍDOTO

Para evitar o "apagão" adquira conhecimento. Entenda profundamente as atividades e o cenário onde elas são desenvolvidas. O conhecimento é o antídoto do medo. Postule cenários de crise, imagine o que pode vir a dar errado, estude as possíveis consequências associadas. Refletindo sobre as nossas limitações frente às possíveis crises podemos elaborar planos "b", "c", "d" e tantos quantos imaginarmos. Com a riqueza de conhecimento e com a variedade de planos dificilmente iremos ser dominados e paralisados pelo medo e por não sabermos o que fazer. Pergunta guia: Estamos enfrentando uma crise ou fomos paralisados pelo medo?

6.11 Degradação por Deficiência Técnica (Analfabetismo Tecnológico)

A deficiência técnica pode gerar um problema comportamental grave durante o gerenciamento de crise. Quando o gestor não tem conhecimento técnico suficiente sobre o evento em andamento ele pode, ao invés de assumir essa limitação, decidir por simular ter conhecimento maior do que realmente possua. As razões para esse comportamento podem ser diversas, mas em geral isso acontece com gestores que assumem funções sem o nível mínimo de conhecimento técnico requerido, baseando-se mais em suas habilidades gerenciais do que nas técnicas. Impelidos por alguma motivação pessoal ou poder coercitivo estes gestores passam a agir com irresponsabilidade tomando decisões baseadas em diagnósticos tecnicamente ruins e em alguns casos até ingênuos. A deficiência técnica extrema pode ser impeditiva para que o gestor consiga elaborar um diagnóstico minimamente compatível com o cenário real, gerando consequências catastróficas.

Atualmente podemos dizer que a maioria das pessoas vive inserida em sociedades cada vez mais tecnológicas. Mas isso não impede que ocorram disparidades entre o conhecimento técnico dos gestores e a complexidade dos produtos e dos equipamentos. As novas tecnologias dependem de conhecimento técnico para serem bem utilizadas. A incompatibilidade técnica entre gestor e cenário ocorre tanto pela desatualização de equipamentos como por falta de capacitação mínima do próprio gestor ou operador. Sem conhecimento técnico o operador ou gestor despreparado terá dificuldades para entender e utilizar o produto ou equipamento que opera.

O gestor pode ter conhecimento técnico, mas se faltar algum componente da cadeia que viabiliza uma dada tecnologia, apenas com conhecimento técnico o gestor não conseguirá operar devidamente. Como exemplo do impacto da desatualização de equipamentos, podemos citar a dificuldade de usuários de telefones celulares em locais sem rede ou sem um sinal compatíveis com o tipo de aparelho. Mesmo dominando a técnica de usar o telefone celular, a falta de todos os componentes necessários o impede de operar o telefone. Por outro lado, podemos exemplificar a falta de capacitação mínima do gestor, citando a dificuldade do usuário de telefone celular quando ele não conhece as funcionalidades tecnológicas do aparelho a ponto de impedir que consiga usá-lo. Neste exemplo, toda a cadeia de recursos que viabiliza a tecnologia poderá estar disponível, mas sem o conhecimento o telefone não conseguirá ser utilizado.

A segurança da maioria dos projetos e empreendimentos tecnológicos é dependente destes dois fatores: disponibilidade das tecnologias requeridas e capacitação tecnológica mínima de seus gestores/operadores. O progresso tecnológico requer o aumento do nível do conhecimento e da habilidade dos gestores, usuários e operadores. Alguns usuários têm habilidades e conhecimentos para manter a segurança das atividades mesmo com as mudanças de tecnologia e a chegada de novos dispositivos ainda pouco familiares para a maioria dos usuários. Outros não entendem minimamente a nova tecnologia envolvida e por isso desconhecem os perigos em potencial associados à essa nova tecnologia das máquinas, equipamentos, dispositivos e sistemas com os quais trabalha.

A disparidade de tecnológica entre gestores e equipamentos pode ser tão comprometedora que o termo "analfabetismo tecnológico" tem sido empregado para descrever o quão limitado o gestor se torna nestas condições. Para reduzir os riscos do estabelecimento de cenários de "analfabetismo tecnológico" durante uma crise, muito antes disso os projetistas têm um grande desafio a vencer. Eles precisam produzir equipamentos, sistemas e ambientes seguros que incorporem cada vez mais novas tecnologias, e mesmo assim tornar essa tecnologia "amigável" mesmo para aqueles que possuam pouco conhecimento tecnológico ou pouco afinidade com as novas tecnologias.

O reconhecimento dos perigos, a elaboração de diagnósticos de crise e a tomada de ações de resposta frente a uma emergência não podem ser deixados por conta de gestores e usuários tecnicamente despreparados. Também não é

aceitável que elementos fundamentais requeridos pela característica tecnologia não existam no ambiente em que os equipamentos, máquinas e sistemas precisam ser operados. Inserir um empreendimento tecnológico em ambientes onde os gestores estão tecnicamente despreparados pode sujeitar grande número de pessoas a um risco além do aceitável. Assim como gestores tecnicamente preparados atuando em ambientes desprovidos da disponibilidade mínima de recursos tecnológicos pode impedir que estes gestores tenham condições de empregar seu conhecimento de modo eficaz. Em ambos os casos podemos dizer que o comportamento de "analfabetismo tecnológico" pode se estabelecer em meio ao gerenciamento de uma crise.

ANTÍDOTO

Não resista ao novo. Não adote o novo apenas porque é novo. Não quebre velhos paradigmas da mesma forma que as crianças quebram vasos de cristal só para ver os cacos se espalharem pelo chão. Entenda que a vida exige renovação de ideias, conceitos e tecnologias. Não se apaixone pelas tecnologias, elas não são pessoas. Use-as e descarte-as assim que novas e comprovadamente melhores tecnologias chegarem. Jamais interrompa esse processo senão o "analfabetismo tecnológico" poderá alcançar você. Pergunta guia: "Entendemos as tecnologias do cenário da crise? "

6.12 Reação Resiliênte (Absorve Adversidades e Se Recupera)

A resiliência é uma propriedade mecânica dos materiais definida como a capacidade que o material tem de absorver energia dentro de sua fase elástica. Os materiais de construção mecânica, como por exemplo o aço, quando submetidos a um esforço mecânico sofrem deformações. Dependendo da intensidade dos esforços, essa deformação pode se limitar à fase elástica do material. Na fase elástica o material se deforma mas cessado o esforço ele retorna para o estado dimensional anterior ao mesmo. Se o esforço ultrapassar o limite de elasticidade do material, a deformação imposta pelo esforço passa a ser plástica. Dessa forma quando cessado o esforço o material não mais retorna ao estado anterior mas há alteração importante na sua resistência e funcionalidade. Em alguns casos uma deformação plástica pode ser suficiente para condenar definitivamente uma peça.

O termo resiliência tem sido muito empregado para identificar uma estratégia de engenharia que possua fundamentos análogos aos da propriedade mecânica de resiliência. A engenharia de resiliência também busca a recuperação de funções operacionais perdidas em decorrência de um transiente indesejável (uma emergência). Em termos de gerenciamento de crise, podemos dizer que os gestores podem assumir, durante uma emergência, um comportamento de resposta alinhado com o conceito de engenharia de resiliência. Um gestor pode gerenciar uma crise que "deforma" várias funções importantes para a segurança e atuar fazendo com que essa "deformação" seja revertida e as funções recuperadas.

Então o que seria afinal a reação de engenharia de resiliência? É o comportamento de resposta a uma crise capaz de suportar perdas momentâneas de funções e sistemas críticos, acomodando os transientes operacionais até que ocorra a recuperação total das funções e dos sistemas que haviam sido perdidos. Após a fase mais severa o gestor que atua com técnicas de engenharia de resiliência busca a restauração das condições operacionais normais e anteriores à crise com o objetivo de preservar os sistemas e estratégias de segurança originais de projeto.

Podemos chamar de regulações funcionais as intervenções dos gestores sobre as funções de operação degradadas, para que os sistemas possam acomodar as mudanças impostas pela situação de crise. Estas regulações funcionais específicas de cada atividade de risco devem ser previamente estudadas e apresentadas aos gestores como parte do treinamento em gerenciamento de crise. As regulações funcionais devem ser aplicadas seguindo os princípios de proteção por fatores humanos (controle dos fatores que podem induzir ao erro humano) de modo a reduzir os efeitos e as consequências dos erros humanos.

REAÇÃO RESILIÊNTE
Capacidade de absorver adversidades durante os momentos mais críticos da crise modificando as funções originais e depois recuperando estas funções até restaurá-las completamente

---

A reação de engenharia de resiliência não precisa de antídoto porque é uma reação boa, capaz de prover respostas positivas a uma crise. Gestores que são treinados dentro do conceito de engenharia de resiliência passam a compreender a necessidade de ajustes e desvios temporários nas funções normais para que a crise possa ser acomodada. Em seguida os gestores treinados para prover respostas resilientes recuperam as funções operacionais normais da mesma forma que, em analogia, os materiais se recuperam de uma deformação restrita à sua fase elástica. Entretanto há crises tão severas que tornam impossível a recuperação das funções originais. As consequências decorrentes das regulações funcionais acabam não sendo suficientes para evitar a perda definitiva de funções e sistemas fundamentais. Somente uma estratégia ainda mais complexa pode fazer frente a uma crise em que se perca definitivamente as funções originais de operação: a estratégia de reação de engenharia robusta, a qual iremos definir a seguir.

6.13 Reação Robusta (Supera Adversidades Reinventando Funções Perdidas)

A reação de engenharia robusta é aquela na qual os sistemas de interação homem x máquina conseguem prover regulações estruturais em resposta a uma crise. Estas intervenções (regulações estruturais) são baseadas em princípios

de proteção por fatores humanos (fatores que podem induzir ao erro humano) e modificam o ambiente externo e a estrutura interna do projeto em resposta a uma perturbação criada por uma crise. Sistemas homem x máquina robustos não se limitam a garantir as funções originais de projeto como acontecem com sistemas homem x máquina resilientes. Sistemas robustos são capazes de se reconstruir, transformando as funções originais em novas se isso for necessário.

Gestores que são treinados para reagir com base nos conceitos de engenharia robusta estarão preparados para tentar responder a uma crise severa que destrua as chances de recuperação das funções originais projetadas. Estes gestores podem, diante de uma emergência, aceitar riscos necessários, eliminar funções do projeto original e criar funções inéditas para solucionar perturbações produzidas pela crise. Gestores robustos podem responder a crise com eficiência tão diferenciada que é como se o próprio empreendimento que estejam gerindo pudesse ser corrigido e transformado durante a emergência com a fluidez de um harmonioso conjunto homem e máquina de aparência quase viva. Essa percepção é obtida pela intervenção harmoniosa do homem no sistema ou máquina, através da profunda interação com a mesma. Para que um empreendimento alcance esse patamar de robustez, um elevado conhecimento de fatores humanos deve ser embarcado desde o projeto até a efetiva operação de sistemas e máquinas.

REAÇÃO ROBUSTA
Capacidade de absorver adversidades e as perdas definitivas de funções originais, reinventando-as.

Para o desenvolvimento de um gerenciamento de crise que estabeleça a interação homem x sistema nesse nível, é necessária uma preparação mais ampla com ferramentas que possibilitem estudos e simulações mais ricas e diversificadas dos cenários acidentais bem como de possíveis crises que possam se estabelecer. A reação de engenharia robusta vai além da reação de engenharia de resiliência. A reação de engenharia de resiliência usa as regulações funcionais temporariamente para responder a crise e depois tenta recuperar ao máximo as funções normais operacionais definidas originalmente pelo projeto. Já a reação de engenharia robusta usa as regulações estruturais, alterando com consequências definitivas as funções originais de projeto, praticamente reinventando o empreendimento para que este sobreviva a crise severa e extrema. A reação de engenharia robusta é uma das melhores estratégias de resposta a uma crise complexa e severa. Não precisa de antídoto, porque em si mesma já é um tipo de antídoto para as reações indesejáveis a uma crise.

6.14 Reação de Liderança Frente à Crise (Agir com Autoridade Técnica)

Líder é aquele que conduz o grupo para o alcance do objetivo que o grupo quer alcançar. O grupo quer alcançar um objetivo, mas sem uma boa liderança o grupo não conseguirá chegar lá. O líder é aquele que detém o conhecimento

técnico decisivo para apontar o caminho de como chegar ao objetivo. A líder precisa demonstrar deter o conhecimento necessário e assim motivar o grupo a agir até que o objetivo desejado seja alcançado. Portanto o que lidera é, na realidade, o que detém o conhecimento. Por isso a liderança pode se alternar durante a busca pelo alcance de um objetivo entre aqueles que detenham o conhecimento de cada etapa a ser percorrida até o alcance do objetivo final. Aquele que detém o conhecimento requerido é sempre o líder, independentemente da "liderança oficial".

Especialmente nas crises e emergências severas, o papel do líder torna-se extremamente pragmático. Em meio à crise o grupo precisa agir com certa rapidez e se o líder não detiver o conhecimento necessário para isso, sua liderança não resistirá por muito tempo. Por isso não basta deter o conhecimento, mas é preciso exibir esse conhecimento de forma a manter o grupo confiante de que a liderança é capaz de levar o grupo ao objetivo de superar a crise. Caso contrário a hesitação e as lacunas geradas por uma liderança sem autoridade técnica soarão praticamente como um alarme de emergência alertando ao grupo sobre a necessidade de um novo líder. Nestas circunstâncias de degradação de uma crise, o que estará em jogo é a sobrevivência das pessoas, do grupo e da organização. O líder sem autoridade técnica não será poupado durante o gerenciamento da crise. Assim que detectado ele tenderá a ser substituído pelo grupo. Não importa o fato da pessoa do líder ter o título oficial que lhe confere a liderança reconhecida formalmente pela organização. Com ou sem "diploma de líder" ou "diploma de gestor", sem autoridade técnica o grupo irá virar as costas para a liderança que não detenha o conhecimento necessário para responder a crise.

> *Grandes estadistas e líderes carismáticos perdem o poder se não souberem como gerenciar uma crise. É até possível conquistar a liderança e mantê-la sem ter conhecimento técnico. Mas no momento em que o conhecimento for requerido para a superação de uma crise, se o líder insistir em manter o poder sem ter o conhecimento técnico para superá-la, ele será desprezado. Se for teimoso, será massacrado.*

Diante de um líder sem autoridade técnica, de forma natural e incontrolável outros líderes surgirão espontaneamente dentre aqueles que conseguirem mostrar que o conhecimento técnico necessário para superar a crise está mais acessível a eles. Na prática, podemos dizer que o conhecimento é que lidera. Durante uma crise essa verdade pode tornar-se indelicada e até cruel com os líderes formais e com as lideranças oficiais. Aqueles que possuem autoridade técnica irão naturalmente ser demandados pelo grupo a ocupar a liderança. A força desse comportamento é a mesma força da necessidade de sobrevivência. Por isso durante as crises severas a liderança que não estiver preparada corre sério risco. É bom que prevaleça a liderança com autoridade técnica para a sobrevivência das pessoas, dos grupos e das organizações. A presteza requerida pelas ações de resposta e a percepção do lapso de conhecimento

técnico não perdoarão líderes tecnicamente despreparados durante o gerenciamento de uma crise.

> ### REAÇÃO DE LIDERANÇA FRENTE À CRISE
> **Agir com autoridade técnica para conduzir o grupo**
> **ao objetivo que o grupo quer alcançar**

A reação de engenharia de resiliência, a reação de engenharia robusta e a autoridade técnica da liderança formam a base da melhor resposta a uma crise. Nada substitui a eficiência baseada na simplicidade destes três componentes. A reação de engenharia de resiliência tenta restaurar as funções originais perturbadas pela crise. A reação de engenharia robusta reinventa estas funções no caso da restauração tornar-se impossível. A liderança pela autoridade técnica capacita o líder a conduzir o grupo exatamente para o objetivo que o grupo deseja alcançar – superar a crise. Estes três componentes juntos formam o melhor antídoto para resposta às crises.

O Fluxo 5 – Antídotos Para Reações Indevidas é um facilitador para gestores que querem evitar as reações indevidas. Seguindo o fluxo, para cada tipo de reação indevida uma pergunta guia auxilia o gestor a detectá-la e controlar sua influência sobre a consciência situacional. Os últimos três itens da sequência são apresentados após a seta indicativa de "atenção certa no tempo certo" (cultura de segurança forte) e representam as reações adequadas que devem ser adotadas em um eficiente gerenciamento de uma crise.

Fluxo 5 – Antídotos para Reações Indevidas

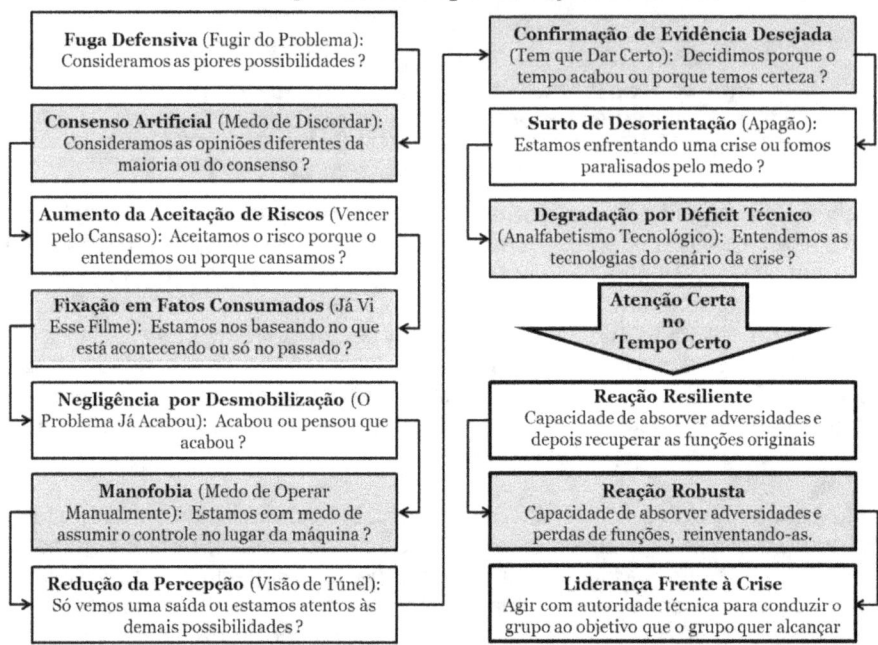

Fuga Defensiva (Fugir do Problema): Consideramos as piores possibilidades ?

Consenso Artificial (Medo de Discordar): Consideramos as opiniões diferentes da maioria ou do consenso ?

Aumento da Aceitação de Riscos (Vencer pelo Cansaço): Aceitamos o risco porque o entendemos ou porque cansamos ?

Fixação em Fatos Consumados (Já Vi Esse Filme): Estamos nos baseando no que está acontecendo ou só no passado ?

Negligência por Desmobilização (O Problema Já Acabou): Acabou ou pensou que acabou ?

Manofobia (Medo de Operar Manualmente): Estamos com medo de assumir o controle no lugar da máquina ?

Redução da Percepção (Visão de Túnel): Só vemos uma saída ou estamos atentos às demais possibilidades ?

Confirmação de Evidência Desejada (Tem que Dar Certo): Decidimos porque o tempo acabou ou porque temos certeza ?

Surto de Desorientação (Apagão): Estamos enfrentando uma crise ou fomos paralisados pelo medo ?

Degradação por Déficit Técnico (Analfabetismo Tecnológico): Entendemos as tecnologias do cenário da crise ?

Atenção Certa no Tempo Certo

Reação Resiliente
Capacidade de absorver adversidades e depois recuperar as funções originais

Reação Robusta
Capacidade de absorver adversidades e perdas de funções, reinventando-as.

Liderança Frente à Crise
Agir com autoridade técnica para conduzir o grupo ao objetivo que o grupo quer alcançar

6.15 Lições Aprendidas – Duas Crises e Dois Desfechos Opostos

VOO 447 RIO DE JANEIRO – PARIS: UMA PEÇA SIMPLES CAUSA DESASTRE

No voo 447 do Rio de Janeiro para Paris uma peça simples causou um desastre de repercussão mundial. Várias falhas de interação da tripulação com a aeronave e problemas de cultura de segurança estabeleceram a crise que levou à essa trágica catástrofe. Espera-se mais da segurança de aviões do que de outros equipamentos? A falha de um instrumento básico de indicação de velocidade pode parecer muito mais complicada do que realmente é quando este equipamento faz parte de uma aeronave. Muitas pessoas consideram que tudo numa aeronave é complexo, sofisticado e difícil de ser operado. Quando se fala em comandar uma aeronave, a imagem do cockpit cheia de indicações, controles, botões vem logo a mente e faz com que as pessoas acreditem que as atividades dos profissionais na cabine de um avião sejam para "super-homens". Essa percepção é irreal, pois toda aquela complexidade foi projetada e testada para ser operada por pessoas normais. Aliás quanto mais normal, melhor será o piloto ou o operador. Visão normal, audição normal, capacidade de coordenação normal, raciocínio lógico normal etc. são os fatores relevantes do perfil de um bom operador ou piloto. O perfil dos melhores operadores e pilotos é muito mais um conjunto de normalidades equilibradas e confiáveis do que uma lista de super habilidades atípicas e imprevisíveis.

O pesquisador britânico da área de fatores humanos James Reason abordou o tema sob três perspectivas: psicológica comportamental, cognitiva (informação) e natural (orgânica). Segundo Reason, pela abordagem natural do erro humano, a memória primária do homem é a responsável pela percepção imediata. Mas, a quantidade de itens memorizáveis depende se houver ou não a associação entre esses itens. O limite na quantidade de itens memorizáveis através da memória primária sem associação entre si (sem confundi-los) é de no máximo sete itens. Por isso, em geral, as salas de controle de usinas nucleares, cockpits de aeronaves e outras estações de controle, devem ser projetadas para requerer o gerenciamento máximo de seis informações simultâneas e diretas durante uma emergência (funções críticas de segurança). Um sétimo canal deve permanecer disponível para a comunicação externa. Pelo menos essa seria a condição ideal a ser definida em projetos de salas de controle e cockpits.

As dificuldades naturais impostas pelo longo caminho de preparação e estudo até que uma pessoa possa trabalhar num cockpit de aeronave não devem continuar durante a rotina de trabalho seja no comando ou na pilotagem de uma aeronave. O estudo e a preparação exigem muita dedicação, persistência e

habilidades que podem parecer tarefa de "super-homem", mas pilotar ou comandar uma aeronave deveria ser uma atividade natural e tranquila para aqueles que realmente chegaram até o cockpit de comando preparados. Se ficam confusos, nervosos ao ponto de perderem os canais de percepção, então não estão tecnicamente preparados para a função. Se a interface de controles demandar excessivo esforço cognitivo durante a interação homem X máquina, então a aeronave foi mal projetada. Considerando isso, pilotar um avião ou dirigir um automóvel pode exigir demandas cognitivas e motoras semelhantes e responsabilidades de mesmo peso sobre vidas humanas.

Se o velocímetro do seu carro quebrasse no meio de uma viagem, isso seria motivo justificável para você bater num poste ou cair num precipício matando todos os passageiros? Guardadas as proporções técnicas, em termos de gerenciamento de riscos e segurança, aconteceu algo bem semelhante em junho de 2009 com os 228 passageiros do voo AF 447 que decolou do Rio de Janeiro com destino a Paris.

Entenda a comparação: suponha que o seu carro tivesse um piloto automático que permitisse que você ficasse sentado, na frente do volante, assistindo toda a evolução do veículo pelo trajeto. Por alguma razão o velocímetro para de funcionar. O computador que controla o piloto automático que conduz veículo decide que deve ser automaticamente desligado por falta de informação sobre a velocidade devido a falha do velocímetro. Neste momento, você que é motorista e está na frente do volante deveria assumir o controle do veículo, bem como do acelerador e do freio passando a conduzir o carro manualmente, sem o uso do piloto automático, agora desligado. Se a falta do velocímetro causasse maiores complicações, você poderia fazer uma parada interrompendo a viagem para corrigir as falhas do equipamento. Caso contrário, mesmo sem o velocímetro e sem ferir o código de trânsito, você como motorista conduziria o carro até seu destino seguro, talvez com um pouco mais de trabalho, mas em segurança. O que aconteceu no cockpit do voo 447 entre Rio e Paris foi uma demonstração de despreparo técnico da tripulação, resultado de uma cultura de segurança pouco equivocada capaz de gerar projetos "hi-tech", mas que subestimam a importância do elemento humano na tomada final de decisões em emergências.

TUBO DE PITOT: INVENTADO NO SÉCULO XVIII

O tubo de pitot é um instrumento de medição de velocidade bastante conhecido, e foi inventado no século XVIII. Seu princípio de funcionamento é simples e permanece sendo utilizado nas modernas aeronaves para medir a velocidade. Entretanto, o equipamento congelou enquanto a aeronave atravessava uma tempestade sobre o Atlântico. O tubo de pitot mede a velocidade da aeronave através da comparação de pressões decorrentes do deslocamento de ar e depende de pequenos furos do instrumento que precisam estar desobstruídos para que a medição da velocidade funcione perfeitamente. As aeronaves possuem mais de um instrumento como esse, justamente para o caso de falhas. Os sensores destes instrumentos são mantidos aquecidos por sistemas auxiliares para evitar o congelamento. Lamentavelmente algo falhou e o tubo de pitot congelou ficando com os orifícios bloqueados e impedindo a medição de velocidade. Trata-se de um equipamento muito conhecido para os técnicos e

grande parte dos engenheiros mecânicos construíram um protótipo de tubo de pitot durante sua formação acadêmica nas aulas de laboratório de mecânica dos fluidos.

Mesmo utilizando uma tecnologia bastante madura o equipamento falhou. Todavia apenas isso não seria suficiente para derrubar a aeronave. Há inclusive outros meios de se obter a velocidade. Manter a aeronave em condições para manutenção do voo não depende do tubo de pitot. Os sofisticados sistemas de automação que tem se proliferado em nossos tempos em aplicações que vão desde os eletrodomésticos em nossas casas até as aeronaves, dependem de um volume de dados coletados por uma rede de instrumentação. Esta rede inclui, por exemplo, no caso do Airbus A 330, os dados obtidos pelo tubo de pitot. Esses dados são tratados por sistemas lógicos complexos e reduzem a demanda cognitiva daqueles que são responsáveis pelo controle do equipamento (pilotos). Porém isso não significa que tais operadores, ou no caso os pilotos, possam abrir mão do conhecimento técnico necessário para conduzir o equipamento em situações de emergência, onde uma parcela de "imprevisibilidade" sempre está presente. Para lidar com o fator "imprevisibilidade", sempre presente nas emergências, nada melhor e mais eficiente do que o cérebro humano bem preparado, capaz de medir consequências, considerar aspectos subjetivos e imprevisíveis, o que coloca os computadores em um patamar de inferioridade.

AF 447: SEM AUTOMATISMO E SEM PILOTO

No voo 447 do Rio para Paris o automatismo no comando da aeronave parou de funcionar por falta de dados sobre a velocidade decorrente da falha de congelamento do tubo de pitot. Os pilotos atualmente passam a maior parte do tempo supervisionando o voo e não de fato pilotando. Os treinamentos também consideram essa realidade e nem sempre são suficientes para preparar novos pilotos para situações em que, durante uma emergência, eles tenham que pilotar manualmente a aeronave. Trata-se de um problema de cultura de segurança. Determinadas culturas de segurança, refletem o "encanto" com a inteligência contida nos sofisticados sistemas de automação, e acabam por considerar a capacidade humana inferior ao que de fato é, o que é uma falha grave. Mais que isso, os defensores desse grau de automação exagerada que de certa forma minimiza a capacidade da intervenção humana, na realidade supervalorizam o seu próprio trabalho teórico de elaboração e projeto destes sistemas.

A inteligência é algo fascinante e os sistemas extremamente automatizados formam uma espécie de "registro de inteligência". Encantados com suas próprias obras-primas de automação, os fenômenos físicos, químicos e a imprevisibilidade da natureza são subestimados por alguns projetistas e até mesmo por operadores e pilotos. Há uma ilusão de que os sistemas extremamente automatizados estejam preparados para quase tudo e sejam por isso mais seguros. É apenas uma ilusão, talvez o fruto de um pouco de vaidade técnica. O que os acidentes ensinam é que a simplicidade é a amiga da segurança. Pelos registros da caixa preta e conclusões do relatório final elaborado pelo Escritório de Investigações e de Análises (BEA) da Aviação Civil da França, quando o cenário se estabeleceu a tripulação do voo 447 do Rio para Paris ficou muito mais preocupada em tentar recuperar a automação da

aeronave, do que propriamente em assumir as ações de voo manual e manter as condições mínimas de controle necessárias para o voo. Isso pode indicar a possibilidade de "**manofobia**", "medo de pilotar" ou "medo de operar". Como já citamos anteriormente este é um comportamento típico de operadores que se afastam das atividades manuais de rotina em decorrência de excessiva automação em suas tarefas. Desatentos em relação à visão do "todo" e com o comandante mais experiente ausente da cabine, poucos segundos de confusão foram suficientes para selar o destino de um voo previsto para cerca de 10 horas. Voos de longa duração como esses, na rotina dos atuais pilotos talvez se constituam de cerca de 9 horas de supervisão e uma hora de "real pilotagem". Uma sucessão de erros de pilotagem básica e a total incapacidade de entender o cenário (formar a **consciência situacional**) fizeram com que os fatores humanos se alinhassem a uma cultura de segurança não tão **robusta**, e assim fosse construída uma catástrofe.

O QUE FAZER PARA EVITAR NOVAS CATÁSTROFES?

Depois que uma catástrofe acontece, encontrar inúmeras falhas associadas ao evento não parece tarefa tão difícil. Principalmente quando elas recaem especificamente sobre aqueles que além de responsáveis, também foram vítimas. De uma forma ou de outra, todo o acidente tem alguma relação com uma falha humana. Mesmo que um eixo ou uma chapa estrutural da fuselagem se rompesse, pelo menos um erro humano relacionado com a manutenção, a gestão ou o projeto original teria sido cometido. Portanto todo acidente envolve erro humano. O pior é que o erro humano é mesmo inevitável, pela natureza bem conhecida dos seres humanos. A solução de gerenciamento de riscos que permite a elevação da segurança é reduzir ao máximo os fatores que possam induzir o operador ao erro humano. Além disso, se o erro humano acontecer, as consequências destes erros precisam ser mitigadas evitando que o cenário evolua e chegue a uma catástrofe como aconteceu com o voo 447 do Rio para Paris. Indo mais além, é preciso desenvolver uma cultura de segurança na qual os projetos de automação tenham limites de complexidade, uma vez que a segurança é mais "amiga" da simplicidade do que do conforto operacional. O excesso de automação, além de gerar vulnerabilidades operacionais, pode afastar os operadores e pilotos do entendimento dos fenômenos físicos, químicos que estão envolvidos em suas atividades técnicas rotineiras.

O mais importante para a segurança é agir conscientemente, entendendo o fenômeno a ser controlado e, por conseguinte, entendendo o cenário de cada instante da operação e do voo. A partir do momento em que os operadores e pilotos concentram sua capacidade cognitiva em entender "sistemas de automação", alguma coisa está errada, pois não é essa sua atividade fim. É bom lembrar que se existe uma automação ela foi construída com base na experiência anterior de pilotos que puderam fornecer parâmetros e informações para a construção das lógicas destes sistemas. A automação e os procedimentos operacionais reúnem o que se acredita ser o melhor do conhecimento acumulado sobre aquela atividade, mas não pode garantir 100% de solução para tudo que possa acontecer na realidade da rotina operacional. A de um piloto ou operador de qualquer máquina ou instalação, é insubstituível e indispensável, além de sempre estar acima da importância da atuação de qualquer máquina. Investir na

sensibilidade do operador em relação aos fenômenos com os quais ele lida, é investir em segurança. Esta é uma lição aprendida desse acidente para a segurança de todos os empreendimentos tecnológicos: Níveis de automação devem ter limites. O cérebro humano bem treinado ainda é o melhor, mais inteligente e eficiente equipamento para gerenciar crises e emergências.

Estes são conceitos fundamentais que precisam ser enfatizados e incluídos na cultura de segurança adotada nos empreendimentos tecnológicos. Afinal, com o grau de evolução tecnológica de nossos tempos, os recursos de automação sempre oferecerão mais um passo em direção à substituição do homem pela máquina. Não apenas em aeronaves, mas nas indústrias, usinas nucleares e até na medicina através do uso de robôs capazes de realizar cirurgias mesmo à distância. Não há nada de errado em toda essa tecnologia, mas caso os robôs e computadores parem de fazer seu trabalho conforme foi projetado, seja durante um voo ou durante uma cirurgia, o cirurgião, por exemplo, deve estar preparado para enfrentar a proximidade com o paciente, seus órgãos e seu sangue e não temer estes elementos pois jamais deixarão de fazer parte de sua atividade fim.

A CRISE NO COCKPIT DO VOO 447 DO RIO PARA PARIS

O moderno Airbus A 330 está no início da travessia do Atlântico e já voa a cerca de 3 horas entre o Rio de Janeiro e Paris. O comandante é um dos mais experientes pilotos da companhia aérea e compõe a tripulação com mais 2 pilotos, estes com menos experiência. O comandante se comunica com o controle de voo do Brasil informando a sua posição sem que nenhuma anormalidade seja registrada. A tripulação está ciente de que há uma grande tempestade sobre o Atlântico, exatamente na rota programada para o voo, mas a **avaliação imediata do cenário** faz com que a tripulação **tome a decisão** de manter a rota mesmo com a tempestade à frente. Mas aproximando-se da tempestade a aeronave enfrenta baixíssimas temperaturas e uma formação de nuvens densas inclusive com gelo. É possível perceber que pequenas pedras de granizo se chocam com a aeronave enquanto ela inicia a travessia da tempestade. Em um dado momento o sistema que mantem a correta temperatura dos tubos de pitot não consegue impedir o congelamento e a obstrução dos furos que possuem importante função nestes sensores. O congelamento impede o bom funcionamento dos tubos que são responsáveis por prover dados, especialmente relacionados com a informação de velocidade da aeronave. Esta indisponibilidade de dados não afeta diretamente as condições de segurança do voo e apenas desliga o piloto automático. Um alarme é anunciado no cockpit informando aos pilotos sobre este desligamento. Neste momento o comandante da aeronave, muito mais experiente que os demais pilotos, já está em seu período de descanso e o comando do Airbus A 330 está a cargo de uma dupla de pilotos sem muita experiência e com pouca habilidade de pilotagem manual.
Eles acabaram realizando uma sequência de ações indevidas, possivelmente influenciados por **medo**, mais especificamente por **medo de operar** ou o que chamamos de "**manofobia**". Acostumados a apenas monitorar o trabalho do piloto automático e com pouca experiência de pilotagem os dois jovens pilotos precisam assumir o controle do voo em um momento adverso quando a aeronave está atravessando uma forte tempestade e grandes turbulências. Se

os dois pilotos simplesmente mantivessem a aeronave nas mesmas condições em que o piloto automático se desligou, o congelamento iria em certo momento se reverter e o problema com o piloto automático desapareceria. Mas assustados com a falta de indicações nos instrumentos e confusos quanto as leituras de velocidade e de altitude da aeronave, os pilotos resolvem levantar o nariz do avião e aumentar a potência iniciando uma manobra de elevação da altitude de voo com uma **consciência situacional** limitada sobre o que estava realmente acontecendo com o Airbus A 330 sob sua responsabilidade. Eles não fizeram um bom **diagnóstico** e com base na **avaliação imediata do cenário** resolveram agir sem chamar o comandante mais experiente. Ele poderia ajudar a melhorar a **consciência situacional** sobre a emergência. Os pilotos, através de suas ações demonstram insuficiente conhecimento sobre a aeronave e muitas deficiências quanto ao conhecimento dos princípios básicos de pilotagem. Os pilotos inexperientes estavam vivenciando um momento de "**analfabetismo tecnológico**" e por consequência acabaram provocando a **degradação por déficit técnico** das condições de voo. Eles provocam um aumento absurdo de velocidade e ao mesmo tempo um aumento de altitude. A manobra equivocada reduz gradualmente a capacidade de sustentação do Airbus A 330 até que a aeronave entra em estol (perda de sustentação).

Embora o alarme de estol esteja sendo anunciado pelo sistema de automação e a aeronave esteja na prática em queda, os pilotos não são demovidos de sua precária **consciência situacional** permanecendo insensíveis às **evidências objetivas** que se acumulam. Os pilotos no cockpit entram em estado de "**visão de túnel**" e só conseguem enxergar uma saída para o cenário que imaginam estar enfrentando. Eles entram também no estado de **tendência de confirmação de evidência desejada** insistindo em manter o nariz do avião para cima enquanto o avião está em queda. Devido ao estado de **analfabetismo tecnológico** e de **visão de túnel** em que se encontravam, os pilotos consideravam que a aeronave estava subindo devido ao posicionamento para cima do nariz da aeronave, por eles mesmos mantida nessa posição. Eles perderam a orientação espacial, e na realidade a aeronave estava caindo em direção ao mar com o nariz inclinado para cima restando pouco tempo e pouquíssima altitude para realizar uma manobra salvadora de recuperação da sustentação.

Os pilotos não souberam agir como pilotos em relação aos mais básicos fundamentos de voo e demonstraram desconhecimento profundo do equipamento que estavam operando. O procedimento correto para corrigir um estol é apontar o nariz para baixo enquanto ainda existe altitude suficiente para recuperar o controle da aeronave. Confusos os pilotos realizavam intervenções contraditórias nos sistemas da aeronave. A contradição das atuações do piloto e copiloto faziam com que a automação anulasse os comandos inconsistentes e assim eles já não mais conseguiam exercer influência sobre o controle da aeronave. As gravações da caixa preta comprovaram que eles se perguntavam um ao outro se estavam entendendo o que estava acontecendo o que revela que entraram em **surto de desorientação frente à crise** - um "**apagão**". Apenas quando restavam 19 segundos para que o avião se chocasse com o mar o comandante mais experiente retorna para o cockpit e conforme os registros de gravações da caixa preta ele se assusta com o cenário de completa confusão

entre os pilotos. Em meio à crise no cockpit o comandante percebe as manobras incompatíveis com um cenário onde o alarme de estol está presente. O comandante tem muito pouco tempo para tentar entender o que está acontecendo e sua **consciência situacional** ainda está se formando quando ele percebe a incoerência de ações entre os pilotos: um deles acionando os controles para inclinar o nariz para cima e o outro piloto fazendo o mesmo para inclinar o nariz da aeronave para baixo. Ambos deveriam posicionar o nariz para baixo e deveriam ter uma consciência situacional mais apurada sobre o trabalho de seu colega.

As gravações da caixa preta registraram claramente que em um dado momento um dos pilotos repete mais de uma vez que não está entendendo por que a aeronave está caindo mesmo estando ele movimentando o side stick (controle que substitui o manche) de forma a apontar o nariz do avião para cima. Por causa desse comentário do copiloto finalmente o comandante percebe o erro que está sendo cometido e conforme os registros da gravação, diz: "não não não, o nariz tem que ser apontado para baixo". Embora eles tenham conseguido formar a **consciência situacional** do verdadeiro cenário de **crise**, isso aconteceu tarde demais. Os registros de dados mostraram que eles iniciaram as manobras corretas de recuperação da sustentação, mas devido à baixa altitude não foi possível evitar o choque fatal com o mar sem sobreviventes.

VOO 009 LONDRES – PERTH: DESASTRE EVITADO MESMO SEM AS 4 TURBINAS

No voo 447 do Rio para Paris o moderno Airbus A 330 foi completamente destruído sem sobreviventes por uma cadeia de eventos iniciada com a falha do tubo de pitot, uma peça que não é indispensável para manter a aeronave estável em voo. Ao contrário, o voo 263 de 24 de junho de 1982 voava de Londres para Perth (Austrália) quando perdeu todas as suas quatro turbinas fazendo com que os pilotos tivessem que gerenciar uma crise muito mais grave que a falha de um simples tubo de pitot.

*A tripulação do voo 263 da companhia britânica é muito experiente sendo composta do comandante, um copiloto e um engenheiro de voo. Mas eles estão voando juntos pela primeira vez, e não se conhecem. Quando a aeronave atinge sua altitude de cruzeiro os passageiros e os comissários começam a perceber a presença de fumaça no interior da aeronave e essa **evidência objetiva** alimenta a dúvida sobre um possível cenário de incêndio no avião. Enquanto isso, no cockpit os pilotos passam a conviver com um estranho e perturbador fenômeno físico. Diante das janelas frontais luzes surgem como centelhas e começam a se intensificar de forma semelhante ao fenômeno conhecido como "fogo de santelmo". O "fogo de santelmo" consiste numa descarga eletroluminescente provocada pela ionização do ar num forte campo elétrico provocado pelas descargas elétricas em nuvens densas. Mas os pilotos tinham motivos para estarem confusos porque não haviam nuvens desse tipo naquela noite.*

Logo os passageiros também começam a perceber o estranho fenômeno de luminosidade nas asas do avião e a quantidade de fumaça na cabine de passageiros aumenta, elevando também a preocupação de todos. O sistema de

*insuflamento do ar condicionado parece distribuir a fumaça espeça e com um cheiro estranho. Os pilotos estão ficando cada vez mais assustados com as centelhas e luzes nos vidros e percebem que os motores também estavam sob um bizarro espetáculo de luzes e centelhas. Algum fenômeno muito estranho e desconhecido perturba a formação da **consciência situacional** dos pilotos. Aos poucos os para-brisas passam a ter tantas centelhas e luzes que parecem placas completamente acesas. A fumaça ácida incomoda e a temperatura aumenta no interior da aeronave. Todos sentem o aumento do calor e não conseguem encontrar nenhum indício de incêndio. As pessoas tentam formar uma **consciência situacional** sobre o **cenário,** mas a tarefa torna-se cada vez mais difícil pela influência de um sentimento de **medo** diante do desconhecimento sobre o estranho fenômeno e suas consequências.*

*Os passageiros começam a perceber que o fenômeno se intensifica ainda mais até que os motores começam a expelir labaredas como se estivessem pegando fogo. Chamas de até 12 metros podem ser observadas nas descargas das turbinas aumentando gradativamente o **medo**. Tanto para passageiros, como para comissários e pilotos, tudo parece desconhecido em relação ao estranho fenômeno e para piorar o cenário, o primeiro de quatro motores falha. Mesmo com as labaredas na exaustão das turbinas os instrumentos não detectam incêndio na aeronave embora a fumaça esteja aumentando junto com o **medo** pelo desconhecido. Alguns instantes depois o segundo motor também para e em uma sequência assustadora todos os motores param completamente de funcionar. O **evento** em andamento fez com que o Boeing 747 perdesse seus 4 motores em apenas 1m30s. Diante do **cenário** de ameaça os pilotos **declaram emergência** e sem propulsão o avião começa a cair. Mas até a **comunicação da emergência** está sendo dificultada pelo estranho fenômeno e a tripulação não consegue fazer uma boa comunicação com os controladores em solo. Os canais de rádio também estão comprometidos pelo fenômeno e o controle em Jacarta, onde pretendiam fazer o pouso de emergência, tem dificuldade de entender a **declaração de emergência**. A tripulação não conhece histórico de acidentes anteriores similares. Era a primeira vez que um 747 perdia todos os seus motores em pleno voo. Os pilotos são treinados em simuladores para prover resposta a um evento de perda de todos os motores de um Boeing 747, mas o **cenário real** que estão passando é muito diferente das simulações que eles fizeram durante os treinamentos.*

*Para perturbar ainda mais a formação da **consciência situacional** e **a preparação da atitude frente à crise** os pilotos precisam conviver com as dúvidas sobre que erros teriam cometido para que a emergência chegasse a esse grau de gravidade, colocando a vida de todos a bordo sob grande risco. Nos registros de gravação de voz no cockpit é possível ouvir que os pilotos se perguntavam: "onde erramos"? A tripulação não consegue fazer o **diagnóstico** do **cenário** estabelecido a partir do estranho fenômeno de luzes. Um 747 não foi projetado para voar sem os 4 motores, mas a velocidade e a altitude em que se encontrava a aeronave permitia que o avião conseguisse ser precariamente mantido em voo descendente no qual a cada 15 km planando perdia cerca de 1km de altitude. Este é o **cenário real** com o qual os pilotos precisam conviver e eles conseguem formar a **consciência situacional** que esta era a condição possível de manter um precário voo, mesmo sem ter disponível nenhum dos 4*

motores. O **cenário** evolui perigosamente até que a aeronave chega a menos de 10 km acima do oceano. Isso significa que a tripulação tem menos de meia hora até o avião se chocar com o mar. No treinamento em simulador quando há a perda de 4 motores o piloto automático se desliga, mas o comandante percebe que o piloto automático ainda está funcionando, mesmo com os 4 motores desligados.

Quando houve a perda do quarto motor o comandante decidiu manobrar a aeronave e retornar para o aeroporto mais próximo, mas ele sabe que mesmo assim não conseguirá chegar até a pista se não conseguir fazer com que pelo menos um dos motores funcione. O radar do controle de solo não consegue detectar o avião, também por causa do estranho fenômeno de luzes que envolve a aeronave. Sem os motores o avião estava descendo rapidamente em um silêncio atípico em meio a um espetáculo de luzes ainda sem explicação. Os instrumentos de velocidade também param de funcionar e este é um parâmetro fundamental pois o comandante precisa manter o avião dentro de uma faixa de velocidade correta para planar. As turbinas precisavam ser novamente submetidas a tentativas de partida mas isso só seria possível se a aeronave estivesse voando na faixa de velocidade adequada para o acionamento.

Sem os motores o sistema de pressurização da aeronave não está funcionando e com o passar do tempo a taxa de oxigênio cai no interior do avião. O comandante e o piloto acionam as suas máscaras de oxigênio mas a máscara do copiloto acaba se rompendo no momento em que ele a retira do compartimento do teto do cockpit. Agora o comandante também está sob o risco de perder um colaborador indispensável uma vez que as condições de respiração estão tão degradadas que a qualquer momento o seu copiloto pode desmaiar. Para reduzir as chances do copiloto desmaiar o comandante faz uma descida acentuada do avião para alcançar uma altitude onde seja possível respirar sem máscaras. O sistema de comunicação interna entre cockpit, comissários e a cabine de passageiros também para de funcionar e o chefe dos comissários precisa usar um megafone para orientar e controlar os passageiros que a esta altura estão em pânico em meio a fumaça, falta de oxigênio, estranhas luzes e uma queda acentuada da aeronave.

Os pilotos tentam desesperadamente cumprir o check list de partida dos motores mas sempre um dos requisitos para isso não conseguia ser aprovado devido ao estado de degradação da aeronave. O copiloto e o engenheiro de voo repetiram em vão por cerca de 50 vezes o check list na tentativa de viabilizar a partida de pelo menos um dos motores. O **cenário** torna-se cada vez mais crítico mas a tripulação permanece em seus postos realizando o melhor trabalho possível de **gerenciamento de crise**. A cada instante novas **evidências objetivas** parecem demonstrar que todos estão inseridos em um **cenário** sem resposta cujo destino é o fim catastrófico do voo com a morte de todas as pessoas. Para agravar ainda mais a **crise** os pilotos formam a **consciência situacional** de que entre o avião e a pista do aeroporto existe uma cadeia de montanhas com 3500 metros de altitude e se a aeronave não recuperar a propulsão os pilotos não conseguirão manter a altitude do voo acima de 3500m, fazendo com que o voo 263 termine com uma colisão da aeronave com as montanhas o que significa poucas chances de sobreviventes. Se os pilotos não conseguirem fazer uma boa **preparação**

para a atitude e colocar os motores em funcionamento, eles terão que *tomar uma decisão* muito difícil. Sem propulsão os pilotos precisão aproveitar a pouca altitude e retornar para voar sobre o mar e tentar pousar precariamente o Boeing 747 sobre a água, com poucas chances de sobrevivência.

O comandante, mesmo sob intensa pressão, consegue fazer uma **comunicação da crise** relativamente tranquila para os passageiros. Ele prepara os passageiros e os pilotos para o desfecho do voo. Nesse momento as chances de fazer o motor voltar a funcionar eram mínimas até que, já abaixo dos 4000 metros, tão subitamente como havia parado o motor 4 voltou a funcionar. Todos sentem o som de rotação da turbina e o impacto do empuxo do motor. Mas naquela situação a altitude e as condições de voo estavam demasiadamente degradadas e apenas um motor não seria o bastante para manter a altitude e superar as montanhas. Neste momento limite e de **tomada de decisão** novamente de forma surpreendente os demais motores começaram a funcionar em sequência. Os pilotos, emocionados com a nova perspectiva de **gerenciamento da crise,** comunicam ao controle em solo que todos os 4 motores estavam funcionando e dessa vez não havia dificuldades de comunicação entre torre e aeronave.

A tripulação prossegue o **gerenciamento da crise** e normaliza as condições de voo subindo para cerca de 4500 metros. Mas o **cenário** favorável é completamente desfeito quando novamente o mesmo fenômeno luminoso volta a perturbar o voo. O comandante decide descer novamente a aeronave para evitar novas paradas dos motores, mas antes de conseguir fazer isso os motores começam novamente a falhar. Novas labaredas e explosões ocorrem nas turbinas e um dos motores já está novamente parado. Parece que o destino do voo 263 não oferece mais chances para as pessoas a bordo. Na medida em que conduzem a aeronave os pilotos percebem que os para-brisas estão muito embaçados, como se estivessem sob intensa neblina e eles, a princípio fazem **validações subjetivas** supondo que havia humidade nos vidros e acionam a ventilação forçada e os limpadores de para brisa sem sucesso nesta operação.

Na realidade os vidros das janelas estavam danificados pelos efeitos do estranho fenômenos de luzes e por isso estavam foscos, opacos. Somente as janelas laterais permitem alguma visão aos pilotos. Pelas janelas frontais da aeronave os tripulantes só conseguem enxergar os vultos das luzes. Para complicar ainda mais o trabalho de **gerenciamento de crise** o controle de solo informa que o sistema de instrumentos de orientação para aproximação e pouso do aeroporto está parcialmente inoperante. Isso significa que além de todas as dificuldades impostas pelo cenário e pelo estado de degradação da aeronave a tripulação precisa pousar o avião manualmente, sem visibilidade pelas janelas frontais do cockpit. O **gerenciamento da crise** prossegue e o comandante assume a pilotagem enquanto o copiloto, desprovido das indicações dos instrumentos avariados, faz estimativas da altitude e as anunciam verbalmente, literalmente aos gritos para orientar o comandante. Um trabalho fantástico de **gerenciamento de crise** permite que a aeronave que perdeu propulsão diversas vezes ao longo do voo (chegando a ficar com os 4 motores inoperantes) consiga finalmente pousar sem instrumentos com todas as pessoas ilesas, e os vidros frontais opacos.

Após a incrível proeza de pousar o avião naquelas condições, ao saírem da aeronave todos queriam entender o que teria acontecido. Os pilotos temiam ter cometido algum **erro humano**. Do lado de fora do avião foi possível observar que a aeronave havia sido totalmente danificada externamente. Mas o resultado das investigações mudou definitivamente os treinamentos de todos os pilotos a partir desse evento. As investigações concluíram que a causa da crise foi um fenômeno natural.

Na noite em que estavam voando sobre a Indonésia um vulcão havia entrado em erupção liberando uma densa nuvem de partículas. Houve um acúmulo de particulado nas camadas atmosféricas entre 4000 e 15000 metros de altitude. O avião foi literalmente jateado por essas partículas abrasivas de minerais triturados e o atrito foi intensificado com a velocidade superior a 500 km/h em um ambiente seco. Estas condições atípicas provocaram um efeito elétrico que gerou o espetáculo de luzes e as interferências com os sistemas de comunicação. A temperatura no interior da turbina em operação pode chegar a mais de 2000 graus centígrados e as partículas minerais presentes na nuvem vulcânica se fundem a cerca de 1300 graus centígrados. Por isso a cinza tornou-se líquida no interior das turbinas e acabou se esfriando em alguns pontos com temperaturas mais brandas formando um aglomerado de material vulcânico acumulado na superfície das peças e internos das turbinas impedindo o funcionamento dos motores que se desligaram.

Quando os pilotos conseguiram diminuir a altitude da aeronave eles saíram da nuvem de partículas e depois de algum tempo as cinzas se esfriaram e se desprenderam da turbina possibilitando que os motores pudessem ser religados. Todo o gerenciamento de crise realizado pela equipe de pilotos foi espetacular e os pilotos receberam vários reconhecimentos por sua bravura e competência. Até hoje todos os sobreviventes desse voo se reúnem regularmente e eles criaram uma associação que preserva o aprendizado com o **gerenciamento daquela crise** singular na história dos voos comerciais. Os passageiros passaram a ser amigos e alguns deles até se casaram. Uma passageira chegou mesmo a escrever um livro sobre o acidente chamado: "As Quatro Turbinas Pararam".

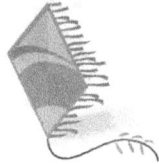

Uma grande tempestade de verão produz relâmpagos, raios e trovões assustadores. Em um andar alto de um grande edifício em frente à praia, três crianças com menos de 5 anos estão muito assustadas com o cenário que observam pela janela. Um forte vento movimenta cortinas e árvores enquanto objetos são arrastados de um lado para o outro. Uma das crianças começa a chorar e isso é suficiente para que as demais também comecem a se juntar a ela. Já é final de tarde e com a tempestade parece que a noite acabou sendo antecipada e as luzes já acesas também oscilam mostrando que a qualquer momento uma interrupção de energia poderá ocorrer. Um adulto se aproxima das crianças assustadas com o objetivo de tentar acalmá-las mas suas palavras não surtem o efeito desejado. Elas repetem que odeiam tempestades e que temem que um raio caia sobre elas. Nenhuma palavra do adulto parece conseguir reverter o clima de desespero das crianças até que o adulto resolve mostrar algumas luzes vermelhas no topo dos outros prédios que podem ser avistados pela janela. O adulto diz para as crianças: "- vocês estão vendo aquela pequena luz vermelha sobre o prédio? Pois saibam que aquela luz é um sinal que indica algo que nos protege. E o nome dessa coisa é para-raios, isso mesmo para-raios. Aquela luz está ali porque é para aquele lugar que todos os raios que chegam perto dos prédios vão e descem direto para a terra sem causar nenhum mal para ninguém. Por isso o nome é para-raios. Bem ali, naquela luz vermelha, todos os raios param, e em cima de todos os prédios, inclusive do nosso, tem uma luz vermelha igual a essa, parando todos os raios".

Impressionados com a descrição, para as crianças a parte mais importante de tudo que foi explicado pelo adulto era poder observar a pequena luz vermelha sobre os prédios. Isso fazia toda a diferença. As crianças que estavam com medo de olhar para a janela pararam de chorar e observavam as várias luzes vermelhas sinalizadoras de para-raios. Curiosas elas já até trocavam comentários umas com as outras sobre as lâmpadas vermelhas que protegiam as pessoas daqueles barulhentos e assustadores raios. A descrição do para-raios seria apenas mais um dentre muitos dos argumentos utilizados na tentativa de convencimento das crianças, na realidade uma sucessão de **validações subjetivas**. Mas a lâmpada vermelha no topo do prédio dava todo o sentido que faltava para que os argumentos fossem compreendidos pelas crIanças. A lâmpada vermelha (na realidade para a orientação de aeronaves) estava lá, acesa, poderia ser vista a todo o momento não só por um mas por todos como uma **evidência objetiva** de que toda aquela explicação fazia sentido.

Em meio a um cenário que possa representar uma ameaça e gerar uma crise, nós também deveríamos agir como as crianças, nos deixando sensibilizar mais pelas **evidências objetivas** do que pelas **validações subjetivas**. A **consciência situacional** depende do equilíbrio de ambas, mas não há limites para criatividade humana inventar explicações e se confundir com elas. Os fatos (**evidências objetivas**) não são tão facilmente distorcidos pelas influências que

atuam sobre nossa **consciência situacional**. Observem que talvez as crianças jamais pudessem notar as pequenas lâmpadas sinalizadoras vermelhas em meio ao assustador cenário de tempestade. Somente o **conhecimento** de alguém mais experiente é que pôde fazê-los ver uma evidência da proteção que parecia antes não existir. Uma luz fez aparecer bem diante de seus olhos ainda infantis e imaturos, algo que as conclusões e explicações subjetivas não conseguiam mostrar. O conhecimento vence o medo.

7 Crise em Ambiente de Estação de Controle

O gerenciamento de crise pode ser analisado de pontos de vista bastante diferentes se considerarmos dois principais tipos de ambientes. O trabalho de gerenciamento de crise dentro de uma sala de controle (estação de controle) é bem diferente do trabalho de gerenciamento de crise realizado fora deste ambiente. Primeiramente iremos considerar as estações de controle ou os ambientes operacionais que centralizam as decisões de nível mais elevado e que têm uma influência maior sobre a totalidade do empreendimento que está associado a uma crise.

Chamamos de "Estação de Controle" os ambientes de uma instalação, organização, planta de processo, equipamento, etc., os quais centralizam controles e ações de interferência nos processos em evolução no cenário de crise. Podemos considerar como estações de controle o cockpit de um avião, a posição do motorista em um automóvel, a sala de controle principal de uma usina nuclear ou de outra grande instalação industrial. Mas também chamaremos de "Estação de Controle", as salas de controle menores onde são controladas as atividades específicas de uma unidade ou subdivisão da estrutura operacional completa. Além da sala de controle principal podem existir outros postos de trabalho que funcionam como estações de controle menores, com influência apenas sobre uma parte da instalação. Uma plataforma de petróleo tem uma sala de controle principal mas pode ter também uma sala de controle dedicada exclusivamente para as operações submarinas robotizadas.

Aplicando o conceito de "estação de controle" para estruturas organizacionais, podemos dizer que a presidência e a diretoria de empresas e organizações, bem como a presidência e os ministros de governo de um país ou ainda o governador e os secretários de um governo estadual, todos estes atuam em ambientes de "estação de controle". Quando uma crise, seja ela econômica, social, financeira, catastrófica ou de qualquer tipo ameaça uma organização, então teremos aqueles que irão trabalhar para superá-la em um ambiente de "estação de controle" (conforme os exemplos citados). Mas outros envolvidos com a crise certamente estarão fora destes ambientes e por isso trabalharão para a superação da crise de outra forma.

> *Quem trabalha numa estação de controle não pode agir como um passageiro que reclama com o comissário sobre a turbulência ou o atraso do voo. Quem trabalha numa estação de controle tem que agir como piloto, assumindo sua responsabilidade e dando a atenção certa no tempo certo aos assuntos relacionados com a segurança.*

Existem alguns postos de trabalho convencional que podem funcionar eventualmente como estações de controle. Em uma aeronave o cockpit pode

ser considerado a estação de controle principal. Mas em aviões comerciais de porte existem, em geral, dois postos de trabalho na cabine: a posição do piloto e do copiloto. Ambas são partes integrantes da "Estação de Controle". Mas por exemplo em um automóvel, caminhão, etc., aquele que utiliza o assento ao lado do assento do motorista não tem praticamente nenhuma ação de controle ou poder de interferência nos processos operacionais sob o controle do motorista e por isso essa posição não pode ser considerada como parte de uma "Estação de Controle".

7.1 Aspectos e Características de Estações de Controle

Existem inúmeras configurações de estações de controle e seria exaustivo tentar descrever todos os tipos de estações de controle já que sempre será possível criar novas variações de configuração. Por isso iremos mostrar as funções básicas e as características elementares de uma estação de controle genérica com o objetivo de facilitar a diferenciação das estações de controle em relação aos demais ambientes.

7.1.1 Função Operacional

As atividades nas estações de controle têm como objetivo manter "as coisas funcionando" com o mínimo de interrupções e perdas. No caso de uma unidade industrial, ou um cockpit de aeronave ou ainda a direção de um automóvel os operadores precisam atuar para manter a planta produzindo, o avião em voo e o automóvel andando. Mas além de manter "as coisas funcionando", a função operacional implica em conduzir as atividades em segurança porque não interessa aos envolvidos que ocorram perdas indesejáveis durante as atividades de operação. Uma das principais características das estações de controle é a expressiva demanda de funções operacionais que podem ser atendidas a partir dela. Para manter as condições de segurança é importante prover a adequada resposta a uma eventual crise. Por isso as funções operacionais rotineiras de uma estação de controle, precisam ser exercidas com a consciência situacional em estado de prontidão para atuar no trabalho de gerenciamento de crise. Uma estação de controle pode ser demandada a gerenciar uma crise a qualquer momento, caso uma situação anormal se estabeleça.

7.1.2 Função de Monitoração

Além de executar as tarefas necessárias para manter "as coisas funcionando", o trabalho em estações de controle precisa monitorar os processos operacionais rotineiros com o objetivo de manter a consciência situacional atualizada sobre a rotina. É fundamental entender o que está acontecendo com as rotinas operacionais. Independentemente de um cenário de acidente a continuidade operacional e a consciência situacional sobre ela também são importantes.

Entender, acompanhar e monitorar as atividades da rotina operacional irá permitir diagnósticos melhores e a antecipação de problemas que, se resolvidos a tempo, poderão evitar o estabelecimento de uma crise ou emergência. O exercício da função de monitoração é uma característica do trabalho no ambiente de uma estação de controle.

7.1.3 Função de Coordenação

As atividades associadas ao trabalho em uma estação de controle podem exigir a distribuição de tarefas entre pessoas e o ajuste destas com o tempo. As pessoas podem estar distantes do local físico da estação de controle apesar de serem orientadas por ela. Muitas vezes os transientes operacionais podem tornar a distribuição de tarefas e a própria organização das atividades algo bastante complexo e sujeito a limitações de tempo devido à condição de emergência. Os que atuam em estação de controle precisam conviver com a função de coordenação das atividades operacionais rotineiras e com a função de atividades de gerenciamento de crise. Alguns elementos indicativos de uma crise podem ser percebidos ainda em cenários operacionais considerados normais. Pequenos desvios podem ser indicativos de uma provável degradação operacional em andamento.

7.1.4 Função de Teste

Outra importante parte das rotinas das estações de controle é verificar se os sistemas sob sua influência estão disponíveis e confiáveis. Para tal a estação de controle tem a função de acompanhar e em alguns casos realizar testes periódicos dos sistemas e das rotinas operacionais. Com os testes periódicos é possível antecipar problemas que seriam descobertos somente quando os sistemas fossem demandados. Sem testes periódicos estes problemas só seriam identificados justamente quando precisamos mais dos sistemas funcionando: durante a demanda. A função de teste é uma atividade permanente para os que trabalham em estações de controle. Os testes devem manter uma frequência e essa atividade deve ser inserida na rotina de uma estação de controle.

Mesmo quando não está sendo executado um programa de testes sistemáticos, a operação rotineira também serve como uma referência sobre a disponibilidade e a confiabilidade dos sistemas. É possível observar alguns desvios normais de operação que podem significar muito para experientes operadores de estações de controle. Os que atuam em estações de controle exercem a função de teste não somente como uma rotina específica e segregada das demais, mas a cada atividade e em cada intervenção que é realizada nas atividades operacionais os operadores de estação de controle podem colher dados e informações preciosas para a antecipação de problemas e crises. Em geral, as equipes de manutenção são responsáveis pela execução de testes periódicos dos sistemas, mas o

trabalho nas estações de controle inclui pelo menos o acompanhamento e a supervisão dos resultados destes testes.

Uma vulnerabilidade importante e frequente a ser mitigada é a deficiência de comunicação entre a estação de controle e a equipe de manutenção. Tanto a programação da realização dos testes quanto os resultados destes testes periódicos precisam ser submetidos à estação de controle para que sejam evitados conflitos entre a execução dos testes, seus resultados e as atividades da rotina operacional. Não raramente acidentes ocorrem em decorrência de falhas de comunicação e conflitos de programação durante a execução de testes.

7.1.5 Função de Diagnóstico

A operação de estações de controle requer a elaboração de diagnósticos a partir das informações que chegam do campo. Quando alguma anormalidade operacional ocorre, a necessidade de um diagnóstico torna-se ainda mais crítica pela expectativa de um acidente ou perda da continuidade operacional. Isso não significa que as atividades operacionais rotineiras não mereçam, durante as crises, a mesma atenção dos operadores. Mesmo enfrentando um problema, uma emergência ou uma crise as atividades operacionais básicas, tanto quanto possível, devem ser mantidas em curso para que o cenário não se degrade e a crise não se torne ainda mais severa. Estações de controle exigem que seus operadores realizem permanentemente diagnósticos sobre as informações que são nelas concentradas. Os operadores precisam realizar diagnósticos em condições normais de operação, em transientes operacionais e em emergências. Além de terem conhecimento técnico e experiência operacional para a realização do trabalho em estação de controle, seus operadores precisam receber os dados e as informações sobre os principais parâmetros indicativos das condições de funcionamento de cada sistema. As estações de controle centralizam as informações fundamentais e a partir destas informações os diagnósticos elaborados pelos gestores de crise precisam alcançar a maior correspondência possível com o cenário real em andamento.

7.1.6 Função de Resposta

Espera-se que as estações de controle sejam as principais fontes de resposta às crises e ameaças. As estações de controle devem ser providas de recursos de coleta de dados e comunicação para que as melhores respostas sejam produzidas durante o gerenciamento da crise. Como a questão da disponibilidade de tempo pode ser muito crítica durante uma crise, a função de resposta precisa começar a ser exercida muito antes do cenário de emergência se estabelecer. A qualidade de resposta requer um alto nível de consciência situacional que inclui não só o entendimento do cenário de crise mas também do cenário que a antecedeu. Operadores e gestores de estações de controle precisam ter capacitação e habilidade para a identificação das indicações e

evidências objetivas de uma crise antes mesmo dela se estabelecer por completo. Este estado de alerta amplia a possibilidade de elaboração de diagnósticos mais precisos. Com essa estratégia de antecipação a estação de controle trabalhará com mais sensibilidade, reconhecendo os primeiros indícios de cenários adversos podendo assim responder a crise com mais efetividade.

7.1.7 Função de Comunicação

A comunicação, seja de transmissão de dados ou entre as pessoas, é uma das principais funções relacionadas com as estações de controle. Durante o gerenciamento de crise as dificuldades de comunicação se ampliam. As fontes usuais de dados como instrumentos e computadores podem se tornar indisponíveis, comprometidas e degradadas. O comportamento das pessoas também pode sofrer grandes alterações comprometendo a qualidade e a confiabilidade da comunicação. A estação de controle tem a função de organizar as informações disponíveis, considerando as perturbações e os ruídos que possam interferir na qualidade da comunicação. Em geral, as informações e dados importantes para a segurança devem ser transmitidos por canais segregados, dedicados a esse fim. Para obter uma proteção especial podem ser criados, por exemplo, redundâncias de fontes e de canais de transmissão de informações. Também é importante haver um protocolo claro e definido de comunicação entre as pessoas. Há empreendimentos tecnológicos que estabelecem um código com termos, palavras e siglas que facilitem a comunicação entre pessoas durante o gerenciamento de crise. Algumas industrias, formaliza metodologias e protocolos de comunicação como é o caso das fraseologias de tráfego aéreo adotadas pelas autoridades reguladoras. As estações de controle precisam assegurar que a função de comunicação sustente a transmissão mínima de dados e de informações envolvendo máquinas e pessoas durante o gerenciamento de crise.

7.1.9 Configuração do Arranjo Físico e Localização

O arranjo físico de uma estação de controle está diretamente relacionado com a eficiência do trabalho de gerenciamento de crise. A iluminação, disposição de painéis, posição de consoles, escolha de instrumentos e características dos postos de trabalho fazem grande diferença. Existem inúmeras variações estratégicas para configurar o arranjo físico e a localização de uma estação de controle. Aspectos de ergonomia e de fatores humanos são decisivos para o bom desempenho das pessoas em um ambiente de estresse e pressão. O posicionamento dos anunciadores de alarmes, das telas, dos botões e dos comandos também interfere muito no trabalho em uma estação de controle.

A escolha da posição geográfica da estação de controle também influencia no seu grau de proteção e disponibilidade. Há instalações que precisam manter as estações de controle bem próximas dos principais equipamentos perigosos como em algumas plantas de processos industriais. Outras estações de controle

podem operar remotamente separadas por grandes distâncias dos equipamentos e do cenário que operam e monitoram. É o que acontece, por exemplo, em salas de controle de missões espaciais.

Em alguns casos é preciso proteger de forma especial as salas de controle através de uma localização estratégica. Algumas salas de controle podem ser instaladas em prédios resistentes a explosões e a ataques terroristas, enquanto que outras podem ser posicionadas para resistir terremotos e tsunamis. O tema é bastante complexo porque as estações de controle podem variar de um simples painel local dedicado a controlar um único equipamento, até sofisticadas e amplas salas de controle de usinas nucleares. Também podem ter limitações de ergonomia como no cockpit de um jato militar de caça ou quando instaladas em um submarino. A localização e o arranjo de estações de controle são um tema abrangente que vai desde a escolha do local físico, passando pelos sons de alarme, cores, iluminação até os detalhes na disposição das informações das telas que serão alternadas nos monitores de trabalho.

7.1.8 Configuração do Grupo de Pessoas

A parte mais importante de uma estação de controle são as pessoas que interagem dentro desse ambiente. A quantidade de pessoas não pode ser insuficiente, mas também não pode ser maior do que a necessária a ponto de dificultar a comunicação e a organização. É recomendável estabelecer um perfil comportamental como referência para cada estação de controle. Isso não significa que o objetivo seja que todos numa mesma estação de controle tenham comportamentos do mesmo tipo. Uma equipe com um padrão comportamental comum a todos os componentes mas que, ao mesmo tempo, comporte certa diversidade de reações terá maiores chances de analisar o cenário de crise por vários pontos de vista. Através da competência do trabalho em equipe será possível "somar cérebros e comportamentos" gerando uma perspectiva maior de eficiência e de capacidade de resposta à crise. Uma crise pode alcançar complexidade acima da capacidade de resposta de um único indivíduo. Nesta condição somente um trabalho de equipe muito consistente, baseado no respeito às diferenças de opinião e na precisão da comunicação poderá prover o adequado gerenciamento de crise.

7.2 Principais Tipos de Estações de Controle

Como dissemos anteriormente as estações de controle podem variar bastante desde simples painéis locais até complexas salas e cockpits de naves espaciais. Iremos destacar apenas alguns exemplos dos principais tipos de estações de controle, ressaltando mais uma vez que a variedade de tipos de estações de controle é imensa. O processo de criação de novos modelos e soluções para estações de controle é muito dinâmico e evolui a cada novo desafio tecnológico. É possível traçar um paralelo entre os tipos de estação de controle das instalações industriais com os tipos de ambientes organizacionais e corporativos

que fazem correspondência com as "estações de controle". Nos sistemas corporativos e organizacionais as diretorias, os governos, as prefeituras, e outros tipos de lideranças, podem ter sua atuação comparada com as das estações de controle industriais.

7.2.1 Estação de Controle Principal

São também chamadas de "salas de controle principal". Mesmo que existam várias outras estações de controle em um empreendimento, a sala de controle principal é a que detém maior poder de influência sobre os processos, maior acesso a dados e informações. Quando comparada com as demais estações de controle, a estação de controle principal exerce uma posição hierárquica superior em termos de gerenciamento de crise. Podemos citar como exemplo as salas de controle principal de usinas nucleares, as quais interagem e gerenciam as atividades das demais estações de controle.

7.2.2 Estação de Controle de Emergência

Estas estações ou salas de controle existem como uma redundância para o caso de perda ou indisponibilidade da sala de controle principal. Em geral não possuem a mesma capacidade de influência, atuação e de coleta de dados que a sala de controle principal. As salas de controle de emergência incluem (como redundância) parte dos controles essenciais dos sistemas mais importantes para segurança. Devem estar localizadas fisicamente de modo que um evento acidental na estação/sala principal não cause, ao mesmo tempo, um dano na estação/sala de controle de emergência.

7.2.3 Estação de Controle em Instalações Terrestres (Fixas)

O fato de uma estação de controle estar situada fisicamente em um local determinado e convencional confere uma série de vantagens em termos de estratégias de segurança. Como a estação de controle não será deslocada por força das atividades operacionais é possível viabilizar uma instalação física mais robusta com menores custos. Estações de controle remoto de equipamentos offshore, aeronaves e drones não tripulados podem ser instaladas em solo com toda robustez. Delas será possível controlar atividades no mar e no ar. O mesmo acontece com estações de controle de satélites e veículos espaciais.

7.2.4 Estação de Controle em Meios de Transporte (Móveis)

As estações de controle em meios de transporte como trailers, automóveis, ônibus, caminhões, trens, metrô, aeronaves, navios e até espaçonaves são projetadas com limitações impostas pela característica operacional destes

equipamentos. O espaço físico e a ergonomia são muito mais limitados nesse tipo de estação de controle e os painéis e comandos precisam ser estudados de modo a considerar a rotina típica da operação dos meios de transporte, a qual requer que a atenção dos gestores seja dividida entre o ambiente externo e o painel de comandos e de controle do próprio equipamento ou veículo.

7.2.5 Estação de Controle em Confinamento

Algumas estações de controle podem submeter seus operadores a um trabalho confinado, sem acesso ao ambiente externo por períodos relativamente longos. Um exemplo é a sala de controle de submarinos. Operadores desse tipo de estação precisam ser treinados para conviver com a falta de acesso físico aos cenários operacionais externos já que a maior parte do trabalho realizado nesse tipo de estação de controle depende de raciocínio abstrato baseado quase sempre em dados coletados de forma indireta, por instrumentos, sem possibilidade de validação de forma direta pelos sentidos dos operadores.

7.2.6 Estação de Controle Offshore / Acesso Limitado

As estações de controle offshore podem reunir algumas das limitações de vários tipos de estações citadas anteriormente. Embora quando a operação esteja em andamento normal as salas de controle offshore possam se assemelhar às salas de controle terrestres, as plataformas offshore estão em geral há centenas de quilômetros do continente o que dificulta o acesso e, em caso de emergência, o escape e abandono. Isso acontece também com navios e aeronaves. Grandes inventários de hidrocarbonetos (considerados perigosos) podem estar bem próximos, tornando ainda mais crítica a atividade operacional e de gerenciamento de crise já que muitas plataformas offshore são dotadas de uma planta de processamento de hidrocarbonetos e um número considerável de operadores envolvidos em tarefas complexas.

7.2.7 Estação de Controle Eventualmente Habitada

Com a evolução tecnológica é possível projetar estações de controle com tão elevado nível de automação que a presença humana passa a ser dispensável na maior parte do tempo. O operador só ocupa esse tipo de estação de controle quando determinadas operações exijam a assistência humana. Por isso são consideradas estações de controle eventualmente habitadas. A grande vantagem é que, pela ausência de pessoas durante a maior parte do tempo, o risco de perdas humanas é reduzido e os sistemas de segurança de escape e abandono podem ser simplificados. Porém, este tipo de estação altamente automatizada só pode ser adotado em processos mais simples onde a confiabilidade oferecida pela automação seja aceitável e comprovada por estudos e análises de riscos. Isso reduz significativamente o campo de aplicação

deste tipo de estação de controle uma vez que o homem sempre está à frente da automação para a tomada de decisão durante o gerenciamento de crise. Em cenários de emergência há sempre algum componente imprevisto o que torna o processo decisório complexo e com uma dose de subjetividade que não está ao alcance das lógicas de automação.

7.2.8 Estação de Controle de Metrópoles Urbanas, Estados e Países

Algumas metrópoles possuem estações de controle que concentram atividade operacionais relacionadas com a segurança na rotina diária da grande massa populacional urbana. Este tipo especial de estação de controle precisa atuar em harmonia com várias outras estações de controle como a sala de controle do metrô, sala de controle de distribuição do sistema elétrico, sala de controle de tráfego rodoviário, sala de controle de segurança pública, entre outras. As ações operacionais deste tipo de estação de controle exercem grande influência sobre a população e por isso estas estações de controle precisam estar preparadas para lidar com os riscos e consequências de impacto social e público. Pressões políticas também podem exercer grande influência na gestão de crises nesse tipo de estação de controle, mas seus operadores precisam estar preparados para limitar essa influência de modo a não haver comprometimento da qualidade técnica durante as tomadas de decisão e o gerenciamento de crises.

7.3 Atitude Frente à Crise em Estação de Controle

No ambiente de uma estação de controle a atitude frente à crise é diferenciada em relação às demais áreas. Espera-se que as estações de controle liderem as principais ações de resposta a uma crise. As estações de controle locais responsáveis pela operação apenas de unidades ou subdivisões, podem liderar as ações locais específicas de resposta a um princípio de crise dentro de sua abrangência. Mas ainda assim as estações de controle locais atuam limitadamente, como parte avançada, coordenada e liderada pela sala de controle principal, responsável maior pela resposta à crise. A seguir iremos mostrar as principais características da formação da atitude frente à crise no ambiente de uma estação de controle.

7.3.1 Diagnóstico em Estação de Controle

O diagnóstico a partir de uma estação de controle deve buscar entender o cenário como um todo. Mesmo em uma estação de controle local (dedicada apenas a unidades e subdivisões da operação completa) o objetivo é diagnosticar o cenário completo das atividades sob a gestão da estação local. Os dados, informações e indicações precisam ser monitorados

permanentemente. As evidências objetivas sobre o cenário da crise precisam ser rápida e claramente identificadas. Espera-se que os operadores de uma estação de controle mantenham-se atualizados sobre andamento da rotina operacional, mesmo que a condição seja de total normalidade, sem emergências em andamento. O acompanhamento passo a passo dos processos da rotina operacional habilita o operador a chegar rapidamente a um melhor diagnóstico, caso um transiente indesejável ou mesmo uma crise se estabeleça. Se os operadores estiverem defasados quanto o acompanhamento do andamento das atividades operacionais, haverá retardo na percepção das evidências objetivas de uma possível crise e também o retardo na tomada de decisão frente à essa crise. Acompanhando de forma precisa as atividades da rotina operacional, quando uma indicação ou evidência objetiva do estabelecimento de uma crise surgir, o tempo de recuperação do histórico recente de atividades será menor. Este histórico é importante para a formação da consciência situacional. Consequentemente o diagnóstico da crise será alcançado mais rapidamente e com maior precisão quando o histórico recente de atividades for prontamente recuperado pelo gestor da crise.

7.3.2 Consciência Situacional em Estação de Controle

Como já dissemos anteriormente, existe uma diferença entre o que está acontecendo e a consciência situacional "sobre" o que está acontecendo. O diagnóstico é a tentativa racional, baseada em evidências objetivas e validações subjetivas, de definir o cenário em andamento. O diagnóstico é o que assumimos publicamente como nosso entendimento sobre o cenário. A consciência situacional, é mais ampla, pessoal e interna. É o que pensamos estar realmente acontecendo, independentemente do diagnóstico que formulamos, incluindo também nossas expectativas, temores e validações subjetivas. As decisões e intervenções operacionais são movidas pela consciência situacional e por isso ela é até mais importante do que o cenário real e do que o diagnóstico. É a partir da consciência situacional que as decisões são tomadas e as ações e intervenções sobre a operação são definidas. Um gestor de crise pode "trair" o seu diagnóstico e a fidelidade aos fatos em andamento no cenário real mas dificilmente irá "trair" sua própria consciência situacional (como ele intimamente percebe o cenário em andamento). Numa estação de controle é importante que os operadores dominem o conceito de consciência situacional e o entendimento do efeito dinâmico que ela causa em nossa percepção do cenário. Dominando o conceito de consciência situacional o gestor da crise terá mais chances de saber agir com prudência, sempre pronto a realizar correções estratégicas quando novas evidências objetivas e validações subjetivas contradigam o diagnóstico e a estratégia inicial de resposta. Entendendo que a consciência situacional é dinâmica e ajustável, os operadores não irão facilmente ser levados pelo comportamento de redução de percepção de cenário (visão de túnel), mas ao contrário estarão prontos para agir dentro dos conceitos de engenharia de resiliência (recuperando as condições operacionais) e, se necessário for, irão agir dentro dos conceitos de engenharia robusta (reinventando as funções operacionais).

7.3.3 Preparação da Atitude em Estação de Controle

As estações de controle devem ser projetadas para prover o ambiente mais favorável possível para a realização das sequências de avaliações imediatas de cenário (Fluxo 4). As equipes que atuam em estações de controle precisam reagir com respostas efetivas a uma crise e por isso o processamento de dados, a anunciação de alarmes e os canais de comunicação devem ser projetados para facilitar o trabalho dos operadores durante as avaliações imediatas de cenário. Para os operadores de estações de controle a monitoração das atividades em andamento está associada à percepção de possíveis fatos (evidências objetivas) que indiquem o surgimento de uma crise. Operadores de estações controle necessitam "esperar a crise" para antecipar ações de resposta e este é um dos trabalhos principais das estações de controle.

7.3.4 Comportamento em Estação de Controle

Mais do que simplesmente operar de forma mecânica e reativa, aqueles que trabalham em uma estação de controle precisam "pensar tecnicamente" sobre tudo o que está acontecendo operacionalmente. A consciência situacional deverá permitir suposições sobre como poderá evoluir o cenário atual. O objetivo destas suposições é prover atenção certa no tempo certo no caso de necessidade de resposta a uma ameaça de crise.

A equipe de trabalho em uma estação de controle deve compartilhar o conhecimento, e explorar as habilidades técnicas e comportamentais de cada colega. É importante a diversificação de perfis técnicos e comportamentais nas equipes de estações de controle de modo que estes perfis se complementem robustecendo a capacidade de diagnosticar e responder aos cenários emergenciais. Em uma sala de controle principal de uma usina nuclear composta, por exemplo, por quatro operadores, uma equipe de operadores de turno deve procurar mesclar engenheiros mecânicos, eletricistas, eletrônicos e químicos. Embora exista um padrão comportamental a ser seguido e uma base técnica comum, a diversidade de perfis e de formação técnica permite a análise dos cenários sob diferentes pontos de vista, conforme a característica de cada profissional. Entender que essa diversidade é produtiva e por isso necessária é um pré-requisito para operadores de estações de controle. Por isso as habilidades de competência do trabalho em equipe precisam ser bem desenvolvidas tanto individualmente (indivíduos trabalhando com indivíduos) como em grupo (grupos trabalhando com grupos). A chave para o sucesso de um grupo de operadores com características comportamentais diferentes é o compartilhamento do conhecimento e o respeito mútuo entre os membros da equipe. Também é fundamental o treinamento para aprimorar a comunicação e para lidar com as diferenças comportamentais durante a rotina operacional.

7.4 Lições Aprendidas – Confusão em Estação de Controle Principal

N o Aeroporto Internacional de Los Angeles (LAX) em 1 de fevereiro de 1991 o voo 1493 de uma companhia aérea norte americana estava chegando de Columbus, Ohio com 89 passageiros e tenta aterrissar a 240km/h. A aeronave era um Boeing 737 e o voo estava acontecendo numa das primeiras noites do período da guerra do golfo e essa circunstância influenciava a **consciência situacional** dos operadores da **estação de controle principal** (torre de controle) do aeroporto. A estação ficava posicionada dentro do **arranjo físico e de localização** de modo a fornecer uma boa visão das pistas e da movimentação das aeronaves em solo para os controladores de voo. Sobrecarregados e envolvidos com inúmeras atividades paralelas o **grupo de pessoas** que trabalhava na **estação de controle principal** mal conseguia atender o tráfego de comunicações com tantas aeronaves em aproximação para pouso e preparação para decolagem.

Quando o Boeing 737 tocou a pista os seus pilotos perceberam que uma aeronave menor, um Fairchild Swearingen Metroliner, estava esperando para taxiar, também na mesma pista. A elevada velocidade de aterrissagem tornou o choque entre as aeronaves inevitável provocando um grande incêndio e chamando a atenção visual dos operadores da **estação de controle principal**. Um controlador assumiu a **função de comunicação** e **declarou a crise** a partir da sala de controle da torre dizendo "acidente com o voo 1493". Por causa da Guerra do Golfo que acabara de se iniciar a **consciência situacional** dos controladores elaborava conclusões (**validações subjetivas)** que subentendiam que uma bomba teria causado a aparente explosão. Por isso eles inicialmente não perceberam que falhas graves tinham acabado de ocorrer nas atividades da torre de controle. Estas falhas estavam relacionadas com as **funções de monitoração, operação** e de **coordenação** da **estação de controle principal**. Em meio à **crise declarada** mais falhas de **diagnóstico** e de **resposta** mostraram que o **grupo de pessoas** que estava trabalhando na **estação de controle principal** não estava capacitado e dotados dos recursos necessários para a adequada **atitude frente à crise.** Além de estarem confusos diante da emergência os controladores não formaram a **consciência situacional** adequada sobre as atividades que estavam em andamento na pista. Eles não conseguiram evitar uma falha elementar e inaceitável: o choque de duas aeronaves em solo em pleno Aeroporto de Los Angeles.

Quinze minutos antes do pouso tudo parecia normal no cockpit do Boeing 737 que se aproximava para pousar no Aeroporto de Los Angeles. Mas os pilotos precisaram ficar bastante atentos pois souberam que uma outra aeronave iria passar bem acima deles. O Aeroporto de LAX é um dos mais congestionados do mundo, naquela ocasião operava com cerca de 1 decolagem a cada 50

segundos. A rotina do aeroporto incluía pousos e movimentações de várias aeronaves ao mesmo tempo nas diversas pistas de taxiamento. Mas os dados e registros colhidos pelos investigadores após o acidente mostraram (através das gravações de voo) que a comunicação ocorreu aparentemente de forma normal entre os tripulantes do voo e entre a tripulação e a torre de controle. No décimo segundo andar da torre de controle os controladores de voo podiam ter uma visão panorâmica das pistas. Eles controlavam a movimentação das aeronaves trabalhando em **grupos** de quatro controladores, sendo dois de área (controlavam a aproximação da aeronave até a pista) e dois locais (controlavam a movimentação em solo durante aterrissagens e decolagens). Uma controladora local estava supervisionando os aviões que estavam decolando e aterrissando nas duas pistas ao norte do aeroporto e organizava seu controle manualmente, usando fichas correspondentes às aeronaves e usando também conjuntos de etiquetas identificadoras. Este era um processo bastante desatualizado e burocrático de trabalhar. O voo 1493 estava a apenas 13 km do aeroporto e os pilotos no cockpit prosseguiam configurando a aeronave para o pouso e precisavam contatar a torre. A tripulação tentou entrar em contato com a controladora. Ela não respondeu por que estava muito ocupada fazendo várias tarefas simultâneas o que limitava o exercício da **função de comunicação**.

O trabalho da tripulação do voo 1493 prosseguiu neste cenário adverso. Restando apenas 6 km para o aeroporto eles ainda não haviam recebido a autorização para aterrissar. O comandante tentou por duas vezes (em um intervalo de menos de 1 minuto) realizar o contato com a torre, entretanto a controladora de voo responsável ainda estava ocupada com outras aeronaves. O Boeing 737 do voo 1493 chegou a menos de 1 minuto para realizar a sua última manobra em direção à pista (chamada de "aproximação final"). Em alguns casos específicos as aeronaves podem receber a autorização para pouso somente quando já estão realizando a manobra de "aproximação final" e isso normalmente acontece quando há excesso de tráfego. Finalmente já nos segundos finais antes do contato com a pista a controladora local autorizou o pouso e confirmou qual deveria ser a pista de aterrissagem. A tripulação continuou seu trabalho normal de aproximação até iniciar o pouso, mas logo depois de tocar o solo a aeronave chocou-se violentamente com o avião menor, um Metroliner com 12 pessoas a bordo. Ambos os aviões foram completamente envoltos em chamas e as 12 pessoas no Metroliner não tiveram praticamente nada a fazer enquanto os passageiros do Boeing 737 passaram momentos de terror dentro da aeronave maior.

Na torre de controle não havia tempo sequer para avaliar o que estava acontecendo porque outras aeronaves continuavam chegando e os controladores precisavam orientar os outros aviões que se aproximavam para pousar. Enquanto isso a fumaça tóxica tomava conta do interior do Boeing e as chamas tornavam-se cada vez mais intensas apesar de já ter sido iniciado o trabalho dos bombeiros brigadistas do aeroporto. Parte dos passageiros conseguiu sair do Boeing 737. Quando o trabalho de combate ao incêndio conseguiu surtir efeito e reduzir um pouco a intensidade das chamas, os brigadistas identificaram a **evidência objetiva** de uma hélice nos destroços ainda em chamas. Somente depois é que a torre de controle percebeu as **evidências objetivas** das posições das etiquetas das aeronaves nas fichas de

controle, formando a **consciência situacional** do desaparecimento de outra aeronave menor. O Metroliner que deveria estar na pista preparando-se para decolar fora literalmente esmagado pelo Boeing 737. Nenhuma das 12 pessoas no avião menor sobreviveu. No Boeing 737 ocorreram mais 20 vítimas fatais e ainda 9 feridos graves. Três dentre os feridos, nos dias seguintes, não resistiram aos ferimentos elevando para 35 o número de vítimas fatais.

Nos 4 anos que antecederam a tragédia 33 "quase acidentes de colisão" ocorreram no Aeroporto Internacional de Los Angeles (1 a quase um mês e meio). Os pilotos e controladores tinham a **consciência situacional** de que o aumento do tráfego estava tornando as operações cada vez mais arriscadas, não só em Los Angeles mas em todo o país. Os pilotos americanos costumavam dizer informalmente que a parte mais perigosa dos voos nos Estados Unidos eram as pistas dos aeroportos. As investigações do acidente confirmaram que haviam 2 aeronaves transitando ao mesmo tempo numa mesma pista e que os controladores não conseguiram fazer o seu trabalho conforme esperado para evitar que isso acontecesse.

MAIOR ACIDENTE AÉREO EM NÚMERO DE VÍTIMAS

O maior acidente aéreo em número de vítimas fatais de todos os tempos (583 vítimas fatais) também aconteceu em solo. Em março de 1977 na ilha de Tenerife, dois Boeing 737 se colidiram em meio a uma intensa neblina enquanto um decolava e o outro cruzava a mesma pista indevidamente devido a falhas no trabalho dos operadores da torre de controle. Vários outros acidentes desse tipo já foram registrados no mundo e em geral, suas causas estavam quase sempre associadas a algum tipo de desatenção dos operadores da torre de controle. A **função de comunicação** entre controladores e pilotos geralmente está relacionada diretamente com a causa raiz desse tipo de acidente, tendo grande importância e influência para a ocorrência de colisões de aeronaves em solo.

As investigações sobre a **função de comunicação** no trabalho dos controladores na **estação de controle principal** acabaram levando a conclusões importantes que obrigaram as autoridades a modificar a regulamentação e a alterar o **arranjo físico e a localização** de equipamentos e recursos no Aeroporto Internacional de Los Angeles e posteriormente em todo o mundo. Os pilotos do avião menor seguiram corretamente todas as instruções recebidas dos controladores e a aeronave estava exatamente no local determinado pelos controladores quando a colisão aconteceu. Mas o Boeing 737 também foi orientado e autorizado a aterrissar nesta mesma pista revelando um grave erro dos controladores. Houve uma degradação da **função de coordenação** na **estação de controle principal**. Essa foi considerada a causa raiz do acidente. A controladora responsável pelas duas aeronaves, momentos antes do acidente ficou sem comunicação com o avião menor que aguardava autorização para atravessar a pista. Essa interrupção aconteceu em decorrência de uma mudança indevida do canal de rádio de comunicação provocada pela própria aeronave. Esse incidente distraiu a controladora que dividia sua atenção com outras aeronaves. A duração do intervalo de tempo sem comunicação entre a aeronave menor e a controladora da torre não foi mentalmente reconhecida por ela. A **consciência situacional** da controladora fez com que ela

subdimensionasse o lapso de comunicação, considerando-o mais curto do que na realidade foi e isso fez com que ela perdesse a noção espaço tempo do **cenário**.

A partir dos registros de gravação das **comunicações** da **estação de controle principal** com as aeronaves os investigadores descobriram que a controladora estava envolvida em contatos com diversas aeronaves ao mesmo tempo. Isso demandava um esforço muito elevado para ela cumprir as **funções de comunicação** requeridas. Um dos aviões com os quais ela interagia solicitou permissão para decolagem mas os investigadores verificaram que a controladora estava confusa e não sabia qual era essa aeronave que estava pretendendo decolar e perguntou em que pista eles estavam aguardando a sua permissão. Ela não conseguia localizar a ficha do avião correto em meio a um controle manual precário e por isso não estava certa sobre qual aeronave a solicitava autorização para decolagem. Por se tratar de um controle manual ela precisava encontrar a ficha de papel correta. Sob pressão ela pediu ajuda a uma colega para conseguir localizar a ficha que estava perdida. Com a ajuda da colega ela teria uma chance de tentar liberar a decolagem que estava sendo solicitada. A controladora estava envolvida com estas demandas paralelas, e antes de conseguir retornar contato com a aeronave menor (Metroliner) o Boeing 737 alcançou a cabeceira da mesma pista e pousou. Os pilotos do Boeing 737 foram surpreendidos pela presença da aeronave menor bem no meio do local de aterrissagem autorizado pela torre. Distraída a procura da ficha de uma terceira aeronave que solicitava autorização para decolagem, a controladora perdeu tempo precioso no momento em que deveria ter autorizado o avião menor a cruzar a pista, liberando-a antes do pouso do Boeing 737. Houve uma **falha humana**. Devido à sobrecarga cognitiva sobre a controladora, ao liberar o Boeing 737 para pouso ela simplesmente esqueceu-se do avião menor que ainda aguardava pacientemente a sua autorização para cruzar a pista. **Fatores humanos** presentes em um ambiente confuso e sobrecarregado induziu a controladora ao erro.

Os investigadores descobriram também que a partir da janela do prédio da torre de controle (**estação de controle principal**) um poste de refletores de luz estava mal posicionado. Ele ofuscava o ponto da pista onde a aeronave pequena estava aguardando liberação. Foi justamente nesse local onde ocorreu a colisão. A controladora não tinha como ver a aeronave devido a luz forte decorrente do poste mal posicionado entre a pista e a torre. Também foi detectado pelos investigadores que o radar de solo, o qual poderia ser uma outra fonte de consulta para a controladora verificar a posição das aeronaves na pista, estava inoperante naquela noite. Na realidade ficou constatado que o equipamento funcionava intermitentemente e a **cultura de segurança** reinante na **estação de controle principal** estava acomodada àquela situação inaceitável. Apenas 4 dias antes do acidente técnicos de manutenção haviam solicitado que o radar de solo fosse consertado imediatamente, em máxima prioridade, para que o aeroporto pudesse ser operado com segurança, mas isso não foi feito. Com a visão ofuscada a partir da sala de controle a controladora ficou cega com a iluminação inadequada. Sem a disponibilidade do radar de solo a controladora, naquela noite, teve poucas chances de perceber seu erro. A **estação de controle principal**, a partir de várias falhas de projeto e de

operação transformara-se em um ambiente de forte indução ao erro em decorrência da falta de um bom tratamento dos fatores humanos.

Uma questão também considerada pelos investigadores foi o motivo pelo qual os tripulantes do Boeing 737 não notaram a presença da aeronave menor, já poderiam ter percebido a condição de risco de colisão através da varredura visual da pista antes do pouso. O avião menor era dotado de toda a sinalização noturna com luzes estroboscópicas e demais sinais luminosos de orientação noturna. Mas os investigadores descobriram que a companhia aérea responsável pelo avião menor estabelecia em seus procedimentos que a luz estroboscópica só deveria ser acesa após a aeronave receber a autorização para decolagem. Como não houve autorização a aeronave ostentava apenas as luzes de navegação nas asas e de anticolisão na cauda. Através de observações realizadas em voos de helicóptero os investigadores confirmaram que, do ponto de visão do Boeing 737, mesmo com a iluminação da aeronave menor acesa não seria possível para os tripulantes do Boeing 737 notar o avião menor porque as cores das luzes de pista se confundiriam com a própria iluminação da pequena aeronave. Seriam necessárias as luzes estroboscópicas para que o avião pudesse ser notado. Os investigadores confirmaram que as demais luzes da aeronave tinham cores muito parecidas com a iluminação de pista e por isso a iluminação do avião se perdeu na imensa quantidade de outras luzes na pista. Inúmeras alterações no aeroporto, nas normas e regulamentações se procederam a partir desta catástrofe inclusive alterando as normas de iluminação de pista. Estas mudanças foram estendidas a todos os aeroportos dos Estados Unidos e também em todo o mundo.

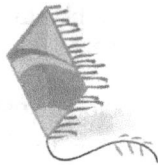

Uma criança em idade pré-escolar precisou passar por uma mudança radical na vida: aos 4 anos os pais decidiram transferi-la para uma escola onde a comunicação era 100% realizada em língua inglesa, embora sua língua materna fosse português. A **função comunicação** é uma das mais importantes e decisivas durante o gerenciamento de crise e o cenário adverso que a criança precisaria enfrentar era justamente a perda do principal código de linguagem com o qual se comunicava, a língua portuguesa. A simples mudança de uma escola em que uma criança está bem adaptada para outra já pode se tornar uma crise. Mas quando esta mudança estabelece uma situação em que as demais crianças não conseguirão entender o que a ela fala e ela também não vai entender o que lhe for dito então uma crise realmente perturbadora poderá se estabelecer. Na tentativa de reduzir o impacto da mudança, sua mãe a cada dia tenta explicar o que vai acontecer e também inicia o uso de algumas palavras na nova língua que necessariamente ela precisará aprender.

As crianças de quatro anos ainda estão aprendendo a se comunicar e elas conseguem ampliar o seu vocabulário numa velocidade impressionante quando comparada com a capacidade de um adulto aprender uma nova língua. Esse fator é um facilitador para que a criança supere a crise, mas não é suficiente. Sentimentos de incapacidade, frustração e até de rejeição poderão aflorar em meio a um novo ambiente onde quase tudo, inclusive as palavras, será diferente. Para os adultos a situação pode parecer apenas um capítulo a mais na longa jornada de educação. Mas para a criança, o dia de passar pela primeira vez pela porta de entrada da nova escola poderia tornar-se o início de uma verdadeira batalha para se tornar aceita e compreendida. Três meses depois desse momento difícil, a criança já se comunicava fluentemente em inglês, inclusive fazendo apresentações para os pais junto com outras crianças, muitas delas sequer sabiam falar em português.

Poderíamos descrever todo o brilhante trabalho didático que os professores fizeram para que em três meses a criança já estivesse se comunicando perfeitamente em inglês e com uma pronúncia muito mais pura do que a dos próprios pais. Entretanto o aspecto mais importante dessa história capaz de nos fazer refletir sobre como devemos enfrentar uma crise, é outro. Aos quatro anos de idade uma criança não sabe ao certo o que é uma língua. Não sabe exatamente qual a abrangência do objetivo de uma escola muito menos a razão de aprender línguas diferentes para se comunicar. Não sabe escrever, não sabe ler. Não sabe porque as pessoas falam línguas diferentes umas das outras em vários lugares do mundo. Não sabe o valor e a importância de dominar um novo idioma para sua vida pessoal e profissional e não sabe como usar esse fato como motivação para o aprendizado de idiomas. Mas é justamente nessa fase, onde teoricamente falta tudo isso que o aprendizado de idiomas se torna mais fácil. Proporcionalmente, uma criança que passa por uma mudança de escola como essa, enfrenta uma crise muito maior do que a que muitos adultos desistem de

tentar superar. A **função comunicação** é uma das mais importantes para a superação de qualquer cenário de gerenciamento de crise e foi justamente a limitação dessa função que se constituiu no cenário a ser superado pela criança.

Se aos quatro anos de idade nós temos a capacidade de superar um cenário tão adverso, nós deveríamos aprender com nós mesmos (porque todos tivemos quatro anos um dia). Observando a simplicidade da forma de superar cada minuto dos três meses de aprendizado, percebemos que basta a cada minuto a sua dificuldade. Devemos sempre tentar prosseguir mesmo diante de uma crise onde não entendamos os fatos em andamento, não entendamos as causas desses fatos, não compreendamos as atitudes das demais pessoas envolvidas, não saibamos como os acontecimentos irão evoluir, não entendamos o que está acontecendo, não consigamos sequer nos comunicar, enfim, não saibamos quase nada para alcançar a superação do cenário ameaçador. Nestes momentos difíceis muitos podem pensar em desistir, mas se conseguíssemos ver a nós mesmos quando éramos crianças de quatro anos então perceberíamos que fomos dotados de uma máquina de superar crises desde a tenra infância e que ela nos trouxe até a idade que nós hoje possuímos. Descobriremos que talvez tenhamos apenas nos esquecido de como esta máquina fantástica e poderosa pode ser usada a nosso favor. Aos quatro anos de idade, em meio a tantas incertezas, as crianças administram os problemas de cada minuto sem análises de macro cenários futuros.

Teoricamente as crianças de quatro anos têm "todo tempo do mundo" pela frente, mas o administram minuto a minuto. Teoricamente, na idade adulta, o "tamanho do futuro" é menor, mas em alguns casos nos preocupamos demais com o futuro sem considerar que a ponte até ele é uma sucessão de minutos que precisam ser superados de maneira simples, degrau por degrau. A ansiedade em meio a uma crise nos atrapalha. Os motivos para a ansiedade são justificáveis, entretanto devemos buscar a capacidade de controlá-la nos valores que ainda mantemos como resquícios de nossa infância. Na infância o minuto presente e os minutos mais próximos parecem ter uma importância maior que o futuro distante. Não devemos conduzir a nossa vida sem a prudência de pensar e planejar o futuro. Isto seria uma tolice. Mas a condução do gerenciamento de uma crise, por vezes exige que nos permitamos enxergar o cenário com a simplicidade com a qual fazíamos na nossa infância, priorizando os problemas de cada minuto para que consigamos chegar aos demais que construirão nosso futuro.

8 Crise Fora de Estação de Controle

Fora de uma estação de controle, o gerenciamento de crise tem outras características. Para o piloto e o copiloto trabalhando no cockpit de uma aeronave, se houver uma pane em um motor eles terão que usar toda a sua capacitação em gerenciamento de crise para prover a resposta ao cenário e salvar todas as pessoas a bordo. Mas para os passageiros e comissários que não estão trabalhando dentro do cockpit a crise aparentemente é vista de outra forma. O tipo de informação acessível, as formas de comunicação, o poder de influência sobre o cenário em andamento, as reações e os comportamentos serão distintos. O cenário aparente para os que estão de fora do cockpit é completamente diferente do cenário com o qual os pilotos trabalham dentro do cockpit. Todos estão sob a influência de um mesmo cenário (aeronave, condições climáticas, etc.) mas porque estão em ambientes diferentes, também podem formar consciências situacionais completamente diferentes sobre esse mesmo cenário.

Se em um acidente aéreo um avião conseguir fazer um pouso de emergência e ainda manter-se relativamente íntegro, então uma operação de escape e abandono terá que ser deflagrada. A essa altura a estação de controle principal (cockpit da aeronave) poderá até já estar inoperante ou até ter sido completamente destruída. Existem cenários acidentais onde a estação de controle é perdida e não pode ser utilizada para a centralização do gerenciamento da crise. Crises provocadas por fenômenos naturais como temporais, tornados, terremotos, maremotos entre outros, podem, ainda que temporariamente, estabelecer cenários desprovidos de uma estação de controle principal para coordenar as medidas de gerenciamento da crise. Para os envolvidos nestes tipos de acidentes será necessário reagir sem uma orientação centralizada, pelo menos nos primeiros instantes.

Outras situações de crise como as geradas por problemas econômicos e políticos, embora pareçam ser completamente diferentes dos exemplos relacionados aos acidentes, não deixam de requerer habilidades de tomada de decisão baseadas no bom diagnóstico e numa consciência situacional bem formada. As crises políticas, econômicas e sociais carecem de habilidades de gerenciamento de crise para serem superadas. Estas habilidades possuem semelhanças e paralelismos com as habilidades requeridas por operadores de sistemas e equipamentos tecnológicos que enfrentam emergências e cenários críticos como a pane de um avião. Os fundamentos de gerenciamento de crise são os mesmos para a maioria das crises. Estes fundamentos se aplicam às crises de relacionamento pessoal, crises políticas, crises econômicas e muitos outros cenários. Alguns cenários de crise podem dispor de uma estação de controle principal, outros não. Mesmo quando haja uma estação disponível, as reações de resposta serão diferenciadas dependendo da posição em que cada pessoa se encontre. Embora possam existir crises de tipos completamente diferentes, alguns dos princípios fundamentais de gerenciamento de crise podem permanecer aplicáveis, na prática a quase todos os tipos de crise.

Estes princípios podem conduzir os gestores a ações completamente diferentes daqueles que simplesmente agem sempre instintivamente. Um dos aspectos que mais influencia no as ações de resposta é a diferença entre os ambientes de dentro e de fora de uma estação de controle. Comparando com os cenários de organizações, estados, países e grandes corporações, podemos dizer que a presidência e a alta diretoria ou os ministérios e secretarias atuam no ambiente de sala de controle enquanto que os demais colaboradores e cidadãos atuam fora do ambiente de sala de controle. Entretanto as crises atingem a todos. Cada um, dependendo do cenário no qual se encontra poderá ter uma resposta diferente para superar uma mesma crise.

8.1 Aspectos e Características do Ambiente Fora de Estações de Controle

Uma estação de controle é projetada para ter acesso a toda estrutura capaz de prover a melhor resposta a uma eventual crise. Mas fora da estação de controle a dinâmica de gerenciamento de crise é completamente diferente. O nível de informações do cenário completo é geralmente menor o que dificulta o diagnóstico e a tomada de decisões. Em muitos casos, fora da estação de controle o gerenciamento de crise não será realizado por profissionais ou especialistas treinados para isso o que torna a resposta à crise muito dependente da experiência anterior com o cenário, se esta experiência existir. A visão que prevalece nos ambientes fora da sala de controle é a de tentar responder ao cenário local, próximo e ao alcance de ser minimamente compreendido sem requerer os recursos de uma estação de controle. Se houver uma estação de controle a qual se possa recorrer, então as orientações suplementares poderão ser dadas pelos operadores a partir desta estação de controle principal. Teoricamente, quando existe a supervisão de uma sala de controle principal, os operadores fora de estações de controle receberão mais informações e orientações para agir e gerenciar a crise local.

8.1.1 Atividade Operacional

Fora da estação de controle as atividades operacionais concentram-se em manter o cumprimento das tarefas de rotina e alcançar os resultados importantes para a produtividade. Os operadores de campo geralmente estão se esforçando para realizar as suas tarefas locais sem se preocuparem com a evolução do cenário operacional completo, já que esta é uma tarefa típica dos operadores de estações de controle. Embora os operadores locais tenham certa visão do todo, esta visão mais ampla não é o alvo maior da atenção durante as suas tarefas de rotina. É muito importante para aqueles que estão fora da estação de controle ter um plano prévio para responder aos principais cenários acidentais. No momento da crise nem sempre há tempo suficiente para a elaboração de estratégias e planos de resposta. Fora da estação de controle as informações disponíveis estarão mais diretamente associadas ao cenário local. Para quem está atuando fora de uma estação de controle, a consciência situacional sobre o cenário poderá ser limitada em relação ao processo operacional completo.

8.1.2 Função de Monitoração

Fora da estação de controle a monitoração de ameaças e de evidências objetivas concentra-se nas atividades locais. A monitoração local não conta com métodos sistemáticos ou com recursos técnicos de medição capazes de coletar e centralizar informações sobre a totalidade do cenário operacional. Os operadores locais dependem da existência de alarmes locais que devem ser incluídos previamente no projeto e dependem de iniciativas de comunicação originadas na sala de controle, caso esta exista. Fora da estação de controle a atenção está voltada para as atividades locais e a monitoração das demais atividades operacionais é bastante limitada e indireta.

8.1.3 Função de Coordenação

A coordenação de atividades fora de uma estação de controle restringe-se ao ambiente local, sem o alcance que é possível a partir das atividades de coordenação de uma estação de controle. É importante que os operadores locais mantenham os operadores das estações de controle (caso exista) atualizados sobre possíveis desvios e transientes detectados nas atividades de coordenação desempenhadas fora da estação de controle. Os desvios sem repercussão externa ao ambiente local podem ser acomodados e tratados através da atividade de coordenação local. Mas se os desvios significarem a indicação de uma degradação operacional mais ampla, que possa afetar as demais áreas da produção, então os operadores locais precisarão compartilhar as informações e as decisões com os operadores das estações de controle associadas ao cenário. Coletando informação mais completa sobre tudo que acontece com as demais áreas operacionais, os operadores de estação de controle poderão orientar melhor os operadores locais, reduzindo dúvidas e suspeitas, integrando a coordenação local com a coordenação geral da estação de controle.

8.1.4 Função de Teste

Fora da estação de controle os operadores realizam a rotina de testes locais e de preparação de atividades. Desvios de resultados precisam ser reportados à estação de controle, caso essa exista. Localmente a função de teste tem como principal objetivo exercer uma verificação prévia para avaliar as condições de operação. Mas as informações obtidas com os testes poderão ser reportadas e posteriormente interpretadas pelos operadores de estação de controle considerando a abrangência e consequências destes resultados sobre o cenário completo. Os operadores locais devem considerar a relevância das informações geradas com os testes locais, reportando-as quando necessário, para que os operadores de estação de controle possam se antecipar e se preparar para possíveis cenários de crise.

8.1.5 Função de Diagnóstico

Fora do ambiente de estação de controle a função diagnóstico é voltada para o ambiente local. Os operadores locais precisam diagnosticar as condições de funcionamento dos equipamentos, processos e sistemas que fazem parte de sua área de atuação. A visão do todo, capaz de considerar a influência do evento em andamento, não deve ser minimizada mas a ênfase do trabalho de campo é realizar um bom diagnóstico do cenário local para reportá-lo com a maior precisão possível para a estação de controle principal. Assim a estação de controle terá melhores recursos para elaborar um diagnóstico mais preciso sobre o cenário completo e abrangente. É importante a rapidez com que os operadores locais diagnosticam e reportam as informações relevantes sobre o cenário local para a estação de controle. Como acontece na montagem das peças de um quebra cabeça, os operadores da estação de controle dependem do diagnóstico de cada setor operacional para então compor um diagnóstico completo do cenário em curso. O retardo em compartilhar uma informação importante pode representar a peça faltante no quebra-cabeças que poderá estar sendo montado na sala de controle principal.

8.1.6 Função de Resposta

Fora da estação de controle a função de resposta a uma crise é limitada pelas ordens dadas pelos operadores da estação de controle principal. Como os operadores locais geralmente não possuem recursos para analisar o cenário operacional completo, muitas ações de resposta local precisam ser submetidas à estação de controle principal onde os operadores podem verificar melhor se os efeitos e consequências não irão degradar o cenário completo. Evidentemente existem situações em que uma resposta local não pode aguardar uma autorização da estação de controle, mas estes casos devem ser previamente definidos pelas análises de risco. Os operadores precisam conhecer profundamente quais são estes cenários e serem treinados para que possam viabilizar as ações de resposta adequadas nestas circunstâncias.

8.1.7 Função de Comunicação

A função de comunicação fora da estação de controle está voltada em manter a rotina de atividades operacionais e a realização das tarefas que compõem os processos locais em andamento. Emergências e situações de crise precisam ser reportadas para a sala de controle (caso exista). Essa comunicação pode ser automática por meio dos sistemas de detecção, alarme e transmissão de dados ou pode ser convencional, dependente de ações humanas. Além da comunicação interna normal requerida durante as atividades de rotina, os ambientes fora da estação de controle precisam manter a função de comunicação durante as crises. Na condição de crise ou emergência, além da comunicação entre campo e estação de controle principal, os operadores locais também precisam se comunicar uns com os outros. Muitas vezes a

comunicação torna-se a parte mais importante para que determinadas ações locais de resposta sejam efetivamente realizadas. Em alguns cenários de crise, mesmo com a disponibilidade das pessoas e dos recursos para prover a superação da crise, as ações requeridas acabam não sendo realizadas por falta de comunicação entre os envolvidos.

8.1.9 Configuração do Arranjo Físico e Localização

Se existem inúmeras configurações de estações de controle, um número ainda maior de possibilidades existe para os ambientes fora das estações de controle. O arranjo físico de qualquer destes ambientes precisa ser projetado levando-se em consideração as ameaças, perigos e os cenários de crise previamente identificados através das análises de riscos. Muitas vezes os arranjos físicos e as localizações escolhidas pelos projetistas priorizam as melhores condições para que a rotina operacional alcance os melhores resultados. Porém é necessário avaliar como cada ambiente projetado condiciona a resposta a cada cenário de crise identificado pelas análises de riscos e estudos de segurança.

8.1.8 Configuração do Grupo de Pessoas

A pluralidade de tipos de ambientes fora das estações de controle influencia também na diversidade de agentes e comportamentos encontrados nestes ambientes. Na prática, o grupo de pessoas que atua em uma estação de controle reúne características típicas. Mas ao contrário isso não se aplica aos ambientes de fora das estações de controle devido a imensa variedade de condições encontradas nos locais que não se qualificam como uma estação de controle. O grupo de pessoas que está fora de uma estação de controle pode variar desde a população de uma cidade inteira até os operadores dos equipamentos de processo em uma plataforma offshore de exploração de petróleo e gás. Também podem ser considerados como grupos de pessoas fora de uma estação de controle os trabalhadores de áreas externas de indústrias, os passageiros de uma aeronave comercial, os ocupantes de um edifício, multidões, plateias, marinheiros e ocupantes de um navio, entre outros inúmeros exemplos.

Uma característica comum aos que fazem parte dos grupos de pessoas fora de estações de controle é que estão sujeitos a limitações para a monitoração e o diagnóstico do "todo" em relação aos cenários e emergências que se estabelecem. Embora muitos agentes e operadores possam ter um bom conjunto de informações sobre o cenário completo em andamento, a obtenção deste conjunto de informações não resulta de ações sistemáticas desempenhadas para esse fim. Fora das estações de controle os gestores e operadores precisam concentrar suas ações sistemáticas na execução de tarefas associadas a suas rotinas de cada área de atuação. Para o grupo fora das estações de controle a maneira mais eficiente de monitorar ou diagnosticar o cenário como um todo é através do suporte oferecido pela estação de controle.

Porém nem sempre existe uma estação de controle disponível. Um grupo de pessoas que se perde em uma floresta não tem uma sala de controle para recorrer em caso de necessidade mas os tripulantes de um navio de transporte de carga podem procurar obter informações sobre as condições de navegação junto aos oficiais na ponte de controle. A reação diante de uma crise será tanto melhor quanto for a capacidade de formar a consciência situacional. Agentes (pessoas) que colhem constantemente informações sobre o cenário de forma mais ampla tem melhores condições de formar uma consciência situacional mais precisa.

8.2 Principais Ambientes Fora de Estações de Controle

Devido a diversidade de ambientes fora de estações de controle iremos agrupar apenas alguns tipos específicos, a título de exemplo, sem a pretensão de esgotar as possibilidades sobre o tema.

8.2.1 Posto de Controle Local

Apesar de serem locais com algumas características similares a uma estação de controle, o acesso a informação e a influência operacional que pode ser exercida de um posto de controle local é limitada a uma ou algumas partes da estrutura operacional. Existem postos de controle local que se limitam a um pequeno painel com um indicador de parâmetro e um meio de atuação, como por exemplo o painel local de acionamento de uma bomba de água potável. Por outro lado, alguns postos de controle local podem ser bastante complexos com controles sofisticados como uma sala de controle de emergência de uma usina nuclear, a qual é construída em local remoto, estratégico e resistente a explosões, terremotos e outras ameaças. Apesar de permitir a execução de várias das mais importantes manobras operacionais de uma usina nuclear, a sala de controle de emergência não oferece a mesma visão operacional completa disponível somente a partir da sala de controle principal.

8.2.2 Abrigos de Emergência

Algumas instalações e prédios possuem abrigos de emergência posicionados em locais estratégicos. Em alguns casos esses abrigos são dotados de equipamentos de suporte à crise, itens de sobrevivência, comunicação e de mitigação. Em outros casos limitam-se a uma região fisicamente segregada e considerada mais segura.

8.2.3 Áreas Abertas em Instalações Terrestres

As áreas abertas em instalações terrestres possuem sempre alguma possibilidade de acesso direto para fora do ambiente sujeito à crise. É o caso de unidades industriais, plantas de processo e parques de equipamentos que não estejam localizados no interior de edificações. As áreas abertas em

instalações terrestres, a princípio, possuem facilidades para o escape e abandono do cenário de emergência. Em geral, a não existência de confinamento permite mais opções de resposta à uma crise e isso influencia no comportamento humano de resposta à emergência.

8.2.4 Áreas de Passageiros e de Carga em Meios de Transporte

Nestas áreas a liberdade de movimentação, principalmente para fins de escape e abandono, é bastante reduzida. É o caso dos passageiros de aeronaves, ônibus, navio, trem, etc. Para o escape e o abandono em situações de emergência, será necessário recorrer ao apoio dos operadores da estação de controle (por exemplo tripulação, condutores, etc.). Estes operadores (por exemplo os comissários de voo) deverão indicar e orientar sobre as ações de emergência além de atuar diretamente para prover as condições mínimas que viabilizem a proteção de agentes (pessoas). Nestas áreas a influência dos agentes sobre a operação é mínima o que torna ainda maior a dependência dos agentes em relação à orientação a ser fornecida pelos operadores e pela estação de controle.

8.2.5 Áreas Confinadas e de Difícil Acesso

Existem partes de instalações ou de equipamentos de transporte cuja dificuldade de acesso por si só já representa uma elevação da exposição ao risco. Os agentes e operadores que ocupam essas áreas precisam de treinamento específico e dependem de suporte externo para a execução das tarefas. Enquanto houver agentes em locais como estes, uma estação de controle local precisa ser estabelecida como forma de apoio e, caso exista disponibilidade, uma estação de controle principal deve também oferecer todo o suporte necessário para a atividade de risco em curso.

8.2.6 Áreas de Instalações Offshore

Instalações offshore (plataformas de exploração de petróleo, por exemplo) possuem áreas abertas que dependem da coordenação da sala de controle principal. Em uma plataforma offshore as condições de escape e abandono são críticas devido à localização distante do continente. Em muitos casos as instalações offshore possuem acesso aéreo ou marítimo limitado por razões de autonomia de voo. Isso impõe que as estratégias de escape e abandono incluam, como possibilidade a ser adotada, a saída para outro cenário perigoso: o cenário de sobrevivência no mar. O nível de treinamento de operadores offshore tem que ser bastante elevado. Mesmo fora da sala de controle principal os operadores offshore precisam trabalhar sempre atentos a visão do "todo". Os operadores da sala de controle principal devem prover as informações necessárias para a orientação dos demais operadores em cenários que incluam ameaças e emergências.

8.2.7 Áreas Eventualmente Habitadas

Algumas áreas são projetadas para evitar ao máximo a necessidade da presença humana, seja por questões de redução de riscos, dificuldade de acesso e redução de custos. Quando agentes e operadores ocupam áreas eventualmente habitadas precisam estar sintonizados com um posto de controle local ou com uma estação de controle principal que possa acompanhá-los. Como a presença de pessoas nestas áreas não é frequente, a ocupação de uma área eventualmente habitada requer atenção especial da sala de controle principal.

8.2.8 Ambientes Públicos e Urbanos

Os ambientes públicos e urbanos são em geral desprovidos de uma estação de controle principal que consiga monitorar toda a complexidade dos inúmeros cenários de crise possíveis. Em uma crise em espaço público ou urbano as autoridades podem criar postos de controle provisórios. Mas mesmo com postos avançados para realizar a gestão da crise, as limitações de controle em espaços públicos e urbanos são muito elevadas. Neste tipo de ambiente o gerenciamento de crise irá depender muito da cultura de segurança e do conhecimento técnico dos agentes (pessoas) diretamente envolvidos com a crise. O gerenciamento dos cenários emergenciais em um bairro, ou em uma região específica de uma cidade dependerá muito das características pessoais dos agentes (pessoas do bairro) envolvidos diretamente com a crise. Neste tipo de cenário as autoridades e os gestores precisam mobilizar recursos de apoio. Isso pode demandar tempo considerável aumentando a importância da resposta imediata dada pelos próprios agentes locais, principalmente nos primeiros momentos da crise.

8.3 Atitude Frente a Crise Fora da Estação de Controle

A maior parte das ações de resposta a uma crise originadas fora da estação de controle é reativa. A atividade principal, fora da estação de controle, é operar e fazer funcionar os equipamentos e sistemas. Diante de uma crise local as primeiras ações de resposta podem ser iniciadas pelos operadores da área afetada. Mas também é necessário acionar o apoio da estação de controle principal para tentar obter informações e orientações mais completas. A seguir iremos mostrar as principais características da formação da atitude frente à crise no ambiente fora da estação de controle.

8.3.1 Diagnóstico Fora de Estação de Controle

A reação a uma crise fora da estação de controle constitui-se basicamente em identificar os primeiros fatos (evidências objetivas), gerar as possíveis conclusões sobre estes fatos (validações subjetivas) e tentar comunicar imediatamente esses elementos à estação de controle, caso isso seja possível.

As ações de resposta à crise fora da estação de controle devem tentar impedir que, o ainda princípio de emergência se transforme em um evento catastróficos de grandes proporções. Se não houver estação de controle a recorrer então o diagnóstico dos gestores e operadores nos ambientes fora da estação de controle devem considerar a necessidade de gerenciamento local da crise. O diagnóstico fora da estação de controle é limitado porque fora da estação de controle os recursos e as informações sobre o cenário completo também são limitados.

8.3.2 Consciência Situacional Fora de Estação de Controle

Fora do ambiente de estação de controle (fora da sala de controle principal) a atenção dos operadores ou gestores está voltada para as particularidades do cenário local, onde estão inseridos. A consciência situacional do cenário completo é importante para todos, mas os perigos imediatos e específicos do cenário local exigem um diagnóstico e ações de resposta mais urgentes. A grande diferença da consciência situacional estabelecida pelos agentes que estão fora de uma estação de controle é que ela tende a considerar o cenário local com muito mais detalhamento do que o cenário completo, com as repercussões da crise em toda a instalação ou organização. A consciência situacional de um operador de estação de controle principal (ou da alta gestão de uma organização) é como o mapa de um país onde somente as estradas principais e as fronteiras entre os estados estivessem representadas. Mas a consciência situacional local, estabelecida por agentes locais, enxerga um mapa menor, como o de uma cidade. Esta área é percebida pelo gestor local como se ele estivesse usando uma lupa. Não só as estradas e as fronteiras, mas todas as ruas da cidade são incluídas no "mapa" que representa a consciência situacional do gestor. A forma de estabelecimento da consciência situacional é a mesma para ambos os casos (dentro ou fora da estação de controle), mas a importância dada às informações locais para compor a consciência situacional é muito maior fora da estação de controle.

8.3.3 Preparação da Atitude Fora de Estação de Controle

Fora da estação de controle os agentes estão mais dedicados a realizar tarefas operacionais direcionadas à produção. As atividades de monitoramento são menos intensas do que nas estações de controle principal onde os operadores costumam dedicar grande parte da atenção à monitoração geral de parâmetros e sistemas. A preparação para a atitude frente à crise por parte dos agentes que atuam fora de estações de controle é fundamentada principalmente no treinamento prévio e no planejamento para as tarefas operacionais em andamento. O planejamento deverá considerar as análises dos riscos associados aos cenários previstos e a verificação das salvaguardas compatíveis com esses riscos. Com um bom planejamento os agentes estarão mais

informados e preparados para tomar a atitude adequada frente à crise. Fora de estações de controle a atitude frente à crise prioriza evitar o escalonamento das consequências no cenário local e a eventual extensão destas consequências para o restante da instalação.

A atitude frente à crise conduz principalmente ao desligamento seguro de sistemas, à interrupção do funcionamento de equipamentos e a efetiva comunicação da evolução do cenário local de crise para a estação de controle, caso esta exista. Se não houver uma sala de controle principal, a atitude frente a crise deve se concentrar em, tanto quanto possível, reduzir os perigos e retirar as pessoas do cenário de crise. Sem uma sala de controle principal, é difícil obter uma visão geral da crise sobretudo seus efeitos fora do cenário local o que recomenda a redução, tanto quanto possível, dos perigos presentes na área e a retirada do máximo de pessoas possível do cenário sujeito aos efeitos da crise.

8.3.4 Comportamento Fora de Estação de Controle

O perfil comportamental dos agentes que atuam fora da estação de controle requer habilidades físicas e mentais que os capacitem a executar as tarefas operacionais durante a emergência. Neste perfil inclui-se a capacidade de reagir, individualmente e em grupo, frente aos cenários de crise previstos nas análises de riscos sobre o ambiente local. Por exemplo, uma equipe pode ter que realizar uma tarefa em um ponto muito elevado (trabalho em altura) em uma chaminé. O trabalho pode ser realizado através da utilização de uma plataforma hidráulica de elevação. Um possível cenário de crise, que pode alcançar esse ambiente, é a falha de válvulas do sistema hidráulico da plataforma com o risco dos agentes terem que permanecer por longos períodos na plataforma em posição elevada, até que o equipamento seja recuperado. Evidentemente, esse tipo de tarefa não deve ser realizada por agentes que tenham dificuldades pessoais em trabalhar em altura por questões de saúde (pacientes de labirintite por exemplo). A habilidade em lidar com a tarefa, com o ambiente de trabalho e com as condições específicas de execução estabelecem o comportamento adequado dos agentes frente a uma possível crise em um ambiente fora da estação de controle.

8.4 Lições Aprendidas: Como Sobreviver a um Acidente Aéreo ou a um Incêndio

N o caso de uma grande crise durante um voo, a tripulação da aeronave irá utilizar todo o seu conhecimento e habilidade técnica para realizar o melhor gerenciamento da crise possível com o objetivo de evitar ou pelo menos reduzir as consequências, e principalmente o número de vítimas de um cenário acidental. Os pilotos no cockpit da aeronave exercem um trabalho de gerenciamento de crise em uma **estação de controle principal** onde toda a **coordenação** e as decisões por **ações de resposta** deverão estar centralizadas. Mas quando o cenário evolui de forma aguda as consequências mais graves de um acidente podem se tornar inevitáveis. Após uma queda ou colisão em pista os comissários e os passageiros de um avião poderão não mais contar com a ajuda direta dos tripulantes no cockpit da aeronave. A **estação de controle principal** pode simplesmente tornar-se inoperante ou ainda ser mesmo destruída durante a evolução do acidente. Como então deverá ser **gerenciada uma crise** complexa como essa onde a maior parte das pessoas envolvidas talvez nem sequer tenha conhecimento suficiente para formar uma **consciência situacional** e um **diagnóstico** preciso da crise?

Quando ocorre uma emergência ou um acidente grave, mesmo fora da área aeronáutica, as boas práticas de **gerenciamento de riscos** estabelecem algumas estratégias básicas para tentar reduzir as consequências catastróficas destes eventos e assim reduzir também o número de vítimas.   Uma das estratégias mais eficazes para isso é primeiramente remover o maior número de pessoas possível da área de exposição direta ao perigo e em seguida prover meios de abandono definitivo, retirando completamente as pessoas do cenário onde o acidente está acontecendo. Isto é feito através do direcionamento das pessoas para outro cenário, de menor risco. É o que acontece quando um navio começa a naufragar e as pessoas são orientadas a irem para embarcações de salvamento. Através destas embarcações menores é realizado o abandono do cenário de naufrágio para um segundo cenário, também perigoso, porém de risco relativo menor a àquela altura, que é o cenário de luta pela sobrevivência no mar.

Em acidentes aéreos essa estratégia torna-se um desafio ainda maior para os especialistas já que quando a emergência ocorre durante um voo comercial em avião convencional não há um segundo cenário acessível para indicar às pessoas em uma operação de escape e abandono. Quando os sistemas críticos sofrem uma pane definitiva que comprometa as condições de funcionamento do avião em pleno voo, não haverá um segundo cenário disponível para as pessoas escaparem. Existem casos em que um pouso de emergência é possível, porém em outros não.   É surpreendente a quantidade de acidentes envolvendo aeronaves que ocorrem em solo. Lembramos que o maior acidente aéreo de

todos os tempos (em número de vítimas) aconteceu em 1977 em Tenerife, ilha do Arquipélago das Ilhas Canárias na Espanha. Enquanto uma aeronave se preparava para decolar, a outra movimentava-se cruzando a pista sob intensa neblina e assim, por deficiências dos controladores e pela baixa visibilidade ambas se chocaram em solo gerando um grande incêndio fatal. Foram 583 mortos e dezenas de feridos.

Apesar dos vários acidentes fatais com aeronaves em muitos pousos de emergência, ou em pousos forçados por um risco iminente de queda, há boas chances de sobrevivência a um acidente aéreo. Pessoas bem informadas, um bom treinamento dos controladores, a preparação técnica adequada tanto da aeronave como dos pilotos e o suporte por meios de resgate podem fazer a diferença entre sobreviver ou não a um acidente deste tipo. A seguir, listamos algumas questões básicas relacionadas com as chances de sobrevivência a um acidente aéreo em cenários degradados onde a **estação de controle principal**, pelas próprias consequências do acidente, não está mais disponível para prover orientação às pessoas. Neste tipo de cenário, os envolvidos são forçados a realizar um gerenciamento de crise individual, mínimo. Aqueles que estiverem melhor preparados para gerenciar esse tipo crise extrema (sem a orientação de uma **estação de controle - crise fora da estação de controle**) terão mais chances de sobrevivência.

QUAL O PROCEDIMENTO BÁSICO DE ESCAPE E ABANDONO DE UMA AERONAVE COMERCIAL?

Há dois tipos de emergências que podem gerar uma operação de escape e abandono de aeronave comercial: emergência preparada; emergência não evidente. No primeiro caso o comandante determina a necessidade de realização de um pouso de emergência e solicita aos comissários que preparem os passageiros e a cabine para o pouso (**preparação da atitude fora da estação de controle**). Essa preparação pode incluir a retirada de relógios, anéis, brincos para evitar possíveis ferimentos e danos aos escorregadores infláveis que poderão precisar ser acionados durante a operação. São distribuídos cobertores e travesseiros para ajudar a reduzir as escoriações e choques no momento do impacto. Todos os objetos soltos na cabine deverão ser recolhidos para os gavetões bagageiros ou reunidos num único banheiro que deverá ser trancado.

Cada porta da aeronave deve ter um comissário como responsável o qual, após o pouso de emergência, se posicionará para avaliar (formar **consciência situacional e o diagnóstico**) as **evidências objetivas** sobre a presença de fumaça, fogo ou algum outro fator proibitivo que inviabilize a utilização da porta sob sua responsabilidade para a operação de escape e abandono. Verificada a disponibilidade da porta e caso não seja possível utilizá-la, o comissário deverá permanecer junto à mesma encaminhando os passageiros para as outras opções de portas. Se ao contrário a porta estiver em condições operacionais para uso, o comissário irá abri-la, acionar o escorregador (se disponível) e liberar os cabos de auxílio que os passageiros poderão utilizar para segurar e acessar o escorregador. Sapatos e objetos perfurantes devem ser descartados para evitar danos às partes infláveis. Ao sair, as pessoas devem se afastar o máximo possível da aeronave nos primeiros momentos. No caso de emergência não

evidente (iniciada subitamente antes da formação da **consciência situacional** sobre a crise), não existe preparação prévia para o pouso mas os comissários deverão, tanto quanto possível, tentar cumprir os mesmos procedimentos descritos para o controle das portas.

PROCEDIMENTOS DE ABANDONO REALMENTE SALVAM VIDAS OU SÃO APENAS FORMALIDADES EXIGIDAS PELA LEGISLAÇÃO?

Os procedimentos realmente salvaram muitas vidas em diversos acidentes. Dois dos mais recentes casos foram o pouso de emergência do voo 1549 em 2009, quando todos os 155 ocupantes foram salvos após um o impacto da aeronave com as águas geladas do Rio Hudson; e outro caso bem-sucedido foi o pouso forçado do Boeing 777 em 2013 no Aeroporto de San Francisco, USA no qual a quase totalidade dos 307 ocupantes conseguiu abandonar a aeronave antes que um incêndio de grandes proporções a destruísse completamente. Conhecer bem o plano de escape e abandono da aeronave, que é explicado no início do voo, é parte da **preparação da atitude de cada passageiro frente a crise.**

QUAL O PAPEL DOS COMISSÁRIOS NUMA OPERAÇÃO DE ESCAPE E ABANDONO?

Os comissários têm um papel vital para o sucesso das operações de escape e abandono e também no período logo após o abandono, o qual pode requerer a sobrevivência no mar, na selva ou mesmo em outras áreas de difícil acesso. Se alguém pensa que a presença de comissários nos voos é apenas um desfile de cortesia e distribuição de itens de conforto e alimentação está muito engado. Basta notar que alguns voos nem sequer oferecem alimentos por estratégia de redução de preços, mas mantém os comissários que são indispensáveis por exigências de segurança. Eles são treinados para só abrir as portas que poderão realmente salvar vidas, conhecem bem os equipamentos utilizados no caso de abandono, sabem onde os recursos de sobrevivência estão localizados e principalmente sabem como utilizá-los corretamente otimizando o seu consumo.

EXISTE UM LUGAR MAIS SEGURO PARA SE VIAJAR NUM AVIÃO?

Poderia existir se o passageiro tivesse certeza antecipada sobre todos os detalhes do acidente que iria acontecer no voo. Mas se fosse possível adivinhar isso, obviamente a decisão inteligente seria não voar. Se houver a necessidade de uma operação de escape e abandono, estar mais próximo das portas de emergência agrega vantagem na luta pela sobrevivência porque cada segundo pode fazer diferença. Uma recomendação adotada por alguns especialistas é estar até 7 fileiras de distância da porta de emergência. Normalmente as aeronaves já são construídas de uma forma tal que, quando ficamos a mais de 7 fileiras de distância de uma porta de emergência que está a nossa frente, basta olhar para trás e perceberemos que existe uma outra porta com menos de 7 fileiras de distância. Mas também é importante lembrar que nenhum acidente é igual ao outro e até as portas de emergência podem se tornar a causa de acidentes em pleno voo.

Em alguns cenários acidentais a porta pode se transformar no próprio perigo, podendo se abrir indevidamente e causar a despressurização súbita da cabine. Em casos extremos passageiros sem cinto ou com cintos mal afivelados podem até ser expelidos da aeronave em pleno voo. Pior ainda, as poltronas mais próximas da porta acidentada podem até ser arrancadas e sugadas para fora do avião (inclusive com o passageiro) e se alguém duvida que acidentes como estes são possíveis eles já foram registrados no Brasil. Mais importante do que a escolha da posição da poltrona é entender o plano prévio de escape e abandono, observar a evolução dos acontecimentos anormais e reagir com presteza aproveitando as orientações da tripulação caso ocorram. O mais importante é a formação da **consciência situacional** sobre o cenário em andamento. Entender a evolução do cenário e identificar o mais rápido possível as **evidências objetivas** da crise podem ajudar a fazer o **diagnóstico** facilitando também a atitude de resposta. Desde antes da decolagem os passageiros têm a oportunidade de prestar atenção nas orientações da tripulação como parte de uma **preparação da atitude frente à crise**. Isso estabelece uma vantagem na luta pela sobrevivência caso realmente uma emergência aconteça.

QUE PORTAS DE EMERGÊNCIA FUNCIONAM MELHOR?

Em caso de pouso na água há maior probabilidade da parte central (junto às asas) ficar mais adequada para o abandono, porque esta é a região da aeronave com mais chances de flutuar por mais tempo. A princípio as pessoas poderão sair pela porta de emergência sobre as asas e ainda terão as próprias asas para se preparar antes de pular para a água. Geralmente a aeronave que pousa na água começa a ser inundada pela parte da frente ou pela parte de trás, dependendo da inclinação e posição final após o pouso forçado. Por isso teoricamente a inundação demoraria mais a atingir a parte central junto às asas em quaisquer destes dois casos. Por outro lado, se o pouso for em terra ou em copa de árvores, a região junto às asas (embora seja mecanicamente mais resistente e reforçada) é justamente a que contém a maior quantidade de combustível e tem maior chance de incendiar. Portanto não há uma regra definitiva. O mais importante é formar rapidamente uma **consciência situacional** adequada, entender bem o plano de abandono como parte da **preparação da atitude frente à crise** e observar a evolução da emergência para agir corretamente, independentemente de qual seja a posição do passageiro na aeronave.

A INFRAESTRUTURA DOS AEROPORTOS PODE AJUDAR?

Quando a emergência é **preparada**, ou seja, quando o comandante reconhece previamente a necessidade de um pouso de emergência e pelas **evidências objetivas** ele forma a **consciência situacional** que isso pode ser feito numa pista de aeroporto, além da **preparação** dos passageiros e da cabine da aeronave, as equipes de solo como bombeiros, lanchas de apoio, ambulâncias entre outros, podem também se preparar através do posicionamento estratégico de recursos na pista ou na água. Os brigadistas e as equipes de solo são exaustivamente treinados para esse tipo de operação. O comandante ao declarar a emergência inicia também os preparativos das equipes de apoio em solo, e os caminhões dos bombeiros especializados irão se posicionar para estar

prontos para acompanhar a aeronave desde o primeiro ponto em que tocar a pista, em alta velocidade. Caso haja necessidade, uma camada de espuma especial também é lançada previamente para reduzir o risco de incêndio caso a aeronave precise pousar "de barriga" na pista, sem trens de pouso completamente disponíveis. Quando há rios, mares nas proximidades, lanchas são acionadas preventivamente para um eventual resgate na água.

QUAL A MELHOR ESTRATÉGIA PARA SOBREVIVER A UM ACIDENTE AÉREO?

Não apenas no caso de acidente aéreo, mas para qualquer caso de acidente, o que mais amplia as chances de sobrevivência é o grau de **consciência situacional** e **conhecimento** sobre os fatos que estão ocorrendo durante a emergência. Como nos eventos acidentais os acontecimentos são surpreendentes e rápidos, não é possível se **preparar** devidamente durante a própria emergência. Nesta hora, quanto mais informação anterior a pessoa tiver, mais chance de sobrevivência ela terá. Observar as instruções no início dos voos, as cartelas de orientação sobre as saídas, observar sinais de fumaça, fogo, observar ruídos e comunicar quaisquer anormalidades à tripulação, tudo isso ajudará a ter uma melhor atitude na hora da emergência.

Instruções sobre como usar as máscaras no caso de descompressão, como usar os flutuadores e coletes, lembrar que a temperatura e a fumaça são piores nas partes mais altas, priorizar a vida ao invés de insistir em carregar objetos e bolsas, podem ser informações e atitudes salvadoras. Também é fundamental um comportamento colaborativo, porque se cada passageiro pensar somente em si, provavelmente o número de vítimas será maior diante de uma confusão que retardaria o procedimento de abandono.

Em alguns tipos de acidentes a margem de ação de cada pessoa é muito pequena. Mas em muitos outros tipos de emergência, o **conhecimento** prévio, um plano básico anteriormente definido (**preparação da atitude frente à crise**), bastante atenção e vontade de viver podem sim ajudar a aumentar as chances de sobrevivência.

COMO SOBREVIVER A UM INCÊNDIO?

Frequentemente um cenário acidental evolui e acaba resultando em um incêndio. Especialmente nos acidentes aéreos, devido à quantidade de energia requerida para voo, combustível e materiais de construção envolvidos, os incêndios e princípios de incêndio praticamente ocorrem em quase todos os eventos acidentais. Até mesmo em pousos na água, fumaça e fogo podem surgir no interior do avião antes que as partes da aeronave afundem. Então, como **preparação da atitude frente à crise,** *que conceitos e informações podem fazer a diferença entre conseguir ou não sobreviver a um incêndio? Vamos apresentar a seguir alguns pontos de atenção que podem ser úteis e salvar vidas.*

ENTENDER O QUE ESTÁ ACONTECENDO (**CONSCIÊNCIA SITUACIONAL**)

*Como já dissemos o que mais contribui para o sucesso de uma pessoa frente a uma crise é o grau de conhecimento que essa pessoa tem sobre os fatos que estão em andamento (**consciência situacional**). Quanto mais informações se tenha sobre o que está acontecendo, maiores as chances de se adotar uma atitude de resposta mais eficaz. Quanto mais a pessoa estiver consciente de uma estratégia de escape e abandono aplicável ao cenário, maiores serão as chances dela de sobreviver. Entender o que está acontecendo começa bem antes da emergência. Começa quando nós adquirimos uma **cultura permanentemente interessada na segurança**, a qual nos mantenha sempre atentos e mais preparados. O tempo é um fator decisivo em caso de incêndio. É necessário analisar previamente as opções de escape e abandono, identificar antecipadamente as saídas, pensar sobre possíveis estratégias, manter constante atenção sobre o que está acontecendo e se permitir imaginar o que poderia ser feito numa situação de emergência. Quem age assim está mais preparado para sobreviver, pois se um incêndio começar subitamente então não haverá mais tempo para estudar estes aspectos.*

PERCEBER RÁPIDO QUE EXISTE UMA EMERGÊNCIA (**DIAGNÓSTICO**)

Estar atento aos alarmes e sinais suspeitos como fumaça, sirenes, ruídos, sons e calor pode fazer diferença decisiva. Os mais atentos têm mais chances de reagir num tempo menor. Segundos a mais no tempo de reação podem fazer diferença em caso de incêndio ou em outras crises. Em caso de dúvida, prefira assumir que está em emergência.

TER UM PLANO PRÉVIO MAS NÃO SE LIMITAR A ELE (**PREPARAÇÃO**)

*Instalações industriais, edificações, aeronaves e embarcações em geral possuem um plano de escape e abandono. Mesmo que você não conheça esse plano formalmente, a sinalização, as portas e os corredores podem indicar uma estratégia. Independentemente do grau de informação sobre os planos de escape e abandono, sempre considere em sua mente uma estratégia previa sobre como sair do local em que você se encontre. Alguns ambientes não possuem planos de escape formais, como florestas, cavernas e ambientes naturais mas mesmo assim é importante estabelecer uma estratégia mínima para o caso de precisar sair rápido. Entre no ambiente já pensando como iria sair rápido se precisasse. E quando a emergência propriamente dita acontecer, reavalie seu plano prévio considerando os fatos reais (**evidências objetivas**) que estão presentes no cenário da emergência. Nunca se limite apenas a seguir regras e planos previamente estabelecidos. Todo acidente inclui fatores imprevistos e específicos daquele cenário. Os planos, procedimentos e regras são as melhores referências para se chegar a atitude correta, mas não são em si garantia absoluta de sobrevivência. O entendimento do cenário real (**consciência situacional e diagnóstico**) pode e deve revisar os planos e regras previamente estabelecidas se isto for percebido como uma necessidade.*

TENTAR IDENTIFICAR A DIREÇÃO DE ORIGEM DO FOGO

Antes de iniciar o escape e abandono tente identificar de que lado está o incêndio. Pode ser que esteja progredindo no mesmo piso. Pode também estar

vindo de cima ou de baixo. Fumaça e calor tendem a subir e observar isso pode ajudar a identificar a direção de onde vem o incêndio para que as chamas e a fumaça tóxica sejam, tanto quanto possível, evitadas.

NA DÚVIDA SAIA (**ATITUDE FRENTE À CRISE**)

Caso haja indício ou suspeita de um incêndio, não hesite: siga o plano prévio e saia! Depois verifique se realmente trata-se ou não de uma emergência. O máximo que vai acontecer é ter que retornar ao seu local de origem. Por outro lado, se realmente for um incêndio e a pessoa hesitar, irá logo ter toda a certeza que se trata de uma emergência mas poderá ser tarde demais.

ESTAR PREPARADO PARA ESCAPAR RÁPIDO

Na hora em que se percebe o incêndio o efeito surpresa causa um impacto emocional sobre as pessoas envolvidas. A ideia inicial é sair, mas o ambiente emocional pode tornar difícil a simples localização da chave da porta ou, por exemplo, se devemos andar para a porta da frente de uma aeronave ou para a porta de trás. Portanto, é recomendável manter-se atento às saídas disponíveis. Por exemplo, no caso de uma edificação, manter as chaves na própria porta facilita o procedimento de escape e abandono, principalmente se durante a emergência houver fumaça gerando perda da visibilidade. Também facilita desenvolver a capacidade de observação. Se uma dada porta da aeronave tem algum obstáculo momentâneo antes do início da emergência e isso for guardado em nossa memória, então se subitamente a fumaça tomar a cabine iniciando uma emergência nós poderemos evitar a porta obstruída, por exemplo, por um carro de bebidas estacionado em frente a porta momentos antes da crise começar.

O mais importante é priorizar a vida sempre, ao invés de pertences, documentos e valores. Se algum item essencial precisar ser levado (medicamentos vitais, óculos), este por sua importância, deverá ser mantido estrategicamente em local de fácil acesso junto à própria pessoa ou próximo à porta. Porém a regra principal é que nada tem mais valor do que a vida.

FUMAÇA

Simulações computacionais e investigações de acidentes mostram que a fumaça causa mais vítimas do que a ação do fogo direto. Muitas vítimas, antes de serem alcançadas pelas chamas perdem os sentidos devido a fumaça. Uma toalha molhada sobre a cabeça pode prover um tempo extra de resistência em um ambiente com fumaça. Num avião a parte junto ao piso geralmente tem uma melhor condição para a respiração. Em instalações terrestres ou que permitam acesso fácil a um banheiro, se for realmente fácil e rápido, entre debaixo do chuveiro com roupa antes de sair porque isso também ajuda em relação ao calor. Em geral a fumaça tende a subir. Próximo ao piso é mais provável que se respire melhor na maioria dos incêndios. Fumaça negra e muito densa também cria um problema muito importante que muitas vezes é esquecido: perda de visibilidade. Não raramente ambientes podem estar parcialmente tomados por fumaça negra (apenas na parte superior). Como as pessoas estão com a cabeça dentro da

fumaça negra, não enxergam, ficam desorientadas como cegos e acabam respirando essa fumaça negra em geral letal e de rápido efeito.

Nos primeiros momentos basta abaixar-se para a pessoa perceber que a nuvem de fumaça negra está apenas na parte superior enquanto é possível respirar e se deslocar abaixado junto ao piso por muito mais tempo. Infelizmente pessoas podem permanecer confusàs e serem asfixiadas, mesmo com fumaça apenas na metade superior do ambiente. Portanto em caso de fumaça negra, o mais provável é que junto ao piso as condições sejam melhores para a sobrevivência. Manter uma lanterna disponível junto aos locais de saída pode ajudar a avançar melhor contra a fumaça. Conhecer as saídas de emergência previamente, percorrê-las com certa frequência também faz diferença.

NÃO DEIXE PESSOAS PARA TRÁS

Um erro é sair para ver o que está acontecendo e deixar pessoas para trás sem comunicação. Se realmente estiver acontecendo um incêndio a velocidade de progressão pode ser tão rápida que torne impossível o retorno para avisar as pessoas que ficaram para trás. Isso pode gerar pânico, sensação de culpa e desespero, fazendo com que a pessoa tente retornar em meio a um incêndio impossível de ser enfrentado. O melhor a fazer é sair em grupo, todos juntos enquanto isso seja possível. São raros os casos de existirem rádios autônomos independentes capazes de garantir a comunicação durante o incêndio. Mesmo nestes casos, o melhor é saírem todos juntos para evitar perda de tempo precioso em um incêndio.

ELEVADORES

Os elevadores mais modernos possuem uma programação automática para incêndio, que ao ser acionada faz com que a cabine desça para o térreo e neste piso abra a porta. Isso significa que se a pessoa estiver no elevador e a programação for iniciada, basta aguardar que o elevador chegará ao térreo e abrirá as portas. Porém há incêndios que provocam a interrupção da energia elétrica subitamente, sem tempo hábil para a programação de emergência do elevador seja realizada. Neste caso é preciso ter certeza de que está havendo uma emergência envolvendo fumaça e fogo antes de tentar agir. Se for necessário tentar sair, opte pela saída de emergência no teto do elevador e se esta não estiver disponível tente liberar a porta principal ou outra se houver. Mas esta é uma situação extrema que deve ser evitada ao máximo pois envolve grandes riscos. O melhor a fazer é aguardar ajuda externa pois em caso de incêndio um dos primeiros objetivos a serem atendidos pelos bombeiros são os elevadores. Mesmo sem energia elétrica os bombeiros e técnicos especializados podem movimentar o elevador em segurança através de mecanismos especiais existentes nas próprias salas de máquinas dos elevadores.

ENERGIA ELÉTRICA É CORTADA

Uma das primeiras ações a serem tomadas no combate a um incêndio é cortar a alimentação de energia elétrica para reduzir a contribuição da rede energizada

com a propagação do fogo. Muitas vezes o incêndio se inicia por um curto circuito que desliga o fornecimento de energia automaticamente, mesmo antes de um agente externo executar essa tarefa. Portanto opte sempre pelas escadas e se possível mantenha em local de fácil acesso lanternas disponíveis e carregadas para facilitar o acesso a elas.

SPRINKLERS ATUAM AUTOMATICAMENTE

Alguns locais possuem redes de sprinklers, que são chuveiros aspersores geralmente dotados de uma ampola ou dispositivo de bloqueio do fluxo de saída de água. No caso de prédios, os sprinklers funcionam a partir do momento em que as ampolas sejam rompidas pela própria elevação da temperatura provocada pelo princípio de incêndio. Somente onde haja calor, a água irá ser liberada. Isso ajuda a economizar a água do reservatório durante o incêndio. Por isso alguns sprinklers podem estar liberando água outros não. Onde os sprinklers estiverem liberando água, significa que a temperatura atingiu o limite máximo previsto em projeto. Se num determinado local for possível identificar uma área com sprinklers liberando água e outra área com os sprinklers intactos, possivelmente o fogo estará mais próximo dos sprinklers que estão abertos. Existem também outros tipos de aspersores que utilizam outros fluidos diferentes da água para combater o incêndio.

Um cuidado especial deve ser adotado quando houver a identificação de uso de gás extintor "CO_2" (gás carbônico). Locais protegidos por aspersores que utilizam "CO_2" precisam ser desocupados antes que esse gás comece a ser liberado. Normalmente há alarmes e avisos antes da liberação do "CO_2" indicando que as pessoas saiam do local porque podem ser asfixiadas pelo próprio "CO_2". Esse tipo de proteção tem sido substituído gradativamente, mas alguns locais como museus, bibliotecas, grandes cofres de documentações, salas com componentes eletroeletrônicos, podem ainda utilizar o "CO_2". O objetivo ao usar esse tipo de agente extintor é evitar que a água danifique as obras de arte, documentos e equipamentos sensíveis à água. Atualmente existem outros fluidos que também evitam estes danos e não causam asfixia, mas são mais caros e menos utilizados.

CRIANÇAS E LIMITAÇÕES DE LOCOMOÇÃO

Se alguém tem limitações físicas mesmo que transitórias, meios de suporte devem ser providos antecipadamente para facilitar o escape e abandono. Existem cadeiras de rodas simples, de funcionamento puramente mecânico que são projetadas para facilitar a descida de escadas. Crianças pequenas devem ser levadas no colo e com o rosto próximo ao do adulto. Assim as condições de respiração para ambos serão as mesmas. Frequentemente pessoas que estão socorrendo outras instintivamente buscam o ar de melhor qualidade mas não atentam que há alguns centímetros de distância o ar pode estar irrespirável para quem está sendo socorrido.

PORTAS

Antes de abrir uma porta observe a temperatura na superfície e se há passagem de fumaça pelas frestas. Em alguns casos, se do outro lado o fogo estiver intenso, uma vez aberta a porta esta não conseguirá mais ser fechada.

NÃO SIGA GRUPOS POR SEGUIR

Esteja consciente de suas ações. Não siga um grupo apenas por seguir, principalmente se não existia um treinamento prévio para estas pessoas. Considere se o grupo está ou não seguindo uma estratégia previamente definida para o escape e abandono. Grupos muito grandes sem treinamento enfrentam dificuldades de comunicação. O primeiro de uma fila não consegue falar com o último e se o primeiro perceber que é preciso voltar os últimos poderão ao mesmo tempo estar forçando o grupo para frente gerando contra fluxo e confusão. O melhor é sempre valorizar o treinamento prévio, mas se isso não tiver acontecido permaneça no grupo enquanto a estratégia se mostrar coerente. Apesar da situação caótica, quanto mais consciente sobre os seus atos, maiores as chances de uma pessoa sobreviver.

NÃO PERCA TEMPO COMBATENDO O INCÊNDIO

Ao perceber que o fogo está fora do controle, priorize sair e deixe a tarefa de combate para os bombeiros profissionais e brigadistas. Utilize o sistema de combate a incêndio, extintores, mangueiras, etc., para abrir caminho para sair. Priorize sair. Deixe o combate para profissionais.

EVITE O CONFINAMENTO

Não fique em locais confinados se há opção de saída. A hora de tomar a decisão de sair é enquanto as saídas estão disponíveis. Fuja de ficar confinado mesmo que isso pareça seguro. Só considere a possibilidade de um abrigo confinado em último caso. Mas se não houver opção e for inevitável o confinamento, tente identificar o ponto com a melhor condição de ar e proteja-o como puder. Apesar de ser arriscado, alguns pontos podem sim resistir ao incêndio por um bom tempo. Observe se está havendo um avanço progressivo do fogo e fumaça em direção ao local. Caso positivo tente forçar a saída pelo lado oposto. Janelas são uma opção em situações extremas.

Em alguns casos é possível passar entre janelas e varandas de uma edificação. Se isso for necessário concentre-se em onde firmar mãos e pés, e tenha em mente que se não houvesse a influência da altura talvez você fizesse os mesmos movimentos em uma aula de ginástica sem maiores dificuldades. Se previamente for possível manter algum equipamento como corda e pontos de fixação próximos da janela, desde que se saiba como utilizar tais equipamentos esta será uma ação proativa que ampliará bastante as chances de sobrevivência.

NÍVEL ELEVADO DE **CONSCIÊNCIA SITUACIONAL**

*Tenha em mente antecipadamente as regras de escape e abandono sobre o local onde você se encontra. Mas considere também os fatos (**evidências objetivas**) que estão acontecendo no momento real do acidente para corrigir e ajustar o plano original se isto for necessário. Seguir regras cegamente é pior do que desobedecê-las conscientemente.*

AJUDE OUTRAS PESSOAS

Apesar da gravidade do estado emocional gerado durante um incêndio, tente pensar nos outros também. Evite gerar conflitos na hora do escape. É totalmente normal acontecerem divergências, tensão e até brigas. Isso leva a perda de tempo, nervosismo e em termos práticos pioram os congestionamentos e geram pânico. Mantenha o senso de companheirismo e evite discussões danosas que só irão agravar o ambiente emocional da emergência. Ajude outras pessoas a sobreviverem mas não se deixe contagiar pelo pânico de outrem. Mantenha sua atitude positiva e determinada em sobreviver em meio a um desafio extremo. As atitudes de ajuda só têm sentido quando aumentam o número de sobreviventes, não o de vítimas. Em muitos casos, tentativas de resgate acabam aumentando o número de vítimas. Um grupo com ambiente de sobrevivência mútua tem mais chances do que um "cada um por si" desesperado. Mas nem sempre o grupo está certo em suas decisões e em alguns casos pode ser necessário não seguir o grupo. Saiba que essa é uma decisão pessoal e você não poderá obrigar outros a concordarem com você e muito menos você poderá deixar de assumir a total responsabilidade e as consequências da sua decisão.

TOMADA DE DECISÃO OU SORTE?

*Existem inúmeros relatos de sobreviventes de incêndios e de outros tipos de acidentes que não tiveram nenhuma preparação, orientação, reação ou atitude frente à emergência e mesmo assim sobreviveram. Há casos de recém-nascidos e pessoas que estavam dormindo e que foram os únicos sobreviventes dentre dezenas e até centenas de vítimas fatais. Investigando esses casos, percebe-se que muitas atitudes, escolhas e decisões inconscientes foram tomadas de modo a resultar na perfeita conjugação de todos os fatores para que aquela pessoa específica sobrevivesse. O fato relevante é que no entendimento desses raros sobreviventes tudo aconteceu por "sorte", mas para a maioria de milhares de pessoas que sobreviveram em todos incêndios e tragédias, a sobrevivência veio de **atitudes**, escolhas e **decisões tomadas** a partir de uma **consciência situacional** baseada em **evidências objetivas**. Foram as escolhas e as **decisões tomadas** que fizeram a grande diferença entre viver e morrer. Não acredito na sorte. Acredito em Deus, seus mistérios e na capacidade concedida ao homem de lutar pela vida.*

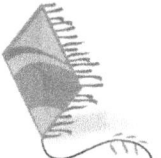

Em alguns casos só é humanamente possível suportar toda a pressão de uma crise se conseguirmos sair do "mundo real". Sim, pode parecer um absurdo tentar formar uma **consciência situacional** adequada durante o gerenciamento de uma crise permitindo-se "sair do mundo real". Mas existem situações de crise tão extremas e que nos desorientam de tal forma que pensar em desistir pode parecer o último conforto, um alívio, mesmo que isso signifique estar completamente derrotado pelo cenário ameaçador que deveríamos tentar superar. Mas as crianças (que somos nós mesmos há algum tempo atrás) apesar de serem consideradas bastante sensíveis e emocionais podem nos surpreender em meio a cenários adversos extremos. Elas costumam ter reações subjetivas capazes de mantê-las firmes na execução das poucas ações possíveis para reagir a uma terrível crise. Isto aconteceu com uma criança de apenas um ano, que após uma longa viagem e sem o conforto de sua rotina doméstica entrou em uma crise respiratória aguda que colocava a sua vida em risco. Os pais logo perceberam que não se tratava de um resfriado ou um daqueles problemas rotineiros que afetam as crianças, mas algo realmente muito grave e que estava comprometendo rapidamente a capacidade de respiração da criança. Nervosos e em um país distante, os pais se dirigiram às pressas até um hospital para tentar impedir um mal maior, que a essa altura já se constituía em um perigo iminente.

Ao entrar no hospital os médicos perceberam a gravidade da situação e estavam tendo dificuldades em fazer os procedimentos para salvar a vida da criança dada a limitação de respiração e o desespero da própria criança que se debatia impedindo que ela pudesse ser atendida o que agravava ainda mais seu estado respiratório. Foi então que, diante dos aparelhos que os médicos tentavam adaptar à face da criança, a mãe instintivamente rompeu o clima angustiante da sala de emergência cantando uma música sobre um "elefantinho". Na realidade a música sequer existia e estava sendo criada naquela hora, e cantada num timbre confortador justamente no momento em que as lágrimas estavam quase rolando na face da mãe dado o desespero da criança quase sem condições de respirar. Não parecia haver nenhum sentido, nenhuma relação inteligente, entre o ambiente da emergência e aquela atitude da mãe que destoava completamente com o desespero de todos. Por alguns instantes parecia que a mãe estava com algum problema, algum descontrole emocional. Mas logo percebeu-se que aquela canção falando do tal "elefantinho" fazia com que a criança "saísse do mundo real" e visse o equipamento de socorro como parte de um personagem criado pela mãe. A forma como a mãe, mesmo desesperada, conseguia cantar a música com a entonação de uma cantiga de roda surpreendia os presentes e fez com que a criança por alguns segundos saísse do ambiente negativo imposto pelo cenário permitindo que ela mesma prosseguisse, em melhores condições, em sua luta pela vida. O mais impressionante é que naquele momento dramático já se esperava muitas reações dos médicos, pais e da própria criança. Havia realmente um risco muito grande a ser enfrentado

naqueles poucos e decisivos minutos. Poderia ter havido gritos, ordens nervosas e choro desesperado. Mas uma canção sobre um "elefantinho" fazia analogia com o duto de insuflamento de um aparelho de assistência à respiração e isso tirou todos, na medida necessária, do "mundo real".

Os médicos observaram a criança recuperar sua função respiratória e sorrir ainda com o rosto dentro da máscara de respiração, que para ela era apenas a parte mais divertida de uma brincadeira sobre um "elefantinho". Há situações extremas de crises em que a carga a ser suportada é elevada demais para um ser humano. Essa carga limite que conseguimos suportar pode variar de ser humano para ser humano mas cada um de nós tem um limite a partir do qual não é mais possível continuar resistente como um combatente em uma guerra.

Mesmo além desse limite extremo ainda poderá haver alguma forma para superar a crise. Esta é uma fronteira muito difícil de ser ultrapassada, mas há crises que somente podem ser superadas se por alguns momentos nos permitirmos "sair do mundo real". O cenário de crise pode tornar-se tão hostil que, sob o ponto de vista racional, não exista a mínima chance ou esperança de superação. A superação da crise, nestas circunstâncias, só é possível fora do "mundo real". Esta forma de sair do "mundo real" pode ser diferente para cada pessoa. Existem várias formas de traduzir em palavras essa motivação extra, por exemplo: "motivados pela fé", "motivados pela esperança", "motivados pelo amor", etc. Mas o fato inegável é que muitas crises aparentemente intransponíveis já foram superadas por esse tipo de reação e por isso não a podemos despreza-la. A história está repleta de exemplos desse tipo. Embora a lógica desse comportamento não nos pareça razoável, nem por isso podemos negar o fato de que (por exemplo) "a fé" pode fazer a diferença para a superação de uma crise. Portanto jamais descarte a possibilidade de se enxergar superando a crise, mesmo que a única possibilidade de se ver dessa forma seja pela "fé", pela "esperança", pelo "amor", etc. Há vítimas que conseguiram sobreviver ocultas sob os escombros de desmoronamentos por semanas. Depois de resgatas algumas relatam que a fé ou o amor por uma pessoa foi a fonte de suas forças para lutar pela vida e sobreviver até o momento do resgate. Pode não ser a forma mais lógica e racional de superar uma crise, mas tenha certeza que em alguns casos extremos sair do "mundo real" comprovadamente funciona. Desprezar esse recurso é um erro.

9 Recomendações e Comunicação na Crise

A comparação das informações comunicadas com as ações práticas e seus resultados permite avaliar os valores e o conhecimento técnico dos gestores diretos da crise. Dependendo forma de emprego das palavras, da forma de interpretação das normas e leis, da clareza na exposição das estratégias e da forma de encadeamento das ideias, o gestor pode demonstrar sonegar informações ou ainda pode demonstrar usar informações verdadeiras de forma indevida e inconsequente.

> *O mais valioso patrimônio de um gestor de crise é a sua credibilidade. A confiança de que o gestor cultiva bons valores e possui conhecimento técnico suficiente para conduzir as pessoas até a superação da crise é que sustenta sua condição de líder.*

A liderança é sempre um privilégio frágil que depende de como a imagem do líder é percebida, a cada momento, por cada liderado. A liderança é um privilégio impossível de ser mantido pela força. Mesmo quando o suposto líder utiliza poderes coercitivos para impor sua aparente liderança, este líder ou gestor pode na realidade, preservar apenas seu cargo ou posição mas nada pode fazer sobre o que as pessoas de fato pensam sobre seus valores e seu conhecimento técnico para superar as crises. As pessoas podem obedecer quando submetidas a uma liderança imposta por poder coercitivo, mas não hesitarão em aproveitar qualquer mínima falha dos mecanismos de controle coercitivo como uma oportunidade para substituir o líder que não cultive bons valores e que seja desprovido de conhecimento técnico que o faça competente.

Mesmo na aparente ausência de falhas nos mecanismos de controle coercitivo, os que pretendem impor pela força a liderança poderão ser surpreendidos por falhas originadas pelos próprios liderados apenas para prover a desejada oportunidade de substituição do líder que não convence, mas apenas impõe a sua liderança. Os líderes meramente formais, que não cultivam bons valores e se amparam apenas nas hierarquias organizacionais, são na realidade escravos de sua estrutura de controle coercitivo. Este tipo de líder sobrevive sob forte pressão porque não tem credibilidade e muitas vezes nem o respeito dos liderados sendo assim obrigado a sustentar uma luta permanente, desgastante e certamente malsucedida para continuar impondo sua falsa liderança.

> *O conhecimento técnico pode ser usado para o bem e para o mal. O que diferencia a aplicação do conhecimento para o bem da aplicação do conhecimento para o mal são os valores cultivados por seus detentores. Observe os valores dos líderes antes de seguir as suas instruções.*

A liderança não está presente apenas nas relações humanas. Na própria natureza, até entre os animais o processo natural de reconhecimento da liderança está presente. As estruturas organizacionais e o comportamento socialmente aceito disfarçam, tanto quanto possível, a violência da disputa natural pela liderança.

Especialmente durante o gerenciamento de crises, em situações extremas e sob grandes ameaças, as estruturas organizacionais e o comportamento socialmente aceito praticamente sucumbem quando confrontados com os valores e com o conhecimento técnico genuínos. Durante a crise os verdadeiros líderes acabam assumindo o gerenciamento da crise de forma natural, destituindo a liderança formal de seu poder de comando.

> *Não adianta ter apenas conhecimento. Embora o conhecimento seja indispensável ainda mais importante é ter valores que impeçam o seu uso de forma indevida e inconsequente.*

A seguir apresentaremos algumas recomendações úteis relacionadas com as diversas situações envolvendo a comunicação entre as pessoas em um cenário de crise. Mas cabe enfatizar que há uma parte que cada pessoa deve cuidar por si mesma: o cultivo de bons valores éticos e morais. Sem essa parte, nem o conhecimento técnico nem as estruturas organizacionais formais sustentarão a liderança.

9.1 Comunicação em Estação de Controle

Em estação de controle a comunicação deve ser objetiva e clara. Os sistemas muitas vezes são identificados por nomes longos e por isso precisam ser simplificados em siglas ou identificações resumidas. Os operadores em uma estação de controle precisam compreender como cada colega se expressa, inclusive em situações de emergência quando as reações biológicas podem alterar a forma de conversação rotineira. Esse conhecimento mútuo é ampliado através da experiência com o trabalho diário associado ao treinamento em simuladores. O treinamento em simulador deve procurar estabelecer entre os operadores um protocolo padrão de comunicação ou pelo menos o entendimento mínimo sobre o padrão adotado por cada membro da equipe, já que, os seres humanos conseguem se diferenciar mesmo sob rígidos protocolos de padronização da comunicação.

O ambiente de uma estação de controle requer tranquilidade e organização. O treinamento deve promover o autocontrole emocional de modo que a comunicação interna não seja afetada pelas consequências naturais que a emergência causa nas pessoas. Devem ser evitados gritos, fala apressada mesmo em situações de grande tensão emocional. Ao mesmo tempo, a voz baixa e a falta de atitude podem também prejudicar a percepção e a atenção dos demais sobre o que está sendo comunicado. Em alguns tipos de estação de controle e em alguns cenários de emergência a comunicação verbal pode tornar-

se impossível. Quando, por exemplo, uma emergência exige que máscaras de equipamentos de respiração sejam utilizadas, exceto se estas máscaras forem dotadas de rádios, a comunicação verbal será impossibilitada. Em cenários desse tipo, outras formas de comunicação além da verbal precisam ser empregadas, tais como a comunicação por sinais, luzes, sons, entre outros. A falta de capacidade de comunicação em estação de controle pode degradar o entendimento do conteúdo das mensagens operacionais em momentos cruciais de análise e diagnóstico de cenário e resposta à crise.

9.2 Comunicação Fora de Estação de Controle

Fora da estação de controle a comunicação rotineira é voltada principalmente para a facilitação da tarefa a ser executada localmente. Se a emergência ocorrer localmente precisará ser reconhecida e devidamente reportada à estação de controle. As ações de controle e de mitigação locais poderão se tornar necessárias e a comunicação entre os que estão fora da estação de controle deverá ser, nestes momentos, similar à comunicação entre os que trabalham em estações de controle. Frequentemente a comunicação fora das estações de controle e em áreas operacionais pode ser realizada via rádio. Este tipo de equipamento requer um protocolo de uso para que as mensagens sejam trocadas e compreendidas de forma eficiente. Não se pode falar pelo rádio como se fala presencialmente ou por telefone. É recomendável treinamento prévio no uso do rádio e um vocabulário claramente definido, incluindo siglas e expressões de teste de comunicação. É recomendável a adoção de uma fraseologia operacional formalizada para que os operadores utilizem frases previamente definidas e treinadas em suas comunicações durante as crises.

9.3 Comunicação Entre Estação de Controle e Demais Áreas

Durante as atividades rotineiras a estação de controle principal precisa interagir e se comunicar com as pessoas em seus respectivos postos locais de trabalho. Essa comunicação pode ser feita por telefone, mensagens eletrônicas e rádio. É muito importante que as pessoas que trabalham nas estações de controle sejam muito bem treinadas quanto à comunicação com cada área local. É preciso conhecer as condições em que essa comunicação será recebida em cada área, seja sob ruído, vibrações, calor, limitações visuais, etc. Os que trabalham em estação de controle não podem comunicar as informações operacionais sem considerar as condições da área que está recebendo cada informação. É preciso que o operador de estação de controle compreenda que os ambientes externos são variados e os fatores condicionantes presentes em cada local podem ser surpreendentes e até mesmo opostos. É necessário ter uma boa percepção do "clima" em que os operadores locais estão recebendo a comunicação. E essa percepção deve prover o ajuste e a adequação da mensagem para que a comunicação seja realmente eficiente. Quem detém a informação é que é o maior responsável por transmiti-la. Se uma informação é crucial para a resposta a uma emergência e precisa ser transmitida da estação

de controle para um operador local, então o operador da estação de controle deve se certificar de que a comunicação foi eficiente. Uma das formas de alcançar esse objetivo é a comunicação de 3 vias, quando a estação de controle transmite a mensagem, o operador local a repete como confirmação de seu entendimento, e finalmente o operador da sala de controle a transmite pela segunda vez fazendo com que o operador local a ouça por duas vezes. Usando a comunicação de 3 vias há mais chances de ser percebido algum erro o na transmissão da mensagem.

9.4 Registro de Comunicações

Principalmente durante situações de crise a comunicação interna da estação de controle e as mensagens enviadas para os operadores locais precisam ser registradas para possíveis análises e eventuais investigações posteriores. Durante a operação normal a comunicação também deve ser registrada, porém neste caso o grau de detalhamento dos registros não precisa ser o mesmo do que durante uma situação de crise declarada ou em progresso. Os registros servem para que, ao longo do gerenciamento da crise, as informações possam ser recuperadas, confirmadas ou reconsideradas. Também servem para futuras investigações que visem evitar que acidentes ou quase acidentes similares se repitam. As formas de registro podem variar bastante desde um simples livro diário de operação, até formulários e gravadores digitais de vídeo, áudio e de dados sobre parâmetros operacionais.

9.5 Plano de Comunicação de Emergência

Quando um cenário emergencial se estabelece um conjunto de ações de resposta precisa ser efetivamente executado. É necessário um plano de comunicação que não cause sobrecarga para os operadores durante a gestão da crise e também reduza a possibilidade de negligência e de sonegação de alguma informação importante para a segurança. Os planos de comunicação podem envolver apenas alguns operadores locais, mas, dependendo da evolução do cenário acidental, podem ter que alcançar inclusive autoridades civis e militares bem como a população da comunidade afetada. O plano de comunicação de emergência também pode ser considerado parte da estratégia de organização das ações de resposta. A cada aviso e comunicação sobre a crise em andamento, reações serão geradas entre os comunicados. Na medida em que o plano de comunicação da emergência avança em suas etapas a mobilização de recursos de mitigação também necessita ser proporcionalmente elevada.

9.6 Cuidados na Linguagem de Comunicação em Crise

Operadores de estação de controle precisam ter muita habilidade e precisão ao utilizarem um código de fraseologia ou uma linguagem para as comunicações realizadas durante as crises. Seres humanos reagem biologicamente diante de situações de emergência e isso interfere diretamente no desempenho de execução de tarefas como as de comunicação. Uma crise pode representar uma forte ameaça à vida e os operadores precisam ser informados de que um cenário desse tipo está estabelecido necessitando de ações objetivas e urgentes.

A forma como a comunicação é realizada pode contribuir para melhorar ou piorar as reações de quem recebe as informações. Mesmo operadores e especialistas bem treinados e experientes não ficarão isentos das reações biológicas que afetam as habilidades de resposta à crise, inclusive habilidades de comunicação. Algumas técnicas são desenvolvidas e exaustivamente treinadas para reduzir o impacto da reação biológica sobre a atitude de operadores frente a uma forte ameaça. Há protocolos de comunicação a serem cumpridos durante emergências e crises. Este tipo de prática estabelece o uso de frases previamente definidas (códigos fraseológicos) para a transmissão de mensagens de alto impacto. O ideal é que cada atividade operacional crie seu próprio manual de fraseologia para orientar a comunicação durante o gerenciamento de crise. As atividades aeronáuticas adotam manuais de fraseologia de tráfego aéreo que orientam as comunicações em todas as situações e estabelecem premissas e frases padronizadas para tornar a comunicação mais eficiente. Estas frases são criadas a partir da experiência e das boas práticas operacionais. Baseiam-se em estudos que consideram os fatores humanos que podem induzir ao "erro humano" no processo de comunicação inadequada de uma crise ou emergência.

Um operador de estação de controle pode ter que informar a uma equipe local que esta encontra-se numa região próxima a um grande incêndio. O operador de estação de controle, ao reconhecer os sinais de detecção e alarmes de fogo confirmado, poderia simplesmente contatar a equipe local e dizer: "Fogo, fogo, fogo... está tudo pegando fogo! Saiam imediatamente daí antes que morram! ". Entretanto, especialistas utilizam outras frases que possam produzir uma reação potencialmente melhor frente a esse tipo de emergência, tais como: "Atenção equipe, operação neblina! ". Se o treinamento prévio já tiver reforçado que dentro do protocolo de comunicação esta frase significa um grande incêndio o qual exige imediato abandono de área, então não será necessário utilizar palavras como "fogo", verbos como "morrer" abrindo espaço para a ampliação de uma atmosfera emocional negativa em um momento em que a declaração de emergência, por si só, já provocará uma reação biológica impactante para a eficiência do trabalho de mitigação. Os protocolos de comunicação de emergência devem estabelecer frases de comunicação que estimulem uma reação positiva reduzindo as chances de ser gerada uma reação de pânico. Esse efeito pode ser alcançado através da seleção de palavras de efeito positivo e associáveis a cada tipo de cenário de crise. Estas palavras e frases previamente elaboradas devem representar também uma indicação da atitude a ser adotada frente à crise. O quadro a seguir traz alguns exemplos didáticos de cenários de crise e a indicação de possíveis formas de sua declaração. Em uma

das colunas está um exemplo de forma inadequada, NÃO recomendável para a declaração de crise. Ao lado, em uma outra coluna do quadro está um exemplo de forma recomendável para a declaração de crise. Evidentemente a forma recomendada precisa ter sido incluída em um protocolo de fraseologia de comunicação, de modo que todos operadores tenham uma interpretação única para o significado da frase quando esta for utilizada.

Cenário de Crise	Comunicação Não Recomendável	Comunicação Recomendável	Observações
INCÊNDIO NA SALA "X"	Fogo! Fogo! A sala "X" está sendo destruída pelo fogo!	ATENÇÃO OPERAÇÃO NEBLINA NA SALA "X"	O termo neblina é associável aos sistemas de combate a incêndio
VAZAMENTO DE GÁS NA PLANTA DE PROCESSO	Está Vazando Gás! O gás está cobrindo toda a área!	ATENÇÃO OPERAÇÃO VENTO NA PLANTA DE PROCESSO	O termo vento é associável ao aumento da ventilação e dissipação do gás
EXPLOSÃO NO SUBSOLO	Explodiu Tudo No subsolo! Acho que tudo pode desabar.	ATENÇÃO OPERAÇÃO RESISTÊNCIA NO SUBSOLO	O termo resistência é associável a uma resposta positiva à onda de choque gerada pela explosão
TERRORISMO EM LOCAL INCERTO	Estamos Sob Ataque Terrorista! Eles podem atacar em qualquer lugar!	ATENÇÃO OPERAÇÃO ESCUDO EM TODA A INSTALAÇÃO	O termo escudo é associável à proteção contra hostilidades
PERDA DE ENERGIA	Estamos em Blackout! Estamos sem energia nenhuma e por isso vamos perder tudo!	ATENÇÃO OPERAÇÃO FAROL EM TODA A INSTALAÇÃO	O termo farol é associável a um recurso frente ao cenário
PERDA DE COMUNICAÇÃO	Perdemos todos os canais de comunicação!	ATENÇÃO ESTAMOS EM OPERAÇÃO CONTATO	O termo contato é associável a uma transmissão de informação
VÍTIMA DE MAL SÚBITO	Tem uma pessoa infartada aqui!	ATENÇÃO TEMOS UMA OPERAÇÃO REMÉDIO	O termo remédio é associável ao atendimento a uma pessoa vítima de doença
INUNDAÇÃO	Estamos ficando cobertos de água!	ATENÇÃO ESTAMOS EM OPERAÇÃO ILHA	O termo ilha é associável a um refúgio acima das águas
ASSALTO, HOSTILIDADE	Estamos sendo assaltados por bandidos armados!	ATENÇÃO OPERAÇÃO SUBMISSÃO	O termo submissão é associável ao esforço para não reagir aos criminosos
CONTURBAÇÃO SOCIAL	Os manifestantes estão quebrando o portão e invadindo!	ATENÇÃO OPERAÇÃO TOLERÂNCIA	O termo tolerância é associável ao cuidado no uso da força para evitar o agravamento do cenário

9.6 Concisão e Comandos Codificados

A necessidade de objetividade e concisão é tão premente nas comunicações durante uma crise que alguns protocolos baseados em códigos alfanuméricos e siglas podem ser adotados para simplificar a troca de informações entre operadores. Estes códigos não são criados da mesma forma como são criadas

etiquetas, plaquetas ou "tags" de equipamentos utilizados rotineiramente na indústria, embora as substituam sob alguns aspectos. Um exemplo é o código de origem alemã KKS ("Kraftwerk-Kennzeichen-System") o qual é utilizado como padrão de identificação de sistemas e equipamentos em instalações de geração de energia de diversos tipos. A engenharia empregada nas mais modernas usinas de geração de energia do mundo, reconhecendo o grau de sofisticação da interação homem e máquina requerida pelas novas tecnologias, estabeleceu uma linguagem comum para todos as disciplinas técnicas associadas com esse tipo de instalação. Esse código pode ser usado por diferentes especialidades da engenharia, diferentes empresas e países, independentemente do idioma local pois não tem uma vinculação direta, baseada em algum idioma, entre as letras dos códigos e os nomes dos equipamentos. Na realidade os códigos KKS substituem os nomes tradicionais dos equipamentos nas comunicações, facilitando a compreensão entre operadores independente de nacionalidade, língua e cultura de cada empresa.

Esta linguagem permite um protocolo de comunicação envolvendo aplicações de engenharia civil, mecânica, elétrica e sistemas de instrumentação e controle. Através da codificação KKS a confiabilidade e a eficiência operacional elevam-se consideravelmente devido ao alto nível de êxito nas tentativas de comunicação durante as atividades de planejamento de tarefa, manutenção, ajuste de parâmetros e operação. O aumento contínuo da complexidade e da automação dos empreendimentos tecnológicos pressupõe uma maior eficiência da linguagem de comunicação técnica. Códigos como o KKS propiciam a padronização de todo o tipo de identificação de equipamentos e processos operacionais de usinas de geração de energia. O uso de protocolos como o KKS aumenta os recursos e a qualidade no reconhecimento de equipamentos, componentes, sistemas e estruturas durante as conversações e anunciações de alarmes. Apesar do KKS ter se originado na indústria de geração de energia, pode também ser aplicado em outras indústrias que pretendam adotar a excelência operacional como valor.

9.7 Estratégias de Comunicação de Crise

Muitas estratégias de comunicação de crise podem ser identificadas na literatura e na prática operacional, mas definitivamente a base para a melhor estratégia de comunicação de crise é a sustentação da credibilidade do gestor da crise através da confiança em seus bons valores e na sua capacitação técnica para conduzir as pessoas até a superação completa do cenário acidental. Quando interagimos nos questionamos mutuamente, a cada informação enviada e recebida. A confiança e a convicção sobre as intenções das partes envolvidas permitem o fluxo ágil e eficiente das informações. Convicção e confiança são elementos carregados de subjetividade e somente poderão ser sustentados por sólidos valores morais e éticos.

Um dos bons valores a serem cultivados é a transparência. A comunicação de crise deve ser comprometida com informações verdadeiras e deve ser isenta de subterfúgios que permitam a comunicação de uma versão deturpada justificada

por meias verdades engenhosamente apresentadas. O gestor da crise precisa fazer mais do que dizer verdades. O gestor de crise precisa ostentar a verdade conhecida sobre a crise e exibi-la através de fatos para comprovar que está comprometido com o valor da transparência. Isto significa ter que eventualmente expor falhas organizacionais e / ou pessoais para que as pessoas possam entender o que está acontecendo e quão honesta é a intenção do gestor de conduzir as pessoas até a superação completa da crise. Juntamente com a transparência, o domínio técnico sobre o cenário de crise também precisa ser ostentado.

Os limites do conhecimento técnico sobre o cenário precisam ser assumidos, deixando claras as limitações de conhecimento (que sempre existem) frente ao cenário em curso. Isso pode ser alcançado através da divulgação das ações de resposta já executadas, as previstas e as que estão ainda sob análise. Com uma estratégia baseada em transparência de informações e demonstração das evidências de capacitação técnica, os gestores da crise sustentarão sua liderança e poderão de fato comprovar sua eficiência superando a crise ao invés de tentar fazer isso omitindo informações e degradando sua credibilidade. Líder é aquele que viabiliza a condução dos liderados para o objetivo que os liderados querem alcançar. Neste caso, o objetivo é a superação da crise.

9.11 Lições Aprendidas – Fatores Humanos e Cultura de Segurança

www.risksafety.com.br

O IMPACTO DO ELEMENTO HUMANO EM ACIDENTES

As máquinas, equipamentos e sistemas falham. Mas o elemento humano continua sendo a parte mais influente tanto para evitar como para provocar acidentes. Frequentemente, as falhas de **comunicação** entre pessoas, a transmissão de mensagens incompletas e as conclusões **(validações subjetivas)** baseadas em uma **comunicação** errada induzem pessoas ao erro deflagrando uma cadeia de eventos acidentais e suas consequências.

Alguns especialistas podem analisar a questão da influência do elemento humano nos acidentes considerando que existem duas causas básicas predominantes: condição insegura e ato inseguro. Os engenheiros lidam principalmente com as condições inseguras, relacionadas com o ambiente de indução ao erro. O principal desafio dos engenheiros é a prevenção através do reconhecimento e do controle de perigos. Isso pode ser alcançado através do

projeto de equipamentos, ambientes, veículos e instalações industriais que reduzam as condições inseguras.

Infelizmente, prevenir atos inseguros frequentemente é visto mais como uma iniciativa individual e pessoal do que como fruto da cultura organizacional. Entretanto raramente uma condição insegura ou um ato inseguro é identificado como causa única de um acidente. A causa e a prevenção de um cenário acidental envolvem o tratamento da interação de ambos, condição e ato inseguros. Para reduzir acidentes através da prevenção contra atos inseguros, é necessário evitar comportamentos que levam a acidentes. Os projetos precisam atenuar os efeitos dos atos inseguros na cadeia de consequências do acidente. Para que os engenheiros possam lidar com atos inseguros e suas consequências em acidentes, são necessários o entendimento e o estudo do comportamento humano.

Os engenheiros podem contribuir para a disseminação do comportamento seguro desde o projeto básico, incorporando conceitos de **fatores humanos**, projetando equipamentos e instalações que eliminem margens operacionais que gerem a oportunidade para comportamentos inseguros por parte dos futuros usuários e operadores. Os engenheiros projetistas precisam entender bem o comportamento humano, a potencialidade das ações humanas e as limitações das pessoas e grupos. Os projetos devem ser ajustados para as pessoas ao invés de serem desenvolvidos de uma forma que as pessoas sejam forçadas, desnecessariamente a se ajustarem a eles. Com essa estratégia os engenheiros podem reduzir o peso dos atos inseguros na equação de fatores que somados causam os acidentes.

COMPORTAMENTO HUMANO E SEGURANÇA

Há pessoas que parecem que dificilmente irão se acidentar, enquanto que outras pessoas parecem parte de um acidente prestes a acontecer. O comportamento humano é muito complexo e não é totalmente previsível. O comportamento humano é afetado por inúmeros fatores, incluindo condições psicológicas, bioquímica, saúde geral, relacionamento, desejos pessoais, objetivos e assim por diante. Existem muitas teorias sobre o comportamento. Algumas são teorias descritivas que permitem a caracterização e a classificação de uma pessoa a partir da observação do seu comportamento. Outras teorias são preditivas: tentam prever o que uma pessoa irá fazer a partir das informações sobre seu passado, o ambiente em que se insere ou atributos pessoais. As informações são obtidas principalmente por meios introspectivos, subjetivos mas também por meios objetivos.

Os primeiros teóricos acreditavam que o comportamento humano tinha origem apenas biológica. Algumas teorias relatam observações sobre o comportamento humano considerando-o como o resultado do instinto, hábitos e reflexos condicionados a partir de um estímulo. Mais tarde, outros teóricos voltaram-se aos elementos subjacentes de cada indivíduo que não eram acessíveis pelas teorias iniciais. Ainda outras teorias consideram que a junção de muitos fatores leva ao comportamento humano: características herdadas, características adquiridas, a influência dos fatores ambientais, etc. As características hereditárias podem ser tanto fisiológicas como psicológicas. Os fatores

ambientais podem ser o resultado do acúmulo de experiências e situações particulares, ou as condições do ambiente propriamente dito, cada qual em seu tempo. Os principais aspectos considerados nas teorias sobre o comportamento humano são: motivação, julgamento, emoção, atitude, opinião, crenças e diferenças individuais.

Com relação à segurança, a questão comportamental passa pelas respostas às duas perguntas: porque pessoas fazem atos inseguros? Como alguém pode se prevenir para que atos inseguros não ocorram?

O entendimento sobre o comportamento humano fornece pistas para um bom gerenciamento destas questões. Isso requer conhecimentos sobre: educação e formação para o trabalho, execução prática de tarefas, engenharia associada ao trabalho e ao ambiente, comunicação, feedback sobre falhas e acertos, análise de segurança, habilidade individual para assumir riscos, biorritmo, influência de álcool e drogas, entre outros.

PROJETANDO PARA O COMPORTAMENTO HUMANO

Existem muitas maneiras de se remover ou reduzir os perigos através de um bom projeto. Às vezes os engenheiros se esquecem de considerar a capacidade e as limitações dos usuários, ou o comportamento eventual do usuário, ou ainda o ambiente do usuário. Entender pessoas e seus comportamentos é um elemento fundamental para um bom projeto. Projetar para o comportamento humano exige a antecipação do que é previsivelmente requerido para as atividades futuras. A definição sobre o que é "previsivelmente requerido" necessita de conhecimento sobre o que as pessoas fazem nas diferentes circunstâncias.
Projetar com foco nas pessoas exige antecipar as informações sobre as faixas etárias envolvidas e suas capacitações. Os usuários serão adultos normais? Os usuários terão alguma limitação física ou mental? Que tipos de limitações seriam estas? Eventualmente poderá haver crianças envolvidas? Os usuários serão altos, baixos, com sobrepeso, magros? Os campos de **fatores humanos e ergonomia** identificam inúmeras características e limitações de usuários e de como projetar considerando sua interferência no sucesso e na segurança do projeto. Lidar com este tipo de problema em projetos de engenharia requer a análise e a identificação dos comportamentos potenciais e dos erros em comportamentos que conduzam a acidentes e perdas humanas e materiais.

ANALFABETISMO TECNOLÓGICO COMO AMEAÇA À SEGURANÇA

Um problema comportamental que ameaça as sociedades tecnológicas é a disparidade entre produtos que dependem da tecnologia para funcionar e o ambiente em que se inserem. Essa disparidade ocorre tanto do ponto de vista da disponibilidade de tecnologias associadas ao produto (requeridas para o bom funcionamento do equipamento) bem como do ponto de vista da capacitação mínima do usuário para que possa entender e utilizar o produto. É o que acontece com usuários de telefones celulares em locais com indisponibilidade de rede, ou quando o usuário não conhece as funcionalidades tecnológicas e tem dificuldade de usar o aparelho.

Não só estes produtos, mas a maioria dos projetos de engenharia atuais depende destes fatores de disponibilidade e capacitação tecnológica do usuário para funcionarem e também para que esse funcionamento seja seguro. O progresso tecnológico requer o aumento do nível de conhecimento e de habilidade técnica dos usuários. Como resultado, alguns usuários têm habilidades e conhecimentos para manter a segurança do trabalho mesmo com a constante renovação das tecnologias enquanto que outros usuários não entendem por completo as novidades técnicas e por isso desconhecem os perigos em potencial associados à nova tecnologia envolvida na máquina que pretende utilizar.

O nível social e econômico influencia injustamente no grau de **analfabetismo tecnológico** devido ao menor acesso à tecnologia em geral oferecido às camadas sociais mais baixas. Neste contexto, os projetistas têm um grande desafio. Eles precisam produzir produtos, sistemas e ambientes seguros que incorporem cada vez mais tecnologia. Tais produtos precisam ser acessíveis mesmo para aqueles que possuam pouco conhecimento tecnológico ou pouco entendimento sobre os recursos tecnológicos disponibilizados pelo projeto. Também precisam considerar que, mesmo em camadas sociais mais baixas, podem existir usuários tecnicamente preparados. Entretanto outro fator também pode impedir o bom desempenho de produtos desse tipo. Alguns ambientes podem não dispor de recursos tecnológicos mínimos para que produtos mais modernos possam funcionar bem, mesmo quando operados por usuários com bom nível tecnológico. Não adianta ter um equipamento de última geração se no ambiente em que ele for usado há compatibilidade apenas com a tecnologia de duas gerações atrás.

O reconhecimento de perigos, os julgamentos e as ações corretivas não podem ser deixadas por conta de usuários em ambientes despreparados para a tecnologia que o produto necessita. Isto é fundamental e generalizado abrangendo produtos desde um telefone celular até um moderno avião. Um telefone móvel pode, por exemplo, não ter como funcionar numa determinada região devido a incompatibilidade de sua tecnologia (3G, 4G) com o sinal oferecido pelas operadoras locais. Ou ainda pode ter condição de funcionar, mas suas funções podem parecer de difícil entendimento para parte dos usuários tecnologicamente menos instruídos. O problema também pode acontecer em super navios com capacidades imensas de carga. Quando operados em portos sem os equipamentos tecnológicos adequados para seu carregamento, estes super navios podem se acidentar durante o recebimento da carga devido a uma distribuição irregular de esforços que pode causar danos estruturais definitivos. Há casos em que a falta de conhecimento técnico dos operadores do porto causaram danos graves a navios. Por falta de treinamento e preparo eles carregaram o navio distribuindo a carga de forma indevida, gerando esforços não suportados pelo casco. Levar alta tecnologia para países de terceiro mundo, ou a públicos despreparados, pode sujeitar grande número de pessoas a risco ignorado. O projeto de inserção tecnológica em ambientes menos desenvolvidos precisa ter uma abordagem específica para considerar e salvaguardar as situações regionais e as consequências de déficits de treinamento para o uso de

novas tecnologias. Sem isso a chegada de novas tecnologias pode acarretar em riscos elevados e acidentes.

CONCEITOS BÁSICOS DE **FATORES HUMANOS** E **ERRO HUMANO**

Acredita-se que entre 50% e 90% dos incidentes industriais sejam atribuídos a **erros humanos**. A análise de **falha humana** lida com as falhas que as pessoas podem cometer em suas interfaces com os processos de engenharia. Quanto mais cedo a análise de **falha humana** é realizada, maior a sua eficiência em reduzir a probabilidade de **erro humano**, por isso é importante uma abordagem baseada na análise de falha humana desde a fase de projeto.

As **falhas humanas** e suas consequências são influenciadas diretamente pelo "Projeto para **Fatores Humanos**" do empreendimento tecnológico como todo. Chamamos de **Fatores Humanos** aqueles os quais podem aumentar ou diminuir a possibilidade de uma pessoa cometer erros. Esses fatores resultam de um projeto ou da operação de um empreendimento tecnológico. Um **Erro Humano** específico pode ou não acontecer dependendo dos **Fatores Humanos** envolvidos na interação Homem X Máquina propiciada pelo ambiente de interação criado pelo projeto ou empreendimento tecnológico.

QUAL O SIGNIFICADO PRÁTICO DO TERMO "**FATORES HUMANOS**"?

Toda máquina ou instalação projetada, seja uma indústria, um automóvel, um edifício, um telefone celular, um notebook, um avião, um videogame, enfim qualquer equipamento, instalação ou empreendimento tecnológico sempre provoca, de algum modo, interações com o ser humano. Essas interações homem x máquina podem ser previamente estudadas e projetadas para a máxima eficiência e segurança, ou podem simplesmente resultar do andamento natural do projeto sem receber uma atenção específica. Os fatores envolvidos nessa interação homem x máquina são chamados de "**fatores humanos**" e o estudo e o projeto de adequação destes fatores permitem a proteção contra o ambiente de indução ao erro humano, principal causa de acidentes identificada pelas investigações oficiais.

QUAL A ORIGEM DO TERMO '**FATORES HUMANOS**"?

Predecessora dos "**Fatores Humanos**" a Ergonomia surgiu como consequência dos problemas de projeto e problemas operacionais que emergiram com os avanços tecnológicos ocorridos no século XX. Teve como precursores o Gerenciamento Científico desenvolvido por Taylor (Taylor. F.W. 1911. The Principles of Scientific Management. Harper and Brothers Publishers, New York and London) e o Estudo do Trabalho desenvolvido por Gilbreth (Frank Bunker Gilbreth, Sr. 1868 – 1924, defensor do gerenciamento científico e pioneiro do estudo dos movimentos). A **ergonomia** é uma disciplina híbrida, que surgiu quando os cientistas passaram a atuar em conjunto para resolver problemas complexos e multidisciplinares. Os principais campos científicos que deram origem a Ergonomia são: Engenharia, Psicologia, Anatomia, Fisiologia e Física (principalmente mecânica e física ambiental). Também sofre especial influência

das disciplinas emergentes: Engenharia Industrial, Desenho Industrial e Teoria de Sistemas.

Várias tendências podem ser identificadas ao longo do processo de desenvolvimento da **ergonomia**. Primeiramente as organizações tentaram melhorar a produtividade introduzindo novos métodos e máquinas. Na era da engenharia pura isso funcionou porque havia grande espaço para desenvolvimento tecnológico uma vez que a mecanização dos processos era recente. Posteriormente tentou-se aumentar a produtividade otimizando o projeto das tarefas e reduzindo os esforços improdutivos. Depois da Primeira Guerra Mundial um movimento surgiu estimulando o desenvolvimento de testes psicológicos com o objetivo de medir várias características humanas como inteligência e personalidade.

Historicamente em 1857, Jastrzebowski (Jastrzebowski, W. 1857, An Outline of Ergonomics or the Science of Work) produziu um tratado filosófico de **Ergonomia**: "The Science of Work" o qual aparentemente permaneceu desconhecido fora da Polônia por muitos anos. Na Grã-Bretanha o campo da **Ergonomia** foi inaugurado depois da Segunda Grande Guerra. O nome "**Ergonomia**" foi reinventado por Murrell em 1949 apesar dos temores de que as pessoas iriam confundir o termo com "Economia". A ênfase da **ergonomia** era no projeto de equipamentos e do local de trabalho. Os temas relevantes eram anatomia, fisiologia, medicina industrial, projeto, arquitetura, e engenharia de iluminação. Na Europa, **Ergonomia** era ainda mais associada com as ciências biológicas. Nos Estados Unidos surgiu uma disciplina similar (então conhecida como **Fatores Humanos**), mas sua rota científica era ancorada em Psicologia (Psicologia Experimental e Aplicada, Engenharia Psicológica e Engenharia Humana).

Fatores Humanos e Ergonomia tiveram sempre muito em comum, mas os seus desenvolvimentos seguiram linhas diferentes. **Fatores Humanos** coloca muito mais ênfase à integração dos aspectos humanos ao processo global de projeto de sistemas. Alcançou notável sucesso no projeto de grandes sistemas na indústria aeroespacial, em especial através da NASA e o do Programa Espacial Americano. A **Ergonomia** europeia apresenta-se mais fragmentada e tem tradicionalmente sido mais associada às ciências básicas limitando-se a um determinado tópico ou área específica de aplicação.

Apesar destas diferenças, não deve haver preocupação com relação ao uso dos dois termos: Ergonomia e Fatores Humanos. Nos Estados Unidos, a HFS - Human Factors Society modificou seu nome para HFES - Human Factors and Ergonomics Society. Presume-se que essa mudança tenha sido feita para sinalizar a afinidade entre as áreas, justificando uma única associação para representar os interesses daqueles que se identificam como militantes tanto em uma como na outra área.

Atualmente ambas as áreas, **Fatores Humanos e Ergonomia**, adotam a abordagem ATH (Adaptar o Trabalho ao Humano) em substituição à velha e superada abordagem AHT (Adaptar o Humano ao Trabalho) e estabelecem que os trabalhos devam ser adequados para as pessoas ao invés de outras formas

de abordagem que, embora se aproximem desse conceito, não o consideram como a base de sua filosofia.

O QUE SIGNIFICA O CONCEITO DE "**CULTURA DE SEGURANÇA**"?

É a combinação de compromissos e atitudes, nas organizações e indivíduos, que estabelecem como PRIORIDADE ABSOLUTA que os assuntos relacionados com a segurança recebam atenção certa no tempo certo.

Muitas vezes dedicamos toda atenção à segurança, o tempo todo e mesmo assim não temos cultura de segurança que é Atenção Certa no Tempo Certo. Atenção certa no tempo certo é o que pode ser reconhecido como tecnologia (como se faz) de segurança.

Atenção certa significa não apenas seguir normas, estabelecer controles, fazer inspeções, fazer o melhor treinamento e utilizar os melhores recursos disponíveis de segurança. Atenção certa significa a atitude na medida exata para evitar o acidente.

Tempo certo, significa não apenas prontidão, dedicação, cuidado, verificação redundante, aperfeiçoamento nas melhores práticas de segurança. Tempo certo significa a atitude no momento exato no qual um acidente pode ser evitado.

Não adianta adotar todos os procedimentos e boas práticas de segurança se, num único momento (Tempo Certo) em que uma ação (Atenção Certa) capaz de evitar um acidente precisa ser realizada isto não acontece.

Resumindo: "É preciso saber exatamente que ação deve ser adotada, e a hora boa de ser adotada é a que consegue evitar o acidente"

"ICEBERG DA **CULTURA DE SEGURANÇA**"

Das ações individuais e corporativas relacionadas com a segurança apenas os comportamentos explícitos, como a criação e o cumprimento de normas, são aparentes e visíveis. Estas ações são semelhantes à parte de um iceberg que fica acima do nível da água. O que realmente as pessoas pensam, as intenções, os valores e em que de fato elas acreditam, tudo isso fica oculto como a parte submersa do iceberg. Este conjunto de ações, influências e comportamentos que permanecem ocultos, não pode ser analisado nem estudado apenas por métodos e análises objetivas. O aperfeiçoamento destes fatores depende de mecanismos complexos, multidisciplinares com características semelhantes à formação de uma cultura.

QUAL A ORIGEM DO TERMO "**CULTURA DE SEGURANÇA**"?

Em 26 de abril de 1986 aconteceu um dos mais emblemáticos acidentes de todos os tempos: o acidente nuclear na central de Chernobyl, União Soviética. Muitas lições foram aprendidas com as investigações e estudos que se sucederam ao

acidente. Foi um aprendizado de alto preço, pois além das vítimas e fatalidades imediatas, as consequências dos danos ao meio ambiente e à população permanecem até hoje, décadas depois do acidente, e ainda permanecerão por muito tempo.

Muitas mudanças aconteceram nas usinas nucleares de todo o mundo depois do acidente de Chernobyl. Na realidade estas mudanças não se limitaram ao campo da engenharia nuclear, mas influenciou mudanças e criou novos conceitos sobre a segurança de todos os tipos de empreendimentos tecnológicos. A área nuclear que sempre foi referência de alta tecnologia e segurança, também deixa como legado o histórico do conjunto de falhas generalizadas que culminaram num acidente que se tornou "símbolo" de catástrofe tecnológica.

Dos estudos e lições aprendidas com Chernobyl, um dos conceitos pós acidente mais positivos para a elevação do nível de segurança dos empreendimentos tecnológicos é o conceito de "**Cultura de Segurança**". Especialistas e investigadores de todo o mundo estudaram e até hoje estudam os acontecimentos daquela madrugada de abril de 1986 na Ucrânia. Dentre as conclusões mais importantes, está que o conjunto de fatores e condições que resultaram no acidente nuclear de Chernobyl foram tão complexos e surpreendentes que extrapolaram os problemas técnicos e operacionais, se constituindo em um problema de abrangência cultural.

A antiga União Soviética tinha na Central Nuclear de Chernobyl, não apenas um ativo de geração elétrica para compor sua malha energética, mas um objetivo inegável dessa Central era o aproveitamento dos elementos combustíveis queimados como matéria prima para ogivas nucleares com fins militares. Temos que reconhecer que todos os reatores nucleares do mundo, após o ciclo de queima dos elementos combustíveis, fornecem material radioativo que podem ser reutilizados em ogivas nucleares com fins militares. Todo elemento combustível queimado de reatores nucleares contém produtos de fissão que servem (como um subproduto da geração elétrica) para ser utilizados com fins militares. O problema em Chenobyl é que esse objetivo era demasiadamente valorizado na estrutura da época na antiga União Soviética e isso influenciou o projeto da Central de Chernobyl e também sua operação e procedimentos de testes periódicos. Havia uma cultura de produtividade de geração elétrica e cultura de alinhamento com as estratégias militares.

Essas culturas influenciaram muito os métodos, ações operacionais e o projeto da usina. A moderação por grafite (altamente combustível) pode ter sido uma solução otimizada dentro dessas culturas, mas certamente não seria cabível se a cultura dominante fosse uma "**Cultura de Segurança**". A partir disso, os especialistas identificaram a necessidade de desenvolvimento de uma abordagem específica das questões relacionadas com a segurança, onde a atenção certa fosse dada no tempo certo para as questões relacionadas com a segurança. Assim surgiu o termo "**Cultura de Segurança**" o qual hoje se aplica a todos os empreendimentos tecnológicos.

ENGENHARIA DE RESILIÊNCIA E ENGENHARIA ROBUSTA

Os engenheiros adotam estratégias de abordagem dos **problemas** e **crises** para que os seus escalonamentos e consequências sejam os menores possíveis. O que significa Engenharia Robusta, Engenharia de Resiliência e Engenharia Clássica? Como estes conceitos estratégicos podem ser aplicados no **gerenciamento de riscos** e de **crises**?

Alguns pesquisadores abordam o tema **fatores humanos** associando-o a três diferentes tipos de engenharia:

- Engenharia clássica, baseada numa abordagem funcional para controlar mecanismos simples de regulação;
- Engenharia resiliente, que lida com situações limite e situações incidentais, mas que ainda permanecem dentro da estrutura de modelos funcionais e abordagens analíticas (durante um acidente os responsáveis pelos sistemas procuram meios de recuperar a condição inicial);
- Engenharia robusta que se remete ao comportamento de sistemas complexos e distribuídos. A engenharia robusta lida com processos não–determinísticos, tais como os encontrados em situações de **crise**. Ela admite que o grau de degradação torna alguns sistemas irrecuperáveis e outros sistemas precisam ser recriados no momento da **crise** para superá-la. Só esta abordagem "Robusta" permite a modelagem e a simulação do processo de auto-organização e assim permite-nos avaliar o papel que as tecnologias podem ter nesta auto-organização.

Os cenários acidentais postulados em estudos de segurança de projetos de plataformas offshore (produção de petróleo e gás) possuem grande complexidade. Pesquisas sobre o escape e abandono de unidades offshore do tipo FPSO (Floating, Production, Storage and Offloading) podem incluir mais de 30 grupos de cenários, cada qual composto de sub cenários muito similares, porém diferenciados por alguns parâmetros impactantes como por exemplo o turno de ocorrência do evento (dia ou noite), o bordo do FPSO a ser utilizado no abandono (bombordo ou estibordo), e outros.

Os projetos atuais, mesmo limitando as análises de evacuação ao cumprimento prescritivo dos requisitos de normas, em teoria oferecem recursos de evacuação que presumidamente irão atender às necessidades previstas nos principais cenários acidentais. Nestes limites o controle da emergência se dará por meio de métodos e recursos de "engenharia clássica". Porém, por se tratarem de análises convencionais de evacuação, o grau de informações sobre a eficiência dos meios de escape e abandono após a evolução e a degradação dos cenários postulados é relativamente limitado.

Sistemas de escape e abandono projetados considerando apenas cenários simplificados podem ser considerados projetos de "engenharia clássica". A degradação destes cenários para situações onde os sistemas originais de escape e abandono se tornem indisponíveis irá requerer da autoridade da unidade offshore (e de todas as pessoas a bordo) ações no sentido de recuperar a funcionalidade dos sistemas afetados como, rotas de fugas indisponíbilizadas

e equipamentos de segurança inoperantes. Neste sentido, um trabalho de "engenharia resiliente" precisará ser feito desde a origem do projeto para prover recursos, redundâncias e ações automáticas de recuperação dos sistemas que poderão ser afetados.

Cenários de degradação ainda mais críticos e severos podem ser estabelecidos numa emergência offshore e nestes casos extremos os principais sistemas e equipamentos de segurança poderão se tornar além de inoperantes irrecuperáveis. Se este estado de degradação for alcançado, será necessário que o projeto dos sistemas de segurança offshore da instalação ofereçam recursos de "engenharia robusta", ou seja, capacidade de auto-organização suficiente para prover novos recursos considerando as reais condições em que a emergência se desenvolve.

Na medida em que as novas ferramentas de simulações computacionais são desenvolvidas torna-se possível antecipar estes cenários mais críticos e severos para um ambiente virtual e incluir nestas simulações aspectos de **fatores humanos** e relacionados com a **cultura de segurança**. Engenheiros e projetistas poderão identificar correções e melhorias a nível de "engenharia de resiliência" e de "engenharia robusta" (ainda na fase de projeto). Isso permitirá que soluções que viabilizem ações de resposta baseadas em "engenharia de resiliência" e em "engenharia robusta", sejam antecipadas para a fase de projeto reduzindo a demanda cognitiva e operacional das pessoas a bordo da instalação offshore durante os cenários de emergência que venham a alcançar um elevado nível de degradação em sua evolução.

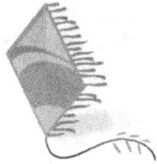

Já está tarde e após uma longa jornada de trabalho como pesquisador em uma grande universidade um homem precisa fazer algumas compras na livraria do complexo comercial que fica dentro do campus universitário. O homem compra alguns itens para o seu trabalho de pesquisa quando encontra no setor de brindes e lembranças um pinguim de pelúcia. O que chama a atenção do homem é que as feições do brinquedo de algum modo o fazem lembrar de sua filha que o esperava em casa imersa em um mundo infantil completamente diferente daquele em que ele havia passado todo o seu dia de trabalho. Então o homem decide comprar o brinquedo para fazer uma surpresa para sua pequena filha, que tinha menos de 1 ano de idade. Ao chegar em casa o pai retira da embalagem o pinguim de pelúcia que lembrava sua filha e o mostra para a esposa e para a filha. Mas ele se empolga bastante e mostra as semelhanças engraçadas entre o simples brinquedo de pelúcia e sua filha. O que o homem não imaginava era que a criança, mesmo ainda tão pequena, havia percebido que estava sendo comparada e não estava gostando nada da presença de um novo "concorrente" em seu território. Quando o pai entrega o pinguim de pelúcia para a sua filha, surpreendentemente ela parte para o ataque feroz contra o brinquedo e tenta de todas as formas afastá-lo dos pais, além obviamente de torna-lo alvo de golpes certeiros de seus potentes braços de 1 ano de idade. Intrigados, os pais tentam entender a estranha reação e logo percebem que para ela o inocente brinquedo era um "concorrente" a disputar os elogios e a sua interação com seus pais.

Uma das situações frequentes em nossas vidas é o cenário de crise que tem como protagonista a presença de um concorrente. Desde a infância com os irmãos e com os colegas, passando pelas disputas de autoafirmação que fazem parte da adolescência, estamos sempre diante dos concorrentes. Eles continuarão disputando espaço conosco na vida profissional, ou a frente das empresas no mundo dos negócios, e até na idade madura eles estarão lá na disputa da atenção dos nossos netos. Os concorrentes sempre estarão prontos para protagonizar nossa próxima crise. Já que sabemos que estaremos ao lado de nossos concorrentes por toda a vida, então porque nos desesperarmos? Prosseguindo a história da criança que via em um inanimado pinguim de pelúcia um concorrente que a ameaçava, depois de literalmente surrar o pobre animal de brinquedo ela percebeu que aquele concorrente parecia muito mais ameaçador do que realmente era. Assim que ela formou sua **consciência situacional** sobre o cenário de crise que atravessava, ela cessou de espancar o brinquedo e passou a tentar cativar a atenção dos pais sem se importar tanto com o concorrente de pelúcia. Mais uma vez as crianças podem nos trazer lições sobre a atitude correta para a superação de uma crise.

Diante de um concorrente, seja ele forte ou não, a melhor atitude para superação de uma possível crise que o envolva é centralizar os esforços no alcance do objetivo e não deliberadamente contra o concorrente. Até porque, eliminando-

se um concorrente outros surgirão. Mas se a cada concorrente melhorarmos a nossa capacidade de produzir e alcançar resultados, então cada concorrente será mais uma oportunidade de aperfeiçoamento. A tentativa deliberada de eliminação de concorrentes é um ato tão infantil quanto a tentativa de uma criança destruir um brinquedo de pelúcia. Concorrentes muito mais complexos se sucederão a cada dia em nossas vidas em todas as áreas. O que nos fará superar uma crise onde exista uma forte concorrência a vencer será sempre nossa melhor capacidade de produzir e de oferecer resultados consistentes.

10 Síntese

As crises e os problemas fazem parte da realidade humana, seja nas atividades técnicas como nas atividades econômicas e políticas, seja na vida profissional ou pessoal. Não importa o tipo de crise, alguns fundamentos sempre iluminam as pessoas na percepção dos fatos (evidências objetivas) e nas conclusões sobre essas evidências. Isso faz grande diferença para o sucesso, para a superação da crise e para a sobrevivência. Os fundamentos de gerenciamento de crise ajudam também na consolidação da consciência situacional, no diagnóstico do cenário e na atitude a ser adotada frente à crise. Não existe uma receita para gerenciar crise. Um cenário é considerado uma crise justamente porque a superação deste cenário não obedece uma sequência óbvia, 100% lógica e previsível.

10.1 Sequência Guia para Gerenciamento de Crise

Apresentaremos a seguir uma sequência guia baseada nos 5 fluxos apresentados ao longo desta obra. O objetivo da sequência é facilitar o trabalho dos que enfrentam uma crise motivando a aplicação dos princípios já apresentados e inibindo as reações indevidas que perturbam o bom gerenciamento da crise. Inúmeras sequências alternativas poderiam ser criadas com o mesmo objetivo assim como diferentes caminhos poderiam ser percorridos até a superação de uma mesma crise. A sequência aqui apresentada é apenas uma das várias sequências possíveis. Siga as 12 recomendações para facilitar o gerenciamento de crise e para alcançar o objetivo de superá-la e assim sobreviver.

1
DESCREVA O CENÁRIO

*Resuma em uma frase o cenário que você tem à
sua frente. Evite adjetivos e escreva o
mínimo suficiente para identificar o cenário.*

2
CONFIRME SE É UMA CRISE

*Se você sabe exatamente o que precisa ser feito, então
você está diante de um problema e não diante de uma crise.
Para resolver um problema você precisa buscar
os recursos e trabalhar. Se você tem dúvidas sobre o
que está acontecendo e/ou de como deve proceder, então
você está diante de uma crise.*

3
DECLARE A CRISE

*Se você tem dificuldades em entender o que
está acontecendo e/ou saber exatamente o que fazer,
você está diante de uma crise e precisa declarar isso, mesmo que tenha
poucas informações sobre o cenário em andamento.*

4
SEPARE FATOS DE CONCLUSÕES

*Priorize os fatos, eles são as evidências objetivas. Depois
depure as suas conclusões sobre os fatos, elas
são suas validações subjetivas.*

*Se o cenário incluir apenas fatos, a crise é objetiva.
(acontecimentos indiscutíveis que dispensam conclusões)*

*Se o cenário incluir apenas conclusões, a crise é subjetiva.
(não existem fatos, só conclusões nas mentes das pessoas)*

*Se o cenário incluir fatos e conclusões, a crise é complexa.
(há acontecimentos e há conclusões nas mentes das pessoas)*

5
CONFIRME SE HÁ APENAS UM CENÁRIO EM ANDAMENTO

*Verifique se outros cenários interferem diretamente
sobre o cenário inicialmente descrito. Caso positivo, você tem uma crise
múltipla. Repita a sequência de 1 a 5 para cada
cenário identificado e priorize a crise mais crítica para prosseguir.*

6
REFINE A PERCEPÇÃO DAS EVIDÊNCIAS OBJETIVAS

Para cada evidência objetiva, questione:

É um fenômeno natural?
É um transiente de processo físico químico?
É uma ação humana?
Alguma peça, sistema ou componente falhou?
Algum conceito não surtiu o efeito desejado?

7
REFINE A PERCEPÇÃO DAS VALIDAÇÕES SUBJETIVAS

Para cada validação subjetiva, questione os aspectos a seguir:

É uma influência cultural?
Decorre de um ambiente de indução ao erro?
Existe só nas mentes das pessoas?
A atitude de alguém é que é percebida como uma crise?

8
REFINE A CONSCIÊNCIA SITUACIONAL

Questione o que influencia seu diagnóstico e sua percepção:

Medo?
Uma experiência anterior?
Uma expectativa futura?
Você tem um plano pessoal?
Você tem uma informação privilegiada?
Algo está pressionando você?

9
DETECTE DISTORÇÕES E HESITAÇÕES

*Reduza tanto quanto possível as influências identificadas
até alcançar o mínimo de distorções sobre o diagnóstico e
sobre a consciência situacional. Assim você reduzirá as
chances de hesitar ou de se perder em dúvidas ao tomar decisões.*

10
PREPARE SUA ATITUDE

Responda as perguntas guia para verificar a confiança e agir:

*O que está acontecendo?
Sabe exatamente o que precisa ser feito?
(Se sabe você tem um problema e não uma crise, resolva-o)
Se não sabe, você tem recursos para executar um plano mínimo?
O tempo é suficiente para executar o plano mínimo?
Vai sobrar algum tempo depois de executar o plano mínimo?
Comece a agir.
Os efeitos desejados estão sendo alcançados com sua ação?
Há algo a ser ajustado no plano mínimo?
O cenário de crise está totalmente controlado?
O cenário mudou tanto que eu preciso refazer o plano mínimo?*

11
APLIQUE ANTÍDOTOS PARA REAÇÕES INDEVIDAS

Questione sua atitude frente à crise através das perguntas:

*Considerou as piores possibilidades?
Considerou as opiniões diferentes da maioria?
Aceitou o risco da sua atitude ter sido tomada por cansaço?
Considerou os fatos atuais ou se baseia só no passado?
O cenário acabou ou você pensa que acabou?
Você está com medo de assumir um controle que era automático?
Você só enxerga uma saída ou está enxergando outras opções?
Quer tanto uma saída específica que está desistindo das outras?
Está enfrentando a crise ou está sem reatividade em "apagão"?
Tem certeza que entende as tecnologias envolvidas no cenário?*

> **12**
> **DEDIQUE ATENÇÃO CERTA NO TEMPO CERTO**
>
> **Questione se você está agindo com cultura de segurança forte:**
>
> **Reação Resiliênte**
> **Está absorvendo o impacto das adversidades e está**
> **recuperando as funções afetadas?**
>
> **Reação Robusta**
> **Está reconstruindo sistemas e funções diante das perdas**
> **definitivas de funções afetadas e diante das adversidades?**
>
> **Liderança Frente à Crise**
> **Está agindo com autoridade técnica para conduzir**
> **o grupo ao objetivo que o grupo quer alcançar**

Percorrendo esta sequência, o gestor encontra meios que facilitam o questionamento da sua percepção do cenário da crise e da formação da sua consciência situacional. A sequência por si mesma não oferece nenhuma resposta definitiva para superar uma crise. Mas após submeter a sua consciência situacional a ela, o gestor poderá depurar o seu diagnóstico e a sua atitude frente à crise. Podemos dizer que a sequência não é uma receita ou fórmula para solucionar crises mas sim uma estratégia de facilitação da melhoria da consciência situacional dos gestores da crise.

10.2 Lições Aprendidas – Novas Tecnologias para o Tráfego Aéreo

U m Airbus A320 de uma companhia alemã choca-se com os alpes franceses sem sobreviventes e aparentemente não há **evidências objetivas** de problemas técnicos com a aeronave ou com as condições climáticas para o voo. O acidente ocorrido em 24 de março de 2015 colocou em discussão a confiança nos pilotos e nos sistemas de controle de voo.

Os dados preliminares da segunda caixa preta, recuperada entre os destroços do Airbus A320 da companhia aérea alemã, mostram que o piloto automático da aeronave foi aparentemente ajustado para uma descida anormal, abrupta. O informe oficial da BEA, agência europeia que participa da investigação, também revela que a velocidade da aeronave foi aumentada mais de uma vez durante esta descida. Esses elementos fortalecem a hipótese de ação intencional, deliberada do copiloto. É preciso cautela quanto a este diagnóstico porque há situações de emergência com perda de sustentação da aeronave onde os procedimentos podem recomendar, em certas condições, o aumento de velocidade para tentar recuperar a sustentação. Mas um copiloto inexperiente pode ter aplicado essa recomendação de forma indevida. Uma falha técnica do avião ou uma falha de pilotagem também pode levar um copiloto inseguro a múltiplas ações inapropriadas para solucionar a emergência e isso não significa necessariamente um suicídio, embora realmente possa aparentar. Pressionado pelas circunstâncias, um copiloto inexperiente e despreparado pode se sentir obrigado a corrigir a situação de emergência sem a percepção do real limite de tempo disponível para estas tentativas de correções. É preciso considerar também o nível de **cultura de segurança** da empresa aérea, o clima e o ambiente de relacionamento na cabine. Um copiloto iniciante que perceba que cometeu um erro grave pode tentar, desesperadamente, esconder esse fato em meio a tentativas pessoais de restauração do controle do voo. As investigações preliminares mostram a importância e o peso das ações humanas nos acidentes aéreos o que se aplica também a outros tipos de acidentes.

Alguns especialistas defendem a estratégia de elevação da automação para que os aviões passem a ser operados remotamente, sem tripulação. Esta seria uma opção para reduzir a influência dos fatores humanos na ocorrência de acidentes. Mas é evidente que uma aeronave não tripulada também poderá se acidentar. Sem pilotos a bordo uma aeronave não tripulada ainda estará sujeita às falhas humanas daqueles que forem os responsáveis pela **função de monitoração** do voo que seria realizada em solo. Aviões não tripulados não estarão completamente isentos da influência de **fatores humanos**. Aeronaves não tripuladas poderão até ser consideradas como opções mais perigosas se considerarmos a questão do terrorismo. Não seria necessário um terrorista suicida a bordo para promover a queda de um avião não tripulado, bastando uma

ação contundente a partir do controle de terra ou ainda a interferência nos sinais de telemetria através da ação de hackers. Como novas tragédias poderão ser evitadas na aviação em um futuro próximo no qual a automação tende a se elevar enquanto os pilotos tendem cada vez mais a se distanciarem da prática de pilotagem?

O QUE PODERIA TER SIDO FEITO PARA EVITAR A TRAGÉDIA?

Algumas **evidências objetivas** sobre o acidente com a companhia aérea alemã permitem a identificação de oportunidades de melhoria na segurança aérea de voos comerciais. Não somente este acidente, mas outros acidentes como o do Airbus A360 (AF 447) e o do Boeing 777-200-ER (MH 307 da Malaysian) mostram que as tripulações dos voos comerciais precisam ser mais atentamente observadas. A tripulação e, principalmente os pilotos, precisam ser avaliados não somente sob o ponto de vista técnico, mas também quanto a aspectos menos objetivos relacionados com a condição psicológica, comportamental e até cultural. Acidentes recentes mostram que os pilotos e os tripulantes podem ser tão mal-intencionados quanto os passageiros. Se motivações terroristas podem gerar preocupações quanto aos passageiros, os pilotos e tripulantes também não estão isentos destas suspeitas. Agrega-se a isso o fato de pilotos e tripulantes possuírem privilégios muito superiores aos dos passageiros comuns para intervir e provocar um acidente. Até mesmo a revista de acesso às aeronaves tende a ser menos rigorosa para os pilotos e comissários e isso pode ser observado pelos registros das câmeras de segurança dos aeroportos, inclusive no caso do voo MH 307 da Malaysian.

Cada vez mais se eleva o grau de automação das aeronaves comerciais. Não que isto seja um ponto negativo, pelo contrário, a automação tem facilitado o trabalho dos pilotos e ajuda a corrigir as falhas que podem levar a uma catástrofe. Porém há uma polêmica relacionada ao distanciamento da formação da **consciência situacional** dos pilotos dos fundamentos de voo, já que os parâmetros físicos, em sistemas de elevada automação, são controlados diretamente pelos intertravamentos lógicos do sistema de automação (mais pela máquina e menos pelo piloto). Embora no treinamento e na formação de pilotos o ensinamento dos princípios de voo seja valorizado, na prática os pilotos cada vez mais tornam-se supervisores de um computador. Principalmente quando há uma emergência ou uma discrepância de dados na qual a lógica de automação decida por transferir o controle ao piloto, este tem que estar preparado para mudar sua condição de controlador e observador para trabalhar efetivamente como piloto. Justamente na condição de **crise** é que o piloto é chamado a atuar fisicamente e fazer a aeronave voar da forma tradicional, operando diretamente a aeronave com base nos princípios físicos de voo. Podemos dizer que talvez seja necessário limitar esse afastamento do piloto da prática de voo, facilitado pelo elevado grau de automação.

Este problema não é restrito apenas à segurança aérea, mas também está presente em plantas de processamento petroquímico, geração elétrica, entre outros empreendimentos tecnológicos que envolvem riscos consideráveis. No dia a dia das pessoas esse conflito também pode ser percebido. Os automóveis a cada dia tornam-se cada vez mais automatizados. A tecnologia fly-by-wire,

muito mencionada como característica do Airbus A320, também está presente em alguns automóveis de última geração. A diferença é que no caso dos veículos, a maior parte dos problemas pode ser resolvida parando o carro no acostamento e chamando o reboque. No caso de uma aeronave, comparando o piloto com o motorista, perder a automação em uma emergência seria como perder a direção hidráulica, o câmbio automático, os freios ABS, os controles de estabilidade e tração exatamente na hora do acidente, tendo que passar a dirigir o carro manualmente, porém, sem direito a acostamento. Não haveria problema algum, se o motorista fosse tão bom motorista de carros automáticos quanto de carros manuais e mecânicos. Mas o paradoxo está no fato de que quanto mais se dirige carros automáticos, ou pilota-se aviões em modo automático, menos prática se acumula na operação manual / eletromecânica desses equipamentos.

COMO PREVENIR ACIDENTES DESSE PORTE?

Os acidentes recentes têm mostrado que os pilotos e tripulantes precisam ser cuidadosamente avaliados e observados porque podem ser tão suspeitos quanto os passageiros, porém com um potencial destrutivo muito superior por terem acesso irrestrito aos itens mais importantes para o controle da aeronave. As companhias aéreas precisam rever o perfil de requisitos dos pilotos, ampliando-o para contemplar aspectos que alcancem até mesmo a vida pessoal destes profissionais. Talvez um exemplo a ser seguido seja o da indústria nuclear. Para chegar a se tornar um operador de reator nuclear é necessário ser aprovado psicologicamente através de avaliações frequentes, ao longo de anos de treinamento além, é claro, de toda a formação técnica tradicional e específica para a engenharia nuclear. A IAEA – International Atomic Energy Agency, bem como a WANO – World Association of Nuclear Operators fiscalizam e exigem das autoridades de cada país que opera reatores nucleares que o perfil dos operadores nucleares seja analisado e avaliado frequentemente. Isso significa (por exemplo no Brasil) que todos os operadores nucleares precisam se submeter a uma avaliação psicológica no mínimo anual por parte da empresa que opera o reator nuclear além de se submeter também a uma avaliação psicológica da CNEN – Comissão Nacional de Energia Nuclear. O operador tem direito a ter um suporte psicológico independente, a sua escolha, para si e demais membros de sua família.

A empresa operadora oferece incentivos para que o operador e sua família sempre possa ter acesso facilitado ao acompanhamento psicológico independente, quando assim deseje. Não raramente, operadores são afastados da operação direta da sala de controle principal de usinas nucleares, devido a problemas momentâneos como doenças de familiares ou conflitos em relacionamentos pessoais. Nestes casos o operador nuclear pode ficar até 3 meses distante da sala de controle principal sem a perda de sua licença de operador nuclear, para então ser reavaliado e reintegrado em suas funções originais. Durante esse afastamento o operador nuclear continua trabalhando como qualquer outro trabalhador sem direito a licença médica, porém não exerce as atividades de alta responsabilidade relacionadas com a operação da sala de controle principal de usinas nucleares até que suas condições psicológicas estejam estáveis.

Um outro aspecto importante na prevenção de grandes catástrofes aéreas é o projeto conceitual da automação de aeronaves. Com o desenvolvimento tecnológico o avanço na automação tem gerado alguma polêmica e existem investigações recentes que indicam que a automação excessiva pode, em alguns tipos de crise, se tornar um problema durante o voo. Os engenheiros, ao projetarem sofisticados sistemas de automação para as aeronaves de última geração, precisam revisitar a questão da necessidade dos pilotos efetivamente exercerem a atividade de pilotagem em sua rotina de trabalho. Somente assim, pilotando de forma efetiva os aviões na sua rotina de trabalho, os pilotos poderão manter suas habilidades de voo e não somente com seções de simuladores que além de caras, ocorrem apenas algumas vezes por ano.

NOVAS TECNOLOGIAS PARA REDUZIR OS ACIDENTES AÉREOS

Duas grandes mudanças deverão revolucionar a segurança aérea: primeiro o "NEXTGEN" (Next Generation Air Transportation System), já em implantação nos USA, que se trata de um novo sistema de rastreamento por satélite e GPS (Global Positioning System) o qual substitui o rastreamento por radares – tecnologia de mais de 60 anos de uso. E a segunda grande mudança será a minimização da comunicação via rádio entre pilotos e o controle aéreo através da comunicação por telemetria entre aeronave e controle de voo.

Com o NEXTGEN as aeronaves irão ser monitoradas e orientadas de forma dependente uma das outras. Não precisarão seguir rotas limitadas às aerovias (estradas virtuais no ar) onde os radares possam acompanhar o voo, pois o rastreamento passa a ocorrer via satélite, em todos os pontos do planeta. Com essa tecnologia as aeronaves podem ter muitas outras opções de rotas porque não dependerão de manter-se ao alcance dos radares. Isso irá reduzir trajetos, reduzir consumo de combustível, reduzir o distanciamento entre aeronaves, reduzir o tempo em terra entre outras vantagens que ampliam a segurança e a eficiência. Atualmente as informações sobre as condições meteorológicas são dependentes da análise de dados provenientes de observatórios espalhados ao redor do mundo. A coleta e a avaliação de tantos dados provocam atrasos fazendo com que a informação chegue ao piloto que está voando muito próximo da aeronave enfrentar a condição climática adversa. Com o NEXTGEN uma plataforma comum de dados irá prover mapas meteorológicos únicos, com o mínimo de atrasos, acessíveis a todos os pilotos e controladores simultaneamente.

Também associada ao NEXTGEN, a comunicação via rádio entre pilotos e controladores deverá ser reduzida e simplificada. Atualmente nos USA são empregados cerca de 17 canais de comunicação de voz por rádio para comunicação do piloto com os controladores e entre as estações terrestres. Com o novo sistema os canais serão reduzidos a um único canal de alta confiabilidade. A redução drástica da comunicação por voz será uma mudança fundamental. A língua internacionalmente usada no controle aéreo é o inglês, mas muitos pilotos e controladores não entendem bem as mensagens transmitidas devido aos diferentes sotaques, deficiências no idioma, nervosismo durante as emergências e má qualidade da transmissão. Talvez, a frase mais repetida na comunicação de voz entre pilotos e controladores seja "repita, por

favor". Com o NEXTGEN a transmissão de dados de voo entre aeronave e controladores será preferencialmente por telemetria e os pilotos irão utilizar a comunicação por voz muito raramente, ou mesmo nem precisarão utilizá-la (os aviões enviarão mensagens eletrônicas com os dados necessários para o acompanhamento constante do voo pelo controle em solo). Muitas investigações de acidentes concluem que informações cruciais para evitar alguns acidentes não foram devidamente comunicadas por falha de entendimento entre pilotos e controladores. Alguns aeroportos ainda carecem de equipamentos de última geração para aproximação de aeronaves por instrumentos, como os ILS (Instrument Landing System). Embora esteja em curso a modernização dos sistemas de controle de tráfego aéreo, esse processo é lento e limitado.

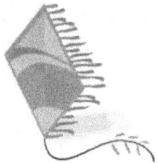

E m cada capítulo deste livro, após a apresentação do ícone com a pipa, uma narrativa mostra o quanto podemos aprender sobre gerenciamento de crises com as crianças. Mas quem são as crianças senão nós mesmos há algum tempo atrás? Portanto observemos bem as crianças e como elas superam suas crises. As crises das crianças podem nos parecer ingênuas e podem até nos fazer rir, mas creiamos, para elas são crises muitas vezes mais difíceis do que as que nós como adultos temos que superar. Elas têm muito menos informações acumuladas, muito menos conhecimentos do que nós e desde tão pequenas precisam superar crises que para elas são dramáticas. Elas não choram à toa, realmente, por falta de conhecimento elas sofrem e se sentem desamparadas diante da sucessão de crises em que se constitui a vida. A melhor parte é que elas as superam, por isso estamos aqui. As marcas de cada crise superada são inevitáveis, sejam marcas que nos façam melhores ou que façam nos sentirmos menores do que realmente somos. Mas esta segunda opção só prevalece quando nos falta o conhecimento para entender que sobreviver a uma crise sempre nos fortalecerá sob algum aspecto e sempre nos permitirá melhorar para enfrentar a próxima adversidade.

Voltando ao ícone da pipa, ele foi escolhido porque as pipas voam soltas em um espaço de múltiplas opções de deslocamento. Esse é o comportamento que devemos ter durante uma crise, quando os ventos tentarem nos castigar. Devemos ser construídos e reforçados com a ajuda de nossa própria história, contada desde a infância, de modo a podermos entender que o vento que nos assusta hoje é uma realidade natural e cíclica. Por isso temos que nos mover mesmo com a interferência dele sem perder nossa integridade, nossos princípios e valores. Observemos também que em geral as pipas possuem uma linha que permite que ela não se perca totalmente em meio aos ventos e as ameaças e possa se manter ligada à sua base, à sua estrutura original. Mas esta pipa específica que aparece no ícone que se repete neste livro não inclui a representação desta linha. Isto não sugere que tenhamos que ser como pipas sem linhas, soltas sem compromissos com nossas bases de valores e prontas para voar com qualquer vento. O motivo por que o ícone escolhido não inclui a representação de uma linha é que existem crises hostis, e cenários adversos, comparáveis com uma pipa em meio a um furacão. Nestes casos a única chance da pipa manter sua integridade é desprendendo-se da sua linha de segurança original e resistindo aos ventos de uma maneira diferente, embora o rompimento da linha possa nos obrigar a mudar completamente de ares. Se insistirmos em querer manter nossa ligação com a linha de conforto mesmo quando o cenário é tão adverso que exija a nossa própria reinvenção, então será uma questão de tempo para sermos despedaçados pelos ventos como uma pipa que não se desconecta de sua linha acaba sendo rasgada pela força do furacão. Essa não deveria ser a rotina de uma pipa, voar sem a linha. Mas se for necessário romper a linha para sobreviver e se estivermos preparados para isso, então apesar de todo o risco desta operação a pipa poderá ser encontrada depois da tormenta,

íntegra e pronta novamente para reconstituir sua linha de segurança, depois que o pior da crise tiver passado.

Mesmo as melhores tecnologias se renovam e nunca são insubstituíveis, mas o homem estará sempre no centro dos objetivos da tecnologia e também sempre no centro dos cenários de crise e das ações de gerenciamento de crise associadas. Crises e problemas fazem parte da vida desde o ventre materno. Nossa existência depende de sucessivas ações de superação de crises. Por isso não devemos ver as crises que nos alcancem, seja de que tipo for, como uma infelicidade total. Assim como há dias de sol, dias de chuva, dias de neve e de estiagem, assim também há dias de normalidade, dias de problemas e dias de crises. A alternância entre os diversos cenários é parte da dinâmica natural da qual não podemos fugir. Mas a natureza muitas vezes resolve seus próprios problemas. Cada ser humano é dotado de uma mente muito mais capaz do que os mais modernos computadores. Mesmo assim, encantados com o progresso tecnológico, alguns de nós podem acreditar que uma máquina possa nos substituir no processo natural de superação das crises que se apresentam na rotina de nossas vidas. Isso não é possível. As máquinas foram criadas por nós mesmos, ou melhor, por nossa própria "máquina" de pensar e de enfrentar as dificuldades da vida. Foi esta "máquina" que, de desafio em desafio, inventou ferramentas, descobriu materiais, imaginou novas estratégicas até alcançarmos o espetacular progresso tecnológico de nossos tempos. Esta "máquina" não é perfeita, porque nós não somos perfeitos. Se organizarmos nossas emoções, ansiedades, medos, conhecimentos e habilidades, nós poderemos fazer com que nossa "máquina de superar crises" funcione melhor.

Isso não muda a dificuldade que teremos diante de cada nova crise que nos ameace ao longo de nossa jornada. Mas certamente nos permitirá ter a convicção de estarmos fazendo da melhor forma possível a parte que nos cabe para superá-las. Nessa certeza podemos ver as dificuldades que perdurarem como um motivo para reconhecermos o quão precisamos ser humildes. Sabemos pouco sobre as inúmeras relações de causa e efeito que nos influenciam. Sabemos menos sobre a vida do que desejamos. Sabemos menos sobre a natureza do que gostaríamos. Sabemos tão pouco. Com esse pequeno domínio de saber, façamos o melhor ao nosso alcance! E para aqueles que se permitem acreditar que possa existir no topo de todas as relações de causa e efeito uma causa única, primeira, que justifique e explique todas as demais (Deus), então um universo infinito de possibilidades será acrescido ao nosso pequeno domínio de saber.

> *Os tolos morrem porque rejeitam a Sabedoria.*
> *Os sem juízo são destruídos por estarem*
> *satisfeitos consigo mesmos.*
> *Quem busca a Sabedoria terá segurança, viverá tranquilo*
> *e não terá motivo para ter medo de nada.*
>
> **Baseado em Provérbios 1:32-33 – Bíblia Sagrada**

Bibliografia

PORTELA DA PONTE JR, GERARDO, **Gerenciamento de Riscos na Indústria de Petróleo e Gás**, Elsevier, Rio de Janeiro Brasil, 2015

PORTELA DA PONTE JR, GERARDO, **Gerenciamento de Riscos Baseado em Fatores Humanos e Cultura de Segurança**, Elsevier, Rio de Janeiro Brasil, 2014

PORTELA DA PONTE JR, GERARDO, **Máquina de Superar Crises: todos nós temos uma só precisamos aprender a usá-la,** Risk & Safety, Rio de Janeiro Brasil, 2016.

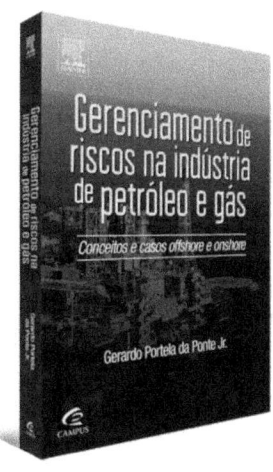

www.ingramcontent.com/pod-product-compliance
Lightning Source LLC
Chambersburg PA
CBHW081441170526
45166CB00008B/2268